Altes und Neues zu thermoelektrischen Effekten und Thermoelementen

T0175303

Klaus Irrgang

Altes und Neues zu thermoelektrischen Effekten und Thermoelementen

2. Auflage

 Springer Vieweg

Klaus Irrgang
Geraberg, Deutschland

ISBN 978-3-662-66418-6   ISBN 978-3-662-66419-3   (eBook)
https://doi.org/10.1007/978-3-662-66419-3

Die Deutsche Nationalbibliothek verzeichnet diese Publikation in der Deutschen Nationalbibliografie; detaillierte bibliografische Daten sind im Internet über http://dnb.d-nb.de abrufbar.

© Springer-Verlag GmbH Deutschland, ein Teil von Springer Nature 2020, 2023
Das Werk einschließlich aller seiner Teile ist urheberrechtlich geschützt. Jede Verwertung, die nicht ausdrücklich vom Urheberrechtsgesetz zugelassen ist, bedarf der vorherigen Zustimmung des Verlags. Das gilt insbesondere für Vervielfältigungen, Bearbeitungen, Übersetzungen, Mikroverfilmungen und die Einspeicherung und Verarbeitung in elektronischen Systemen.
Die Wiedergabe von allgemein beschreibenden Bezeichnungen, Marken, Unternehmensnamen etc. in diesem Werk bedeutet nicht, dass diese frei durch jedermann benutzt werden dürfen. Die Berechtigung zur Benutzung unterliegt, auch ohne gesonderten Hinweis hierzu, den Regeln des Markenrechts. Die Rechte des jeweiligen Zeicheninhabers sind zu beachten.
Der Verlag, die Autoren und die Herausgeber gehen davon aus, dass die Angaben und Informationen in diesem Werk zum Zeitpunkt der Veröffentlichung vollständig und korrekt sind. Weder der Verlag, noch die Autoren oder die Herausgeber übernehmen, ausdrücklich oder implizit, Gewähr für den Inhalt des Werkes, etwaige Fehler oder Äußerungen. Der Verlag bleibt im Hinblick auf geografische Zuordnungen und Gebietsbezeichnungen in veröffentlichten Karten und Institutionsadressen neutral.

Planung/Lektorat: Alexander Grün
Springer Vieweg ist ein Imprint der eingetragenen Gesellschaft Springer-Verlag GmbH, DE und ist ein Teil von Springer Nature.
Die Anschrift der Gesellschaft ist: Heidelberger Platz 3, 14197 Berlin, Germany

Vorwort

Das Anspruchsvolle an der Temperaturmesstechnik ist u. a. ihre unablässige Weiterentwicklung in verschiedene Richtungen. Dazu trägt die Vielzahl der neu- und weiterentwickelten Materialien bei, deren Eigenschaften mehr oder weniger temperaturabhängig sind und die so teilweise den Ansatz zu einem temperatursensorischen Element in sich tragen. Wie auch die Propagierung des Riesen-Seebeck-Effektes zeigt, wartet auch die Festkörperphysik immer wieder mit überraschenden Effekten auf. Letztlich erweitert sich das bereits unübersichtliche Feld der industriellen Thermometerapplikationen stetig und bringt so neue konstruktive Adaptionslösungen hervor. Letztere konnte ich größtenteils in den vielen Kunden- und Erzeugnisberatungen mit praxiserfahrenen Fachleuten aus der Industrie zur Kenntnis nehmen, denen an dieser Stelle mein Dank gilt.

Mein besonderer Dank gilt den Herren Prof. Dr.-Ing. habil. L. Michalowsky und Prof. Dr.-Ing. habil. K. Bärner, die mich stets zum Schreiben des Buches angehalten und unterstützt haben. Herrn Prof. Dr.-Ing. habil. K. Bärner danke ich speziell dafür, dass er die Anfangsgedanken zur modellhaften Übertragung der Temperaturabhängigkeit der Austauschwechselenergie magnetischer Werkstoffe auf die thermoelektrische Spannung auf die festen Füße der Festkörperphysik gestellt und ein weiterführendes Modell hierzu entwickelt hat. Prof. Dr. rer. nat. T. Redeker danke ich für die Durchsicht der sicherheitsrelevanten Kapitel und Kontrolle der Normenaktualität.

Eine Reihe der in diesem Buch verankerten Erkenntnisse wurden im Rahmen kooperativer Forschungsprojekte mit Partnern aus Industrie-, Instituts- und Hochschulbereichen erarbeitet. Bei diesen möchte ich mich nachhaltig bedanken, voran bei den Partnern der Universität Ilmenau: Prof. Dr. Ing. habil K. Augsburg, Dr. Ing.F. Bernhard und Prof. Dr. Ing. habil Th.Fröhlich.

Ausfallstatistiken können allgemeine Schwerpunkte eines Sachgebietes widerspiegeln. Im Forschungs- und Fertigungsbereich elektrischer Thermometer der mittleren und höheren Temperaturbereiche stellen sich schwerpunktmäßig Materialfragen. Für Temperaturfühlerproduzenten sind daher Werkstoffspezialisten als Kooperationspartner mehr als vorteilhaft. Dankenswerterweise konnte ich bei schwierigen Materialproblemen die Hilfe von Herrn Hofmann, Fa. MHW in Schwarza, und von Herrn Prof. Dr.-Ing. J. Merker, Ernst-Abbe-Hochschule Jena, stets in Anspruch nehmen. Mein Dank gilt auch den Mitgliedern der VDI/VDE Arbeitsgruppe 2.5 „Berührungsthermometer", die in absolut offener und kreativer Atmosphäre bei der Erarbeitung der VDI-Richtlinie 3512 und 3522 mitarbeiteten. In besonderer Weise möchte ich mich bei meinen engeren Mitarbeitern sowie meinem Freundes- und Familienkreis bedanken.

Das Buch umfasst ein inhaltliches breites Spektrum. Ich danke allen, die sich der Mühe unterzogen, Hilfestellungen und Korrekturanmerkungen zu den verschiedenen Kapiteln bzw. Problemen zu erstellen. Insbesondere danke ich daher:

1. Herrn Dr.-Ing. G. Bauer,
2. Herrn Dipl.-Ing. A. Beckmann,
3. Herrn Dipl.-Ing. A. Bojarski,
4. Herrn Dipl.-Ing. W. Fichte,
5. Herrn Prof. Dr.-Ing. habil. Th. Fröhlich,
6. Herrn Ing. Frank Hofmann
7. Frau Dipl. Wirtsch.-Ing.(FH) B. Irrgang,
8. Herrn Dipl. Ing. Uwe Meiselbach
9. Herrn Prof. Dr Ing. Jürgen Merker,
10. Herrn Dr. Ing. Klaus Roth,
11. Frau Prof. Dr. rer. nat. habil S. Vogel,
12. Frau Dipl. MW. A. Irrgang,

Last but not least verbindlichen Dank allen nachfolgend aufgelisteten Firmen und Instituten für die informelle und bildtechnische Unterstützung sowie die im Vorfeld der Bucherarbeitung erfolgten Kooperationen, Konsultationen und Erfahrungsaustausche.

- Firma Klinger Kempchen GmbH, Oberhausen
- Firma tmg Temperaturmeßtechnik Geraberg GmbH (Martinroda)
- Firma Endress+Hauser Wetzer GmbH + Co. KG, Nesselwang
- Firma AB Elektronik Sachsen GmbH, Klingenberg,
- Technische Universität Ilmenau, Institut für Prozeß-, Meß- und Sensortechnik
- Ernst-Abbe-Hochschule Jena, Bereich Scitec
- Institut für Sicherheitstechnik GmbH, Freiberg
- Firma digiraster GmbH, Stuttgart
- Fraunhofer-Institut für Keramische Technologien und Systeme IKTS Dresden Gruna
- Firma T.V.P. Gerds GmbH, Altenstadt
- Firma SensyMIC GmbH, Alzenau
- Firma Martin Hoffmann, Werkstofftechnik, Schwarza
- Firma Isabellenhütte Heusler GmbH & Co.KG, Dillenburg

Geraberg, August 2019   *Klaus Irrgang*

Vorwort zur 2. Auflage

Die 2. Auflage erscheint gegenüber der Erstveröffentlichung in überarbeiteter sowie erheblich erweiterter Form. Mit den vorgenommenen Erweiterungen wurde den neueren Erkenntnissen der Wissenschaft und den gerätetechnischen Weiterentwicklungen auf dem Gebiet der Temperaturmesstechnik Rechnung getragen. Bei den Ein- und Überarbeitungen fanden insbesondere Berücksichtigung:

- Forschungsergebnisse zu einem hochstabilen PtRh-Thermopaar,
  die im Rahmen des europäischen Metrologieprogrammes (Projekt EMPRESS 2)
  erarbeitet und veröffentlicht wurden,
- wissenschaftliche Arbeiten zur Selbstdiagnose bei Thermoelementen,
- analytische Recherchearbeiten zu thermoelektrischen Drifteffekten
  aus ca. 50 zurückliegenden Jahren,
- neuere Erkenntnisse zu Methoden und Verfahren zur Drifterkennung bei
  Thermoelementen,
- Veröffentlichungen zu Inhomogenitäten in Thermodrähten, einschließlich
  ihrer Erkennungsverfahren.

Bei der Aktualisierung und Überarbeitung konnten teilweise wieder Unterstützungen von bereits in der Erstveröffentlichung aufgeführten Partnern, Personen und Institutionen dankenswerterweise in Anspruch genommen werden. Für Neuanregungen und Hinweise bezüglich der 2. Auflage gilt ergänzenderweise mein Dank Dipl. Ing. S. Augustin, Dr. Ing. F. Edler, Dr. Ing. D. Felkl, Dipl. Ing. G. Krapf, Dr. Ing. M. Pufke und Dr. Ing. M. Schalles.

Mit Neuauflagen geht meist die Hoffnung der Autoren einher, dass Fehler jedweder Art unbedeutsam werden; so auch hier. Mit der 2. Auflage bleibt für den Autor weiterhin das selbstgesteckte Ziel bestehen: Studierenden und Ingenieuren ein Buch zu bieten, das aktuelle und wichtige Entwicklungen, die Eingang in die Temperaturmesspraxis gefunden haben, ausreichend berücksichtigt ohne unüberschaubar zu werden.

Frau U.Schmidt gilt Dank für die Einarbeitung der Korrekturen und Ergänzungen.

Geraberg, September 2022   *Klaus Irrgang*

Inhaltsverzeichnis

Kapitel 1
Einführung

Zusammenfassung

Das Kapitel 1 führt überblicksmäßig in die einzelnen Themenschwerpunkte dieses Buches ein. Insbesondere werden anfangs die thermoelektrischen Grundbegriffe erläutert.

1.1 Überblick zur Thematik des Buches

Thermoelemente sind ein wichtiger Bestandteil der über 100.000 unterschiedlichen und in großer Zahl produzierten elektrischen Thermometer. Bei Temperaturmessungen im hohen Temperaturbereich gelten sie als unverzichtbar.

Thermoelemente weisen eine Reihe überraschender Besonderheiten auf. Beispielsweise stellen sie die einfachsten Temperaturmessgeräte innerhalb der umfangreichen Riege der verfügbaren Thermometer dar. Sie ergeben sich bereits durch eine einseitige Verbindung zweier materialverschiedener Einzeldrähte. Dem steht gegenüber, dass die ihnen zugrunde liegende Theorie ausgesprochen anspruchsvoll ist.

Bezogen auf die fachspezifischen Kapitel stellen sich die inhaltlichen Schwerpunkte wie folgt dar:

- Historische und elektrophysikalische Einordnungen der thermoelektrischen Effekte in Kapitel 2 und Kapitel 3
- Theoretische Betrachtung zur Thermoelektrik von Metallen in Kapitel 4 und 5
- Allgemeine und Thermoelement-Applikationen in Kapitel 6, 7 und 8.

Das vorliegende Buch wird die Grundlagen zur Wirkungsweise der Thermoelemente deutlich erweitern. Dabei knüpft es an die von Daniel D. Pollock in seinen diesbezüglichen Büchern so propagierte Moderne Theorie der Thermoelektrik an. Diese Theorie gilt als Voraussetzung für das Grundverständnis thermoelektrischer Wirkungen. Die in diesem Buch zu findenden theoretischen Darlegungen zu verschieden klassifizierten Metallen gehen über den Stand der Thermoelektrik hinaus. Eine Reihe der hier weiterhin beschriebenen technischen Temperaturfühlerdetails sowie Applikationshinweise und der für die Hochtemperaturmesstechnik geeigneten Refraktärmetalle erweitert auch für langjährige Praktiker die Übersicht.

© Springer-Verlag GmbH Deutschland, ein Teil von Springer Nature 2023
K. Irrgang, *Altes und Neues zu thermoelektrischen Effekten und Thermoelementen*,
https://doi.org/10.1007/978-3-662-66419-3_1

Vor diesem Hintergrund ist es das Ziel des Autors, ein für Praktiker und Theoretiker gleichermaßen interessantes Buch zu verfassen, erreicht. Dem widerspricht auch nicht, dass ein in sich geschlossenes Theoriekapitel zur Thermoelektrik, welches, zwangsläufig auch auf festkörperphysikalische Gegebenheiten zurückgreift, in den Inhalt aufgenommen wurde.

Langjährige praktische Erfahrungen in der Industrie, vielfältige Produktentwicklungen und unzählige Problemstellungen bzw. Lösungen in Sachen thermoelektrischer Messtechnik verweisen letztendlich immer wieder auf die Wichtigkeit eines belastbaren Theoriefundamentes. Daher sind auch die Theoriedarlegungen für Thermodynamiker und Messtechniker mehr als interessant.

Dem pragmatischen Aspekt dieses Buches geschuldet, sind die thermoelektrischen Gleichungen eindimensional bezogen. Das heißt, dass auf mögliche dreidimensionale Feldgleichungen bzw. Vektordarstellungen verzichtet wurde. Der jeweilige eindimensionale Modellbezug zur thermoelektrischen Feldausbildung richtet sich mehr an den Maschinenbauer als an den Physiker.

Seit der Zeit, als Thomas Johann Seebeck den nach ihm benannten Effekt entdeckte, ist dieser in der Vorstellungskraft der Allgemeinheit an zwei verschiedene Thermomaterialien gebunden. Kontrovers dazu beschreibt der Benedicks-Effekt, dessen Entdeckung sich im Jahr 2018 zum 100. Mal jährte, die Entstehung einer thermoelektrischen Spannung in nur einem homogenen Leitermaterial. Er wurde erst in den 60er-Jahren des 20. Jahrhunderts experimentell nachgewiesen. In diesem Buch erfolgt auf der Basis des thermischen Längenausdehnungseffektes die diesbezügliche theoretische Berechnung. Die Historie hierzu ist im Kapitel 2 beschrieben. Im nachfolgenden Kapitel 3 finden sich unter dem Titel *Elektrophysikalische Effekte* weitere mit der Temperatur verbundene elektrische Effekte. Zu diesen zählen auch die Effekte, die sich bei einem Magnetfeldeinfluss ergeben. Alle vier Fundamentaleffekte der Thermoelektrik, d. h. der Seebeck-, der Thomson-, der Peltier- und der Benedicks-Effekt sind im Kapitel 5 zusammenfassend erläutert. Sie beruhen auf dem in Kapitel 4 definierten und ausführlich dargelegten Basiseffekt. Bei der Analyse der Zusammenhänge von Temperatur und elektrischer Spannung wird allgemein von einem Wirkungsdreieck *Gitter-Spin-Ladungsträger* (s. Abb. 1.1) ausgegangen.

An dieser Stelle sei eingefügt, dass die vorliegende Arbeit vorrangig Thermoelemente und die Thermoelektrik in festen Metallen betrachtet und daher auf halbleitende Materialien nicht eingeht. Nicht behandelt werden ebenfalls flüssige und amorphe Metalle

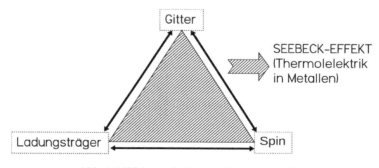

Abb. 1.1 Wirkungsdreieck zur Thermoelektrik

(Metallpasten), bei denen unter anderem z. B. schwierig darzustellende Paarkorrelationsfunktionen wichtig werden.

Zur weiteren Vereinfachung wird im Kapitel 4 nur für metallische Thermoelektrika der Basiseffekt über ein *Feldstärke-Modell* hergeleitet. Dieses berücksichtigt sowohl die Thermodiffussion als auch einen Fickschen Ausgleichsstrom, der sich als Folge thermischer Ausdehnung des Thermoleiters ergibt. Ziel der jeweiligen Berechnung ist die übersichtliche Darstellung des absoluten Seebeck-Koeffizienten, kurz ASC. Die sich für einfache Metalle ergebende ASC-Formel findet sich in gleicher Form auch bei Pollok,- der momentan den theoretischen Stand der Thermoelektrik vorgibt. Der in diesem Buch abgeleitete ASC-Term besitzt jedoch demgegenüber eine Erweiterung in Form eines quadratischen Gliedes, das von der Temperatur abhängt.

Die exakte Darstellung des jeweiligen materialspezifischen *ASC* machte eine stark auf die Materialsituation abgestimmte ASC-Klassifizierung erforderlich (… z. B. für magnetische Thermoelektrika …). Sie wird zu Beginn des vierten Kapitels vorgegeben. Sowohl die ASC-Berechnung magnetischer Werkstoffe als auch nichtmagnetischer Übergangsmetalle stützt sich auf eine sogenannte CEM-Berechnung (Korreliertes Elektronenmodell) nach Bärner.

Von der Theorie der Kapitel 4 und 5 wird der Bogen auf allgemeine Applikationen in Kapitel 6, thermische Messtechniken in Kapitel 7 und thermoelektrische Werkstoffe in Kapitel 8 geschlagen. Dabei enthält das Kapitel 7 nicht nur eine Übersicht über die standardgemäße Messtechnik mit Thermoelementen, sondern es enthält auch für Praktiker überraschende Fühlerlösungen bereit, wie z. B. thermoelektrische Dichtungen. Da am Markt eine steigende Nachfrage nach sicherheitsrelevanten Fühlern zu beobachten ist, wird den sicherheitsrelevanten Thermoelementen im Kapitel 7 ein ausführliches Unterkapitel gewidmet. Darin werden explizit die explosionsgeschützten, die sicherheitstemperaturbegrenzenden, die funktional sicheren und die zünddurchschlagssicheren Thermoelemente betrachtet.

Bei den allgemeinen industrieüblichen Temperaturmessungen können große Messfehler entstehen. Insbesondere die thermischen Messfehler sorgen dafür, dass der relative Gesamtfehler mitunter 10 % überschreitet – so auch bei thermoelektrischen Messungen.

In älteren, aber auch jüngeren Ausgaben von Temperaturhandbüchern u. ä. wird diese Problematik umfangreich analysiert. Das vorliegende Buch betrachtet angesichts der umfangreichen Literatur und auch der verfügbaren VDI/VDE Richtlinie 3511 die Messfehlersituation nur knapp und pragmatisch. In die Betrachtung fließen die der Thermoelektrik entsprechend zuordenbaren Effekte und verschiedene Sondereinflüsse, inklusive möglicher Korrekturvarianten, ein.

Die Applikationen thermischer Multipunkt- und Multisensormessanordnungen, mit integrierten Thermoelementen, nehmen zu. Obwohl die Multisensorik sich als ein zukunftsträchtiges Einsatzgebiet offeriert, das sich zur erweiterten Temperaturfeld- und/oder Stofffeld-Erkennung eignen würde, bleibt es in diesem Buch bei der Darstellung einzelner spezieller Ausführungen im Rahmen des Kapitels 7.

Eine umfassende Temperaturfelderkennung auf der Basis multipler thermischer Sensoren in Rohren oder Behältern erfordert das Vorliegen einer theoretischen Beschreibung der jeweiligen Temperaturfelder. Solche Feldbeschreibungen, ähnlich denen der Strömungsmechanik, sind nicht mit ganzzahligen Ableitungen der Feldvariablen, sondern nur mit gebrochenen Ableitungen nach Riemann/Liouville machbar. Diese liegen aber z. Zt. nicht vor.

Das Kapitel 8 gibt eine Übersicht zu klassischen und zu nicht standardgemäßen Werkstoffen, sowohl die Schutzrohre als auch die Thermodrähte betreffend. Einen Schwerpunkt bilden dabei die refraktären Metalle. Allgemein gilt anzumerken, dass besondere Einsatzbedingungen auch den Einbau nicht normgemäßer Thermoelemente erfordern. In diesem Sinne nimmt der Einbau von Spezialschutzrohren und Spezialtemperaturfühlern zu, wenngleich der Standardisierungsgrad in der Temperaturmesstechnik beeindruckend hoch ist.

Nach wie vor stellt die obere Temperatureinsatzgrenze den wichtigsten elementaren Funktionsparameter dar. Dabei ist zu beachten, dass immer mehr eine Verschiebung der Einsatzgrenzen zu noch höheren Temperaturen stattfindet. Parallel dazu erhöhen sich im Rahmen optimierter Prozesse und Verfahren auch die mechanischen Belastungen bei Thermoelementen. Einsatzparameter, wie Temperaturwechsel von 500 … 800 K/s und Strömungsgeschwindigkeiten von 150 … 250 m/s am Messort, finden öfter Eingang in die Pflichtenhefte der Entwickler. Problematisch sind in diesen Fall die Verfügbarkeit bzw. die Ermittlung mechanischer Kennwerte bei 1000 Grad Celsius und darüber. Alle diesbezüglichen Angaben sind daher sehr kritisch zu analysieren, gegebenenfalls praktisch zu testen bzw. müssen stets im Einzelfall getestet oder separat beim Hersteller hinterfragt werden. Dies betrifft zum Teil auch die zu diesem Buch im Rahmen von F/E-Arbeiten sowie im Rahmen einer Graduierungsarbeit von B. Irrgang recherchierten und teils ausgemessenen Werkstoffkennwerte und kommentierten Ausführungen des Kapitels 8.

Insgesamt gesehen soll das Buch einen erweiterten Überblick zu Thermoelementen und zu den thermoelektrischen Effekten geben. Mit verschiedenen Darstellungen gelingt es auch verschiedene in der Literatur bestehende Lücken zur Theorie, zum Materialeinsatz und zu konstruktiven Fühlerlösungen zu schließen.

1.2 Thermoelektrische Begriffe und Erläuterungen

Die Thermoelektrizität betrifft ein elektrophysikalisches Sachgebiet, welches die wechselseitige Beeinflussung von Temperatur bzw. Wärme und elektromagnetischen Größen (Strom, Spannung, Leistung u. a.) in besonderen halbleitenden oder elektrisch leitenden Materialien (Thermoelektrika) beinhaltet (s. Abb. 1.2). Die im Rahmen der Wechselbeeinflussung von Temperatur und elektrischen Größen entstehenden Effekte nennt man thermoelektrische Effekte. Langjährig wurde auf drei grundlegende Effekte verwiesen: Seebeck-, Peltier- und Thomsoneffekt. Nach seinem späten Nachweis rückt nun der Benedicks-Effekt in diese Reihe nach. Während Thomson- und Benedicks-Effekt als Ho-

Abb. 1.2 Thermoelektrizitätsprinzip

mogeneffekte (Entstehung in nur einem Leitermaterial) gelten, werden Seebeck- und Peltier-Effekt als Heterogeneffekte angesehen, die den Einsatz von mindestens zwei verschiedenen Materialien voraussetzen. Markante quantitative Kennzeichen dieser Effekte sind die namenssynchronen Koeffizienten (Seebeck-, Thomson-, Peltier-Koeffizient), die die Verknüpfung zur Temperatur bilden. Nur der Benedicks-Effekt wird ausschließlich über die Benedicks-Spannung charakterisiert.

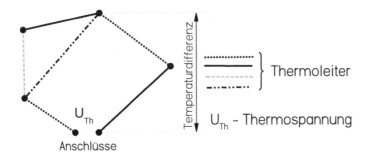

Abb. 1.3 Thermoelektrisches Netzwerk

Die zum Einsatz kommenden thermoelektrischen Materialien (Thermomaterial, Thermoelektrika) sollen durch hohe Materialreinheit, besondere Dotierungen bei Halbleitern oder spezielle Zusätze bei Legierungen jeweils große Effekte erzielen. Bei den großen Applikationsgebieten *thermoelektrische Messtechnik* (Messung mit Thermoelementen) und *Thermogeneratorenbau* zeigte sich ihre effektive Wirkung auch in der Höhe der Thermospannung (s. Abb. 1.3). Die Thermospannung definiert sich als elektrische Spannung zwischen zwei elektrischen Kontaktpunkten einer Anschlussstelle eines allgemeinen thermoelektrischen Netzwerkes. Über diesem Netzwerk liegt ein Temperaturfeld, so dass zwischen der Anschlussstelle und einem thermisch relevanten Bezugspunkt im Netzwerk eine Temperaturdifferenz wirksam ist. Diese Temperaturdifferenz erzeugt dann die Thermospannung unter Beachtung der vorliegenden schaltungstechnischen Verknüpfungen, wobei diese im einfachsten Fall Reihen- oder Parallelschaltungen oder komplizierte Strukturen gemäß Abb. 1.3 sein können. Der Relationskoeffizient zwischen Thermospannung und der Temperatur bzw. Temperaturdifferenz wird im Falle beliebiger elektrischer, thermischer und materialtechnischer Situationen als Seebeck-Koeffizient (SBC) oder als Thermokraft bezeichnet. Nachfolgend wird der Begriff Thermokraft vorrangig verwendet. Für den Zusammenhang zwischen Thermospannung und Temperatur kann man also bei beliebigen thermoelektrischen Netzwerken auch mit unterschiedlichsten Materialien formulieren:

Thermospannung = Thermokraft × Temperaturdifferenz

Die Abhandlungen dieses Buches beziehen sich ausschließlich auf Metalle. Die Mehrzahl der thermoelektrischen Anordnungen besteht aus zwei unterschiedlichen Materialien (A und B), die in Form einer Zweidrahtanordnung zusammengefügt sind und so als Thermopaar bezeichnet werden. In diesem Fall des Vorliegens eines Thermopaares bei beliebigen Temperaturkonstellationen gilt bezeichnungs- bzw. formelgemäß:

$$Thermospannung\ U_{AB} = PTC_{AB} \times Temperaturdifferenz$$

wobei PTC_{AB} Paarthermokraft bedeutet und die Thermokraft der Zweidrahtanordnung A, B ist.

Damit Thermospannungen miteinander verglichen werden können, wird eine temperaturtechnische Einschränkung vorgenommen. Dies bedeutet, dass man bei der Temperatur der elektrischen Anschlussstelle einen Bezug zum Eispunkt vornimmt, d. h. die Temperatur der Anschlussstelle, die der Temperaturmesstechniker als Vergleichsstelle bezeichnet, soll 0 °C betragen. Die sich dabei einstellende Thermospannung wird wegen dieser Relation als relative Thermospannung U_{ABrel} definiert.

Für sie gilt entsprechend:

$$Relative\ Thermospannung\ U_{ABrel} = RSC \times Celsius\text{-}Temperatur$$

wobei mit RSC der *relative Seebeck-Koeffizient* bezeichnet ist.

In diesem Fall des Bezuges auf 0 °C wechselt die Bezeichnung Paarthermokraft zu relativem Seebeck-Koeffizient. Im Unterschied hierzu wird bei einer Generierung einer Thermospannung U_A in nur einem Material (A) der Relationskoeffizient als absoluter Seebeck-Koeffizient ausgewiesen. Als Temperatur muss hierbei grundsätzlich die Kelvin-Temperatur herangezogen werden, so dass gilt:

$$Absolute\ Thermospannung\ U_A = ASC \times Kelvin\text{-}Temperatur$$

mit ASC = absoluter Seebeck-Koeffizient.

Thermodynamiker und Messpraktiker stellen sich die Wirkung des absoluten Seebeck-Koeffizienten in einer modellhaften Zweidrahtanordnung vor, in der ein Drahtteil aus einem Supraleiter besteht. Beim absoluten Seebeck-Koeffizienten gibt es aber auch einen Bezug zur eingesetzten Materialart und zum Status des thermoelektrischen Kreises (z. B. „offen").

Einführend in die Thematik des ASC bzw. der thermoelektrischen Wirkungsmechanismen im homogenen Leiter, wird der Begriff *thermoelektrischer Basiseffekt* definiert und erläutert, da er eine wichtige Größe für das Verständnis und die theoretische Beschreibung thermoelektrischer Vorgänge ist. In diesem Zusammenhang wird die *thermoelektrische Diffusionskonstante* A_D als Substitutionsgröße eingeführt. Sie wird aus mehreren Größen gebildet, wobei im Nenner des A_D-Terms die Fermi-Energie steht und so den Bezug zur materialrelevanten Thermodiffusion dokumentiert. Mit der Einführung dieser Konstante A_D werden alle diesbezüglichen theoretischen Gleichungen deutlich übersichtlicher und verständlicher.

Kapitel 2
Zur Geschichte der Thermoelektrik

Zusammenfassung

Dieses Kapitel gibt einen geschichtlichen Überblick zur Entstehung und Weiterentwicklung der Thermoelektrik mit starkem Bezug zur thermoelektrischen Messtechnik. Dabei wird auch der in der Vergangenheit oft gestellten Frage nach dem Benedicks-Effekt und nach dem Entstehungsort der Thermospannung Raum gegeben.

2.1 Die Anfänge

Die Historie der Thermoelektrik ist eingebettet in die geschichtliche Entwicklung der allgemeinen Elektrotechnik und so auch verbunden mit dem „Großvater der Elektrotechnik" Hans Christian Oersted. Dieser fasste viele elektrische Effekte und Phänomene in eine noch heute gültige Form und führte in diesem Zusammenhang auch als Erster die Benennung „thermoelektrischer Kreis" ein. Die Erstentdeckung thermoelektrischer Erscheinungen wurde nach Angaben von G. Wiedemann [2.12] um die Jahrhundertwende 18./19. Jahrhundert den beiden Forschern J. W. Ritter und Johann Schweigger aus Halle zugesprochen. Dem trat später Carl Benedicks entgegen. Seinen Widerspruch begründete Benedicks mit dem Hinweis auf die von Ritter und Schweigger verwendeten Messanordnungen. Demgemäß wurden frisch erstellte Froschpräparate als *Galvanometer* verwendet, d. h. die eingesetzten Froschmuskeln dienten als Indikator für Stromreizungen (s. Abb. 2.1). Die Reizschwelle des Froschschenkels (mit ca. 25 mV) liegt aber über den möglichen zu erwartenden thermoelektrischen Signalen der benutzten Metalle.

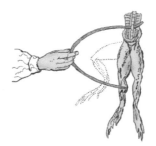

Abb. 2.1 Froschschenkel-Messmethode

© Springer-Verlag GmbH Deutschland, ein Teil von Springer Nature 2023
K. Irrgang, *Altes und Neues zu thermoelektrischen Effekten und Thermoelementen*,
https://doi.org/10.1007/978-3-662-66419-3_2

Benedicks schloss richtigerweise daraus, dass bei den Versuchen ein Potentialeffekt und kein thermoelektrischer Effekt aufgetreten ist. Entscheidende Entwicklungsfortschritte in der Elektrotechnik ergaben sich mit der Entwicklung der Galvanometer. Sie waren die ersten elektromechanischen Messgeräte zur Bestimmung der elektrischen Spannung.

In den Arbeiten von J. S. Christoph Schweigger im Jahr 1820 wird erstmals auf ein Galvanometer als Messgerät hingewiesen. Es folgten verschiedene Arbeiten hierzu, z. B. von Poggendorf bis hin zur Entwicklung eines sehr empfindlichen Spiegelgalvanometers durch W. Thomson (s. Abb. 2.2).

Insgesamt stellte sich der wissenschaftliche Stand der Elektrotechnik inklusive Thermoelektrik Mitte des 19. Jahrhunderts wie folgt dar [2.4]:

Entdeckungen auf dem Gebiet der Elektrotechnik bzw. Thermoelektrik in der 1. Hälfte des 19. Jahrhunderts:

1821 Entdeckung des magnetischen Effektes durch den elektrischen Strom von H. Ch. Oersted.

1821 Beschreibung des thermoelektrischen Effektes durch T. J. Seebeck

1826 Beschreibung des Ohmschen Gesetzes durch G. S. Ohm.

1826 Beschreibung einer Thermoelementkonstruktion mit Platin und Palladium durch A.C. Becquerel.

1834 Entdeckung durch J. Ch. A. Peltier, dass Stromdurchfluss eine Temperaturdifferenz erzeugen kann (Peltier-Effekt).

1856 Entdeckung des Thomson-Effektes durch W. Thomson

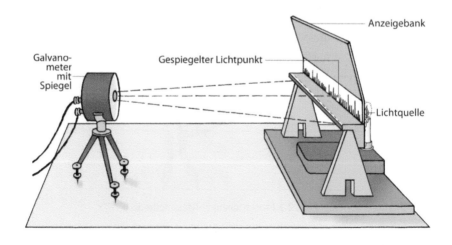

Abb. 2.2 Nachzeichnung eines Spiegelgalvanometers von Thomson

2.2 Die Erfindung des Thermoelementes

Im Jahre 1821 veröffentlichte T. J. Seebeck eine wissenschaftliche Arbeit zu seinem gefundenen thermoelektrischen Effekt. Der an der Akademie der Wissenschaften in Berlin arbeitende Wissenschaftler fügte Wismut und Kupfer gemäß der dargestellten Versuchsanordnung nach Abb. 2.3 zusammen und konnte so einen Thermostrom darstellen,
wenn die beiden Metallenden eine Temperaturdifferenz aufwiesen.

Unter dem Titel „Magnetische Polarisation der Metalle und Erze durch Temperaturdifferenz – Abhandlungen der Preußischen Akademie der Wissenschaften" [2.2] veröffentlichte Seebeck erstmals eine sogenannte *Thermoelektrische Spannungsreihe*. Wie auch
der Titel der Abhandlung indirekt zeigt, beschäftigte er sich vorwiegend mit magnetischen Erscheinungen. Der von ihm gewählte Versuchsaufbau beinhaltete kein Galvanometer, sondern eine Magnetnadel, die in einem Kupfer-Wismut-Ring gelagert ist. Beim
Vorliegen eines Temperaturfeldes entsteht ein Thermostrom und mit ihm ein Magnetfeld,
welches die Ausrichtung der Magnetnadel beeinflusst.

In einer Erstinterpretation seines Effektes verwies Seebeck nicht auf die Entstehung
eines thermoelektrischen Stromes, sondern auf eine temperaturfeldbedingte Magnetisie-
rung der Metalle. Trotz dieser Fehleinschätzung ist Seebeck, welcher im Übrigen wegen seines Interesses an der Farblehre freundschaftliche Kontakte zu Goethe pflegte, das
Thermoelement-Prinzip bzw. der thermoelektrische Effekt voll zuzurechnen.

Dieser stellt sich so dar: Verbindet man zwei Drähte aus unterschiedlichen elektrisch
leitenden Materialien jeweils an den beiden Enden und haben diese Verbindungsstellen
unterschiedliche Temperaturen, so entsteht ein Thermostrom.

2.3 Die Entdeckung weiterer thermoelektrischer Effekte durch Peltier und Thomson

J. Ch. A. Peltier entdeckte im Jahre 1834 nach Seebeck einen weiteren thermoelektrischen Effekt. Der zunächst als Uhrmacher tätige und erst nach seinem 30. Geburtstag
wissenschaftlich experimentierende Peltier wandte sich in seiner zweiten Lebenshälfte

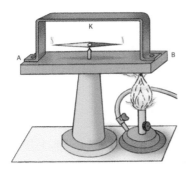

Abb. 2.3 Seebeck'scher Versuchsaufbau   **Abb. 2.4** T. J. Seebeck (1770–1831)

Abb. 2.5 Peltier-Denkmal in Ham

der Thermodynamik zu. Bei seinen Experimenten entdeckte er, dass in einem isothermalen Kreis aus zwei unterschiedlichen Metallen bei Stromdurchfluss eine Temperaturdifferenz zwischen den Kontaktstellen der beiden Metalle entsteht, also den nach ihm benannte Peltier-Effekt (s. Kapitel 5.4). Seine Arbeiten veröffentlichte er 1838. Ebenso wie sein Fachkollege Seebeck, interpretierte er seine Experimentalergebnisse zunächst falsch. Peltier glaubte Unregelmäßigkeiten des von G. S. Ohm im Jahre 1826 gefundenen Ohmschen Gesetzes entdeckt zu haben. Seine Arbeiten fanden erst Anerkennung, als E. Lenz sie im Jahre 1838 bestätigte.

Der hoch angesehene Erfinder und Wissenschaftler W. Thomson (Abb. 2.7), später auch als Lord Kelvin bekannt, beschrieb 1854 den nach ihm benannten dritten thermoelektrischen Effekt. Der Thomson-Effekt bezieht sich auf den geschlossenen Thermokreis und entsteht über einem metallischen Leiter bei Vorliegen eines Temperaturgradienten. Eine längs dieses Leiters festzustellende Erwärmung oder Abkühlung hängt von der Richtung des Temperaturfeldes und den verwendeten Materialien ab.

Bei entsprechend vorliegendem Stromdurchfluss (s. Abb. 2.6) überlagert sich der Thermoeffekt nach Thomson mit dem Stromwärmeeffekt nach Joule (s. Kapitel 5.2).

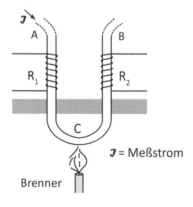

Abb. 2.6 Versuchsaufbau von Thomson   **Abb. 2.7** W. Thomson (1824–1907)

2.4 Magnus-Gesetz versus Benedicks-Effekt

Kurz nach der Entdeckung des Seebeck-Effektes traten natürlicherweise Fragen nach seiner Entstehungsweise und auch nach dem Entstehungsort auf. Ein Teil der Wissenschaftler, u. a. L. Nobili und W. Stugeon, neigten von Anfang an dazu, die Entstehung der Thermoströme im homogenen Kreis anzunehmen. Die meisten Wissenschaftler sahen jedoch den Effekt an einen heterogenen Kreis gebunden. Zweifelsfreie Untersuchungen im homogenen elektrischen Thermokreis erforderten Materialien, die in sich frei von Materialeinschlüssen und Materialinhomogenitäten waren. Daher wurde gern flüssiges Quecksilber bei derartigen Arbeiten verwendet.

Auch H. G. Magnus (Abb. 2.8), ein bedeutender Berliner Wissenschaftler und Begründer einer der wichtigsten Physikerschulen des 19. Jh., arbeitete bei der Erforschung der Thermoelektrizität mit Quecksilber. Da er trotz hochempfindlicher Galvanometermessungen im Quecksilber keine Thermoströme feststellen konnte, formulierte er den sogenannten *Satz von Magnus*: „In einem homogenen Kreis kommen keine permanenten Ströme vor bei noch variierender Gestalt der Temperaturverteilung des Leiters ... "!

Der schwedische Wissenschaftler C. A. F. Benedicks (s. Abb. 2.11), ein Pionier der Metallmikroskopie und Mitglied des Nobelkomitees, war Anhänger der *Homogenentheorie*. In seinen beiden Veröffentlichungen 1918 [2.1] und 1929 [2.3] verwies Benedicks auf seinen gefundenen homogenen Effekt wie folgt: „In einem geschlossenen Kreis aus nur einem homogenen Material tritt bei einer (stark) unsymmetrischen Temperaturverteilung längs des Leitermaterials eine Thermospannung auf, wobei diese Thermospannung der 3. Potenz des größeren bzw. schroffen Temperaturgradienten proportional ist ... " (s. Abb. 2.9 und Abb. 2.10). Lange Zeit wurde der schwer nachweisbare Effekt nicht anerkannt.

Nach ihren Untersuchungen zum Benedicks-Effekt [2.5] berichtet Frau I. Dietrich 1951 folgendes: „ ... Die theoretischen wie die experimentellen Untersuchungen zeigen, dass der Effekt – wenn überhaupt vorhanden – wohl auch mit empfindlichen Messmethoden kaum nachweisbar sein dürfte". Einige Jahre danach gelang Frau G. Kocher [2.8] jedoch durch eine von Prof. W. Meißner vorgegebene Messanordnung mit Mikroheizern und Mikrokühlung der Nachweis des Benedicks-Effektes bei Gold, Platin und Silber.

Abb. 2.8 G. H. Magnus (1802–1870)

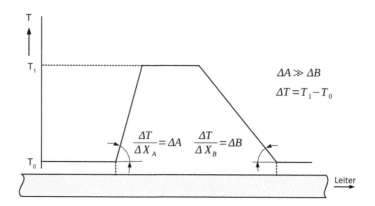

Abb. 2.9 Temperaturverteilung bei auftretendem Benedicks-Effekt

„… Die Messungen ergaben, … dass ein Homogenitätseffekt auftritt, welcher mit der dritten Potenz des Temperaturgefälles zunimmt … " (daher sowohl die Bezeichnung 1. Benedicks-Effekt als auch *„Thermoelektrischer Homogenitätseffekt 3. Grades"*). Strukturiert man die thermoelektrischen Effekte, dann sollte nach Benedicks dies in Verbindung mit der Leiterkreisstruktur wie in Tabelle 2.1 geschehen:

Tabelle 2.1 Thermokreisstruktur und thermoelektrische Effekte [2.1] [2.6] [2.3]

Kreisstruktur	Effekt	Umkehreffekt
Heterogener Kreis	Peltier-Effekt	Seebeck-Effekt
Homogener Kreis	Thomson-Effekt	Benedicks-Effekt

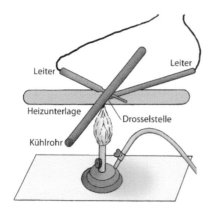

Abb. 2.10 Versuchsaufbau von Benedicks

Abb. 2.11 C. Benedicks (1875–1958)

2.5 Praktische und theoretische Weiterentwicklungen bis zur Neuzeit

Ein außerordentlich wichtiger Teil zur praktischen Messung mit Thermoelementen leistete H. L. le Chatelier. Der französische Wissenschaftler veröffentlichte um 1886/87 seine experimentellen Arbeiten zu einem Platin/Platin – Rhodium – Thermoelement, welches heute unter der Standardbezeichnung Typ S verwendet wird (s. Abb. 2.12). Bei Henning [2.7] ist ein Hinweis auf die Messgenauigkeit zu finden, die im Goldpunkt bei 1063 °C mit den Pt-Rh-Elementen nach Le Chatelier erzielt werden konnte. Die vom Washingtoner National Bureau of Standards (NBS), vom Londoner National Physical Laboratory (NPL) und von der Berliner Physikalisch-Technischen Reichsanstalt (PTR) durchgeführten Messungen ergaben vergleichend im Goldpunkt eine Abweichung von 0,1 K!

Für höhere Temperaturen wurde durch W. Obrowski eine andere Thermomaterialkombination vorgeschlagen: ein edles Thermoelement mit zwei RhodiumPlatinschenkeln (1x mit 6 % Rh und 1x mit 30 % Rh). Dieses Thermoelement wurde unter der Bezeichnung Typ B zu einem Standardtyp der thermoelektrischen Messtechnik [2.9].

Für noch höheren Temperatureinsatz boten sich verschiedene refraktäre Materialien an, die applikationsbezogen verschiedentlich untersucht wurden. Für die extrem schwierigen Temperaturmessungen in Stahlschmelzen entwickelten F. H. Schofield und A. Grace 1937 ein Eintauchthermoelement auf der Basis des Typs S. Mit einer sogenannten Schnell-Eintauchmethode, d. h. mit einer effektiven Messzeit von ca. 20 Sekunden eröffneten sie den Erfolgsweg der thermoelektrischen Messlanzen-Generation [2.10].

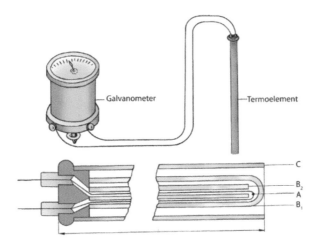

Abb. 2.12 Prinzipieller Aufbau des Le Chatelier-Thermoelementes im Pyrotechnischen Journal von 1898 unter der Bezeichnung Pyrometer (Hitzemesser von le Chatelier) C = keramisches Hüllrohr/offen, B1 = Keramikrohr, B2 = Keramikkapillare, A = Thermoknoten des Thermopaares

Hinsichtlich der Kennliniendarstellung sind die Arbeiten des Edinburger Professors Ptaif zu erwähnen. Er wies mit seinen Untersuchungsergebnissen bereits 1872 darauf hin, dass zwischen Thermokraft und Temperatur quadratische Zusammenhänge bestehen.

Allerdings lagen bis zur Formulierung der Theorie des Elektronengases keine zufriedenstellenden Erklärungen hinsichtlich der Thermoelektrik vor. Erst im 20. Jahrhundert sind verschiedene aus unterschiedlichen Untersuchungen hervorgegangene Theorien zu finden wie folgt:

- Kontakttheorie
- Thermodiffusionstheorie
- Gradiententheorie
- Phononentheorie

Es zeigte sich im Laufe des 20.Jh., dass die Physik thermoelektrischer Halbleiter (Kombination/Rekombination von Ladungsträgern) sich grundsätzlich von der der Metalle (Erhaltung der Ladungsträger) unterscheidet. Der aktuelle Stand der thermoelektrischen Theorie bei den Metallen im 20. Jh. wird durch die Arbeiten von Pollok „*Thermocouple – Theorie and Properties*" widergespiegelt [2.11].

Literaturverzeichnis

[2.1] Benedicks C (1918) Ein für Thermoelektrizität und metallische Wärmeleitung fundamentaler Effekt. Annalen der Physik 360(1):1–80, DOI 10.1002/19183600102

[2.2] Benedicks C (1922) The homogeneous electro-thermic effect: (including the thomson effect as a special case). Nature 109(2741):608, DOI 10.1038/109608b0

[2.3] Benedicks C (1929) Jetziger Stand der grundlegenden Kenntnisse der Thermoelektrizität. Ergebnisse der Exakten Naturwissenschaften 8:25–68, DOI 10.1007/BFb0111908

[2.4] Braun F (1909) Thermoelektrizität. In: Winkelmann AA, Waitz K, Graetz L, Auerbach F (Hrsg) Handbuch der Physik, J. A. Barth, Leipzig, S. 730–755

[2.5] Dietrich I (1951) Thermoelektrischer Homogeneffekt an feinkristallinen Metalldrähten. Zeitschrift fuer Physik 129(4):440–448, DOI 10.1007/BF01379594

[2.6] Fraser M (1938) Thermoelectric effects in homogeneous conductors. The London, Edinburgh, and Dublin Philosophical Magazine and Journal of Science 25(170):785–793, DOI 10.1080/14786443808562063

[2.7] Henning F, Moser H, Schley U, Thomas W, Tingwaldt C (Hrsg) (1977) Temperaturmessung. Springer Berlin Heidelberg, Berlin, Heidelberg, DOI 10.1007/978-3-642-81138-8

[2.8] Kocher G (1955) Messungen über den thermoelektrischen Homogeneffekt 3. Grades (1. Benedicks-Effekt). Annalen der Physik 451(5-8):210–226, DOI 10.1002/19554510503

[2.9] Körtvélyessy L (1987) Thermoelement-Praxis, 2. Aufl. Vulkan-Verlag, Essen

[2.10] MacDonald D, Hunt LB (Hrsg) (1982) A history of platinum and its allied metals. Matthey, London

[2.11] Pollock DD (1991) Thermocouples: Theory and properties. CRC Press

[2.12] Wiedemann GH (1894) Die Lehre von der Elektricität, 2. Aufl. Vieweg, Braunschweig

Kapitel 3
Elektrophysikalische Effekte mit thermischem Einfluss oder thermischer Wirkung

Zusammenfassung Eine einseitige Betrachtung des Seebeck-Effektes als nützlicher Messeffekt verschließt u. U. die Betrachtungen seiner Zugehörigkeit. Er ist in erster Linie ein elektrophysikalischer Effekt und hat mit anderen Effekten verschiedene Gemeinsamkeiten aber auch Kombinationsmöglichkeiten. Das Kapitel ordnet in dieser Hinsicht die thermoelektrischen Effekte in die der elektrophysikalischen Effekte ein.

3.1 Übersicht

Werden elektrische Leiter mechanisch, strahlungstechnisch, elektrisch, magnetisch oder thermisch beeinflusst, zeigen sie unter gewissen Umständen besondere Effekte, die allgemein als elektrophysikalische Effekte bezeichnet werden. Der Wirkungsgrad bzw. das Auftreten der Effekte hängt von der Materialzusammensetzung des Leiters und der Intensität des entsprechenden Einflusses oder der Kombination mehrerer Einflüsse ab. Einige der wichtigsten elektrophysikalischen Effekte sind in Tabelle 3.1 dargestellt.

Weitere elektrophysikalische Effekte, jedoch mit Temperatureinfluss oder thermischer Wirkung sind in der Tabelle 3.2 dargestellt. Es ist bei näherer Betrachtung erkennbar, dass sich die grundlegenden Wirkungsmechanismen ähneln oder miteinander verkoppelt sind.

3.2 Beschreibung ausgewählter Effekte

3.2.1 Benedicks-, Thomson-, Seebeck- und Peltier-Effekt

Benedicks-, Thomson-, Seebeck- und Peltier-Effekt (s. Kapitel 5) stellen die bekanntesten und wichtigsten thermoelektrischen Effekte dar. Ihre grundlegende Wirkungsweise geht auf einen primären Effekt – den thermoelektrischen Basiseffekt (s. Kapitel 4) zurück. Er beschreibt die Entstehung einer elektrischen Feldstärkekomponente bei thermischem Einfluss in einem homogenen Leiter. Sein Verständnis ist wichtig für die Erklärungen anderer thermoelektrischen Erscheinungen.

© Springer-Verlag GmbH Deutschland, ein Teil von Springer Nature 2023
K. Irrgang, *Altes und Neues zu thermoelektrischen Effekten und Thermoelementen*,
https://doi.org/10.1007/978-3-662-66419-3_3

Tabelle 3.1 Ausgewählte elektrophysikalische Effekte [3.9] [3.10]

Kategorie	Beispielhafte Einflussgröße	Wirkung	Benennung
mechanisch-elektrisch	Deformation	Kristalldeformation ruft inneres Dipolmoment hervor	Piezoeffekt
elektrisch-magnetisch	Magnetfeld	stromdurchflossener Metallkörper im Magnetfeld bewirkt Spannung	Hall-Effekt
mechanisch-magnetisch	Rotation	rotierender Eisenstab wird magnetisiert	Barnett-Effekt
optisch-elektrisch	Elektrisches Feld	bei einem Strahler im elektrischen Feld tritt eine Linienaufspaltung ein	Stark-Effekt
thermisch-elektrisch	Stromdurchfluss	Leiter erwärmt sich bei Stromdurchfluss	Joulesche Erwärmung

Der klassische Seebeck-Effekt beschreibt die Entstehung einer Thermospannung im offenen und materialverschiedenen Zweileiterkreis. Beim Peltier-Effekt ergibt sich über den beiden Leiterverbindungen bei Stromfluss eine Temperaturdifferenz (s. Kapitel 5.4).

Wird in einem geschlossenen Stromkreis ein Leiter, über dem ein Temperaturgradient besteht, durchflossen, so entsteht neben der Joulschen Wärme die Thomsonwärme (Kapitel 5.2). Der Benedicks-Effekt ergibt sich in Form der Benedicks-Spannung an den Enden eines homogenen Metalleiters, wenn sich längs des Leiters ein unsymmetrisches Temperaturfeld herausbildet (Kapitel 5.3).

3.2.2 Kristallrichtungsabhängige thermische Effekte

Elemente mit ausgeprägten Kristallachsen zeigen bezüglich des absoluten Seebeck-Koeffizienten unterschiedliche den Kristallachsen zuordenbare Werte (so z. B. Cadmium; Kapitel 4.3.3). Nach Bridgman [3.1] kann es in Abhängigkeit von der Kristallachse bei Stromdurchfluss zu Wärmeentwicklungen quer zu den Kristallachsen kommen.

Erwärmt oder kühlt man bestimmte Kristalle (z. B. Turmalin, Pentaerythrit u. a.) so kann man unter bestimmten Bedingungen zwischen den gegenüberliegenden Stellen der Kristalloberfläche elektrische Spannungen messen (Pyroelektrischer Effekt).

3.2.3 Thermoelektrischer Druckeffekt

Umfangreiche Messreihen zum mechanischen Einfluss, insbesondere Druckeinfluss, wurden von Bridgman durchgeführt (s. Kapitel 7.2.3)[3.1]. Entsprechend den vorliegenden Untersuchungsergebnissen ändern sich die thermoelektrischen Eigenschaften metallischer Leiter unter hohem Druck [3.3] [3.2]. Eine erhebliche Druckbelastung auf einen Thermoleiter entsteht auch im Falle seiner Dehnungsbehinderung bei Tempera-

Tabelle 3.2 Elektrophysikalische Effekte mit thermischem Einfluss oder Wirkung
[3.8] [3.4] [3.6] [3.5]

Nr	Effekt-bezeichnung	Feldphysik	Wirkungsgrößen	Auswirkung
1	Benedicks-Effekt	statisch-thermoelektrisch (homogener Leiter)	longitudinaler Temperaturgradient (ΔT)	Spannungsgradient (ΔE)
2	Seebeck-Effekt	statisch-thermoelektrisch (inhomogene Mehrleiter)	longitudinaler Temperaturgradient (ΔT)	Spannungsgradient (ΔE)
3	Thomson-Effekt	quasistatisch-thermoelektrisch (homogener Leiter)	longitudinaler Temperaturgradient und Stromfluss (ΔT, J)	Temperaturerhöhung (ΔT)
4	Peltier-Effekt	quasistatisch-thermoelektrisch (inhomogene Mehrleiter)	Stromfluss (J)	Temperaturveränderung an den Übergangsstellen (ΔT)
5	Pyroelektrischer Effekt	quasistatisch-thermoelektrisch (inhomogener kristalliner Leiter)	Wärmestrom/ Kühlung	Elektrische Spannung an der Kristalloberfläche
6	Bridgman-Effekt	quasistatisch-thermoelektrisch (inhomogener Leiter)	Stromfluss (J)	Wärmeentwicklung quer zu den Kristallachsen (ΔT)
7	Thermoelektrischer Druck-Effekt	quasistatisch-thermoelektrisch (homogener Leiter)	Druck- und longitudinaler Temperaturgradient	Veränderung thermoelektrischer Größen
8	Ettingshausen-Effekt	quasistatisch-elektromagnetischer (homogener Leiter)	longitudinaler Stromfluss und senkr. Magnetfeld (J, B)	transversales Temperaturfeld (ΔT)
9	Nernst-Effekt	quasistatisch-elektromagnetischer (homogener Leiter)	longitudinaler Stromfluss und senkr. Magnetfeld (J, B)	longitudinaler Spannungsgradient (ΔU)
10	Righi-Leduc	quasistatisch-elektromagnetischer (homogener Leiter)	longitudinaler Wärmestrom und senkr. Magnetfeld (ΔT, B)	transversaler Temperaturgradient (ΔT)
11	Maggi-Righi-Effekt	quasistatisch-elektromagnetischer (homogener Leiter)	longitudinaler Wärmestrom und senkr. Magnetfeld (ΔT, B)	longitudinaler Temperaturgradient (ΔT)
12	Erster Ettingshausen-Nernst-Effekt	quasistatisch-elektromagnetischer (homogener Leiter)	longitudinaler Wärmestrom und senkr. Magnetfeld (ΔT, B)	transversales elektrisches Feld (ΔE)
13	Zweiter Ettingshausen-Nernst-Effekt	quasistatisch-elektromagnetischer (homogener Leiter)	longitudinaler Wärmestrom und senkr. Magnetfeld (ΔT, B)	longitudinales elektrisches Feld (ΔE)

turbelastung. Wird nur ein Teil des Thermoleiters in einem Gefäß an der thermischen Ausdehnung behindert (s. Abb. 3.1), dann entsteht zwischen dem druckbelasteten (bzw. ausdehnungsbehinderten) und dem druckfreien Leiterteil eine Thermospannung, wenn ein Temperaturgradient ΔT vorliegt [3.7].

3.2.4 Thermoelektrische Effekte bei transversaler magnetischer Durchflutung

Zu diesen Effekten zählen der Nernst-, der Ettingshausen- und der Righi-Leduc-Effekt. Bei diesen Effekten steht der entstehende oder einwirkende Wärmestrom senkrecht zum vorliegenden Magnetfeld.

- **Ettingshausen-Effekt**
  Der Ettingshausen-Effekt beruht auf der Entstehung eines Temperaturgradienten im Magnetfeld. Wird durch einen dünnen plattenförmigen Thermoleiter, der von einem magnetischen Fluss durchsetzt ist, ein elektrischer Strom geleitet, so tritt eine Temperaturdifferenz senkrecht zur Stromrichtung auf (s. Abb. 3.2).

- **1. Ettingshausen-Nernst-Effekt**
  Der Ettingshausen-Nernst-Effekt stellt die zum Ettingshausen-Effekt inverse Wirkung dar. Er beruht auf der Ablenkung bewegter Elektronen im Magnet- und Temperaturfeld. Wird durch eine dünne Thermometall-Platte, die von einem magnetischen Fluss durchsetzt wird, ein Wärmestrom geleitet, so tritt eine elektrische Feldstärke bzw. thermoelektrische Spannungsdifferenz ΔU auf (s. Abb. 3.3).

- **Righi-Leduc-Effekt**
  Der Righi-Leduc-Effekt beschreibt die Entstehung einer Temperaturdifferenz, die wiederum senkrecht zum Wärmestrom und zum Magnetfluss steht (s. Abb. 3.4).

3.2.5 Thermoelektrische Effekte bei longitudinaler magnetischer Durchflutung

Wird ein länglicher plattenförmiger Metallleiter einerseits von einem Wärmestrom durchflutet und weiterhin parallel von einem Magnetfeld durchströmt, so sind längs und quer der Metallplatte Temperatur- bzw. Spannungsdifferenzen messbar. Entsprechend den festgestellten Wirkungen kann man zwei Effekte, d. h. den Zweiten Ettinghausen-Nernst-Effekt (Entstehung einer Potentialdifferenz) und den Maggi-Righi-Leduc-Effekt (Entstehung einer Temperaturdifferenz) unterscheiden.

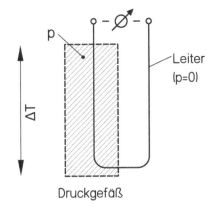

Abb. 3.1 Thermoelektrischer Druckeffekt/Thermoeffekt
durch Dehnungsbehinderung

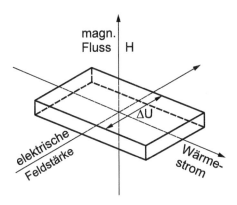

Abb. 3.2 1. Ettingshausen-Nernst-Effekt
(ΔU = thermoelektrische Spannungsdifferenz)
(H = magnetische Feldstärke/magnetische Durchflutung)

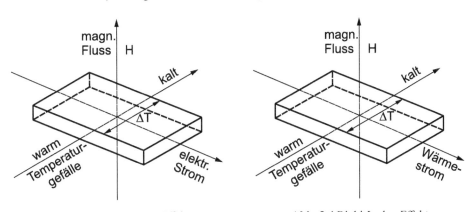

Abb. 3.3 Ettingshausen-Effekt
(ΔT = Temperaturdifferenz)

Abb. 3.4 Righi-Leduc-Effekt
(ΔT = Temperaturdifferenz)

Literaturverzeichnis

[3.1]   Bridgman PW (1931) The physics of high pressure. International text-books of exact science, Bell, London

[3.2]   Caswell AE (1926) Thermoelectricity. In: Washburn EW (Hrsg) International critical tables of numerical data, physics, chemistry and technology, McGraw-Hill, New York, NY, S. 213–231

[3.3]   Forsythe WE (1954) Smithsonian Physical Tables: prepared by William Elmer Forsythe, 9. Aufl. Smithsonian miscellaneous collections, Washington, online unter: https://openlibrary.org/books/OL6169914M/Smithsonian_physical_tables.

[3.4]   Grimsehl E, Gradewald R, Schallreuter W (1980) Elektrizitätslehre, Lehrbuch der Physik, Bd. 2, 19. Aufl. Teubner, Leipzig

[3.5]   Gross R, Marx A (2004) Festkörperphysik: Spinelektronik. Vorlesungsskript zur Vorlesung (abgerufen am 22.07.2018). München-Garching

[3.6]   Hering E, Martin R, Stohrer M (1999) Physik für Ingenieure, 7. Aufl. Springer-Lehrbuch, Springer, Berlin

[3.7]   Irrgang K, Lippmann L, Meiselbach U (2013) Untersuchungen zum Einfluss einer Dehnungsbehinderung auf den ASC von Metallen. AIF Förderkennzeichen: KF 2666 703. DF3, Martinroda

[3.8]   Justi E (1965) Leitungsmechanismus und Energieumwandlung in Festkörpern: mit 305 Fig, 2. Aufl. Vandenhoeck & Ruprecht, Göttingen

[3.9]   Philippow E (1963) Grundlagen, Taschenbuch Elektrotechnik, Bd. 1. VEB Verlag Technik, Berlin

[3.10] Schubert J (1984) Physikalische Effekte. 2. Aufl. Physik-Verl., Weinheim

Kapitel 4
Thermoelektrischer Basiseffekt

Zusammenfassung

Am Anfang des Kapitel 4 erfolgt eine Betrachtung zu den thermoelektrischen Materialtypen und ihren speziellen festkörperphysikalischen Eigenschaften. Hauptgegenstand dieses Kapitels sind aber die Erläuterungen zum Basiseffekt und die Berechnung des diesbezüglichen absoluten Seebeck-Koeffizienten (*ASC*). Dabei wird darauf hingewiesen, dass der *ASC* eine quadratische, von der Temperatur abhängige Berechnungskomponente besitzt, die u. a. auch für die Entstehung des Benedicks-Effektes verantwortlich ist. Eine *ASC*-Berechnung erfordert eine genaue Betrachtung des Materialtyps. Daher wird zunächst eine Materialklassifizierung und in Folge eine *ASC*-Untergliederung vorgenommen. Diese Untergliederung des *ASC* erfolgt hinsichtlich offenen oder geschlossenen Kreises, in Bezug zur Kelvin-Temperatur oder zu einer beliebigen Temperaturdifferenz und letztlich hinsichtlich normaler Metalle, magnetischer und unmagnetischer Übergangsmetalle sowie binärer Mischmetalle.

4.1 Definition und Erläuterung des Basiseffektes

Der fundamentale thermoelektrische Basiseffekt beschreibt die primäre Entstehung einer elektrischen Feldstärkekomponente in einem homogenen Metallleiter aufgrund eines vorliegenden Temperaturgradienten längs dieses Leiters. Der Temperaturgradient löst im Leiter verschiedene festkörperphysikalische Vorgänge aus, insbesondere thermodiffusionale, konzentrationsausgleichende oder spinrelevante Vorgänge, und führt in Abhängigkeit von den Eigenschaften des Thermomaterials zu gerichteten und mehr oder weniger starken Ladungsträgertransporten. Dieser Basiseffekt ist nicht dem an mindestens zwei Leiter gebundenen relativen Seebeck-Effekt gleichzusetzen. Die klassischen thermoelektrischen Effekte nach Thomson, Seebeck und Peltier können mit Hilfe des Basiseffektes mathematisch abgeleitet werden, wobei Zusammenhänge mit dem Homogen- bzw. Benedicks-Effekt deutlich werden. Die Größe des Basiseffektes wird mittels des absoluten Seebeck-Koeffizienten – kurz *ASC* – quantifiziert. Dabei gilt allgemein:

Der absolute Seebeck-Koeffizient ASC ist die Ableitung dU_{TE}/dT einer im homogenen Metallleiter längs seiner Achse entstehenden Thermospannung U_{TE} nach der Temperatur, wenn über diesem Leiter ein Temperaturgradient dT/dx besteht (vgl. Kapitel 4.4.3).

© Springer-Verlag GmbH Deutschland, ein Teil von Springer Nature 2023
K. Irrgang, *Altes und Neues zu thermoelektrischen Effekten und Thermoelementen*,
https://doi.org/10.1007/978-3-662-66419-3_4

Es wird hier zwischen sechs *ASC*-Varianten unterschieden:

ASO absoluter Seebeck-Koeffizient normaler Metalle mit Bezug auf die
         Kelvin-Temperatur (offener Kreis)

aso wie ASO, jedoch mit Bezug auf Temperaturdiffererenzen (offener Kreis),

ASG absoluter Seebeck-Koeffizient normaler Metalle im geschlossenen Kreis,

ASÜ absoluter Seebeck-Koeffizient von nichtmagnetischen Übergangsmetallen,

ASS absoluter Seebeck-Koeffizient von magnetischen Übergangsmetallen
         mit Spinkorrektur (offener Kreis),

ASM absoluter Seebeck-Koeffizient von binären Mischmetallen (offener Kreis).

In der thermoelektrischen Praxis kann der thermoelektrische Basiseffekt im homogenen Leiter wie eine elektromotorische Kraft (EMK) zwischen den Enden des Leiters aufgefasst werden. Sie sei hier mit TMK – thermomotorische Kraft – bezeichnet (Abb. 4.1). Modellmäßig ist es bei einem Thermoelement erlaubt, die jeweiligen Thermoschenkel als eine Aneinanderreihung solcher elementarer TMKs anzusehen. Bei gleichem TMK-Wert für ein Thermomaterial kann der zugehörige Innenwiderstand der entsprechenden Spannungsquellen, der als Leiterwiderstand natürlich von den Geometrieparametern und so aufgrund der Beweglichkeit der Ladungsträger auch indirekt von der Temperatur abhängt, stark schwanken.

Die Bestimmung der den Basiseffekt quantifizierenden *ASC*-Kennlinie gelingt im Allgemeinen mit einem einfachen Feldstärkemodell in einem thermoelektrischen homogenen Leiter. Bei der formelmäßigen Ableitung des jeweiligen *ASC* muss man den Materialcharakter der elektrischen Leiterwerkstoffe berücksichtigen. Das macht eine Klassifizierung bzw. Systematisierung der Thermomaterialien in verschiedenster Richtung erforderlich (vgl. Kapitel 4.2).

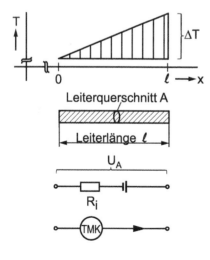

a) Temperaturfeld über dem Leiter
   mit Gradient $\Delta T / \ell$

b) thermoelektrischer Metallleiter

c) Ersatzschaltbild
   R_i = Innenwiderstand der TMK mit $R = \rho \frac{\ell}{A}$
   wobei ρ = spezifischer Leiterwiderstand
   ℓ = Leiterlänge
   A = Leiterquerschnitt

   U_A = thermoelektrische Spannung
          über dem Leiter A
   TMK = thermische EMK des Leiters A
         (thermomotorische Kraft)

Abb. 4.1 Begriffserläuterungen zur thermomotorische Kraft (TMK)

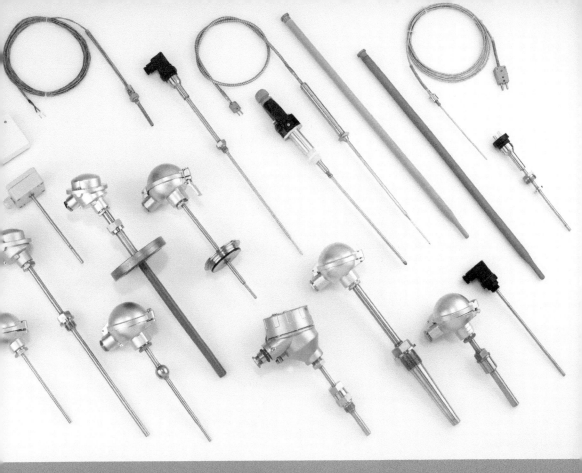

Bei tmg liegt das Thema Temperaturmessung in kompetenter Hand.
Mit Fokus auf Produktqualität und Funktionalität plant, konstruiert und
realisiert tmg maßgeschneiderte Lösungen.

**Kompetenz und Expertise basierend auf den
Erfahrungen tausendfacher Applikationen.**

Temperaturmeßtechnik Geraberg GmbH * Heydaer Straße 39 * 98693 Martinroda
Tel.: 03677-7949-0 * Fax: 03677-7949-15 * Mail:tmg@temperatur.com *www.temperatur.com

4.2 Physikalische Systematik thermoelektrischer Metallwerkstoffe

4.2.1 Klassifikation klassischer metallischer Thermomaterialien

Obwohl grundsätzlich jedes Metall thermoelektrische Eigenschaften besitzt, seien unter thermoelektrischen Metallen im Folgenden alle die Metalle verstanden, die in der thermoelektrischen Temperaturmesspraxis eine wichtige Rolle spielen. Dabei wird jeweils aufgeschlüsselt in (s. a. Abb. 4.2)

a) reine Metalle
Die reinen Metalle wie z.B Cu, Ag, Au, Cr, W, Mo, Ni, Fe, Pd, Pt (außer Al) sind nach der neuesten Nomenklatur (IUPAC-Definition) vorwiegend als äußere Übergangselemente einzuordnen. Sie besetzen dabei folgende alphanumerische Nebengruppen:

– 6. Nebengruppe: Cr, Mo, W (Chromgruppe)   alle Elemente besitzen einen positiven ASC

– 10. Nebengruppe: Ni, Pt, Pd (Nickelgruppe)   alle Elemente besitzen einen negativen ASC

– 11. Nebengruppe: Cu, Ag, Au (Kupfergruppe)   alle Elemente besitzen einen positiven ASC

Weiterhin sind die magnetischen Metalle Ni, Cr und Fe separat zu betrachten. Das Element Al weist neben dem Element Pb einen sehr geringen ASC-Wert auf. Die Tabelle 4.1 verweist auf einige interessante Eigenschaften.

b) Metallverbindungen
Metallverbindungen wie z. B. PtRh, CuNi, NiCr, NiCrSi, NiSi weisen alle einen ASC auf, der vorwiegend vom Hauptwerkstoff der Metallverbindung bestimmt wird. Dieser verändert sich mit der jeweiligen prozentualen Anteilserhöhung des Zweitwerkstoffes (so z. B. Kurvenverläufe von Pt, Rh nach Abb. 4.22).

Aus thermoelektrischer Sicht sind die Metalle der Kupfergruppe gesondert unter der Rubrik „normale Metalle" zu betrachten. Eine besondere Betrachtungsweise ist bei den magnetischen Werkstoffen (Ni, Fe, Cr …) erforderlich. Insbesondere zeigt die Tabelle 4.1, dass nur Metalle der 6. und 11. Nebengruppe einen stetig fallenden Verlauf des Wärmeleitkoeffizienten Lambda (λ) aufweisen. Gleichzeitig besitzen diese Elemente einen positiven ASC.

Die Elemente der Nebengruppe 6 besitzen hohe Bindungskräfte. Für sie gilt auch nach Weismantel [4.17], dass sich die Ladungsträger vorzugsweise in energetisch günstigen Positionen nahe der oberen Bandkante aufhalten. Die Ladungsträger können dann die Eigenschaft positiver Kristallelektronen (Defektelektronen oder Löcher) erhalten. Der Fall nicht vollständig gefüllter äußerer d/s-Schalen trifft auf alle Übergangselemente zu. Bei Betrachtungen der „d"-Schale ergeben sich Besonderheiten, z. B. für Cu, Ag, Au (s. Ta-

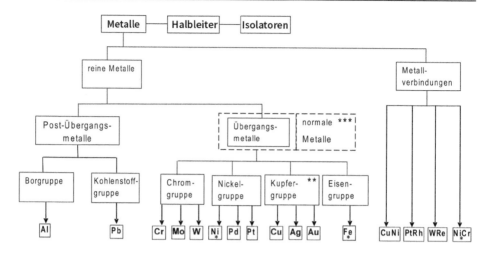

Abb. 4.2 Übersicht über thermoelektrische Metalle (Thermoelementwerkstoffe)
in der Temperaturmesstechnik
* magnetische/ferromagnetische Werkstoffe
** in älteren Klassifikationen wird die Kupfergruppe aufgrund der besonderen s,d-Situation und damit verbundenen Eigenschaften nicht den Übergangsmetallen zugerechnet, sondern unter Münzmetalle separat geführt.
*** Unterschied aus thermoelektrischer Sicht

belle 4.1). Deren „d"-Schale ist vollständig gefüllt (die frühere sogenannte Kupfergruppe – hier als normale Metalle bezeichnet).

Bei Ni und Fe ist generell die Spinordnung bis zum Curiepunkt separat zu beachten – d. h. neben den beiden für die Ausbildung der gesamten elektrischen Feldstärke wichtigen Einzelkomponenten kommt eine sogenannte „Spinkomponente" hinzu. Dieser überlagernde Spinwelleneinfluss führt zu ungewöhnlichen Kurvenverläufen der *ASC*s (vgl. Kapitel 4.4.3.2). Auffällig bei den Elementen Al und Pb ist ihr sehr großer Wärmeausdehnungskoeffizient α und ihr geringer *ASC*-Wert.

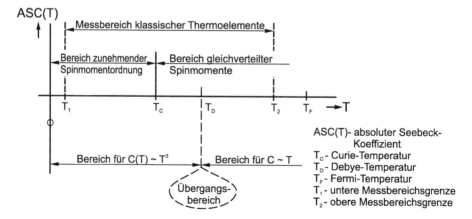

Abb. 4.3 Charakteristische Temperaturbereiche bei Metallen

Tabelle 4.1 Übersicht zu Eigenschaften reiner thermoelektrischer Metalle

Neben-gruppe	Ele-mente	Ladungs-trägertyp	ASC-Verlauf $0\,°\text{--}600\,°C$	Wärmeleit-koeffizient	Elek-tronen	Sonstiges
Kupfer-gruppe Münz-metalle	Cu	negativ	jeweils positives Vorzeichen, steigender ASC	alle fallend	$4d^{10}\,4s$	10 d-Schale, voll gefüllt, Elektronen-leitung
	Ag	negativ			$4d^{10}\,5s$	
	Au	negativ			$5d^{10}\,6s$	
Nickel-gruppe	Ni	negativ	jeweils negatives Vorzeichen, fallender ASC	Ni ab 350 °C steigend	$3d^8\,4s^2$	jeweils s, d-Schalen, teilweise gefüllt
	Pd	negativ		Pd konstant	$4d^{10}$	
	Pt	negativ		Pt leicht steigend	$5d^9\,6s$	
Chrom-gruppe	Cr	positiv	jeweils positives Vorzeichen, steigender ASC	fallend	$3d^5\,4s$	jeweils geringe Wärme-dehnung
	Mo	positiv		fallend	$4d^5\,5s$	
	W	positiv		ab 350 °C fallend	$5d^4\,6s^2$	
mag-netische Werk-stoffe	Fe	negativ	jeweils wechselnde Anstiege des ASC	Fe ab 350 °C fallend	$3d^6\,4s^2$	Jeweils geordnete Spinbildung bis Curiepunkt
	Ni	negativ		Ni steigend	$3d^8\,4s^2$	
Nicht-eisen-metalle	Al	Positiv	jeweils kleine, nahezu konstante ASC	fallend bis ca. 100 °C	$3s^2\,3p$	sehr große Wärme-dehnung
	Pb	Hallfaktor Null		leicht fallend bis 300 °C	$6s^2\,6p^2$	

4.2.2 Charakteristische Temperaturbereiche der Thermomaterialien

Eine allgemeine Beschreibung der Elektronenbewegung in den Festkörpern bei Tempe-ratureinwirkung erfordert die Beachtung vieler detaillierter und teils unübersichtlicher Einzelwirkungen. Fallunterscheidungen nachfolgender Art sind deshalb bezogen auf Material, Temperaturbereich und atomare Energieniveaus förderlich. Bei den metalli-schen Materialien sind aus bereits genannter Sicht zunächst die *Fermi-Temperatur*, die *Debye-Temperatur* und die *Curie-Temperatur* beachtenswert (s. Abb. 4.3).

Fermi-Temperatur T_F – *Die Fermi-Temperatur T_F ist eine über die Boltzmann-Konstante k_B der Fermi-Energie W_F bzw. E_F zugeordnete Größe gemäß Gleichung $W_F = k_B T_F$ und wird auch Besetzungsgrenze der elektronischen Zustände genannt [4.14].*
Die Fermi-Temperatur ist genau wie die Fermi-Energie de facto eine Materialkonstante mit sehr schwacher Temperaturabhängigkeit. Die Fermi-Temperatur liegt bei Metallen zwischen 5.000 K und 50.000 K. Der praktisch genutzte Temperaturbereich von Thermoelementen liegt dagegen zwischen ca. –200 °C und +2000 °C und damit deutlich unterhalb der Fermi-Temperatur (Tabelle 4.4).

Debye-Temperatur T_D – *Die Debye-Temperatur T_D ist eine rechnerische Größe, die sich aus einem Schwingungsmodell nach Debye ergibt. Sie soll ungefähr angeben, bei welcher Temperatur alle Schwingungszustände des Metallgitters angeregt sind* (s. Tabelle 4.2).
Die Debye-Temperatur findet in den nachfolgenden Berechnungen keinen direkten Eingang, sondern wird nur als Ordnungsgröße betrachtet. Um sie herum findet bei der spezifischen Wärmekapazität der Übergang von einer T^3-Abhängigkeit in eine lineare Abhängigkeit statt. Die lineare Abhängigkeit verringert sich bei höheren Temperaturen sehr stark (Tabelle 4.4).

Curie-Temperatur T_C – *Die Curie-Temperatur T_C ist die Temperatur, bei der die ferromagnetische Ordnung erlischt bzw. die Temperatur, wo der geordnete Spinzustand in einen ungeordneten übergeht bzw. umgekehrt* (s. Kapitel 4.4.3.1) [4.12].
Grundsätzlich gilt, dass eine zu beachtende Curie-Temperatur nur bei magnetischen Werkstoffen vorliegt, z. B. bei Eisen und Nickel (s. Tabelle 4.3). Wird ein ferromagnetischer Leiter von hohen Temperaturen herkommend langsam abgekühlt, so nimmt er ab dem Curie-Punkt langsam eine Energiespeicherung in Form der Umordnung der Spine vor. Sichtbar wird diese Wirkung in dem Funktionsverlauf der Sättigungspolarisation *J*.

Tabelle 4.2 Fermi- und Debye-Temperaturen ausgewählter Materialien [4.9] [4.14] [4.17]

Metall	Debye-Temperatur (K)	Fermi-Temperatur (10^4K)
Cr	630	
Mo	450	
W	400	
Ni	450	
Pd	274	
Pt	240	6,7
Cu	343	8,1
Ag	225	6,4
Au	165	6,4
Al	428	13,5
Fe	470	
Na		3,8
K		2,5
Li		5,5
Zn		10,9
Cd		8,7

Tabelle 4.3 Curie-Temperaturen von Nickel und Eisen [4.12]

Element	Curie-Temperatur T_C
Eisen (Fe)	ca. 770 °C
Nickel (Ni)	ca. 350 °C

Tabelle 4.4 Deybe-Temperatur und spezifische Warmekapazitat [4.9]

Temperaturbereich	Temperaturabhängigkeit der spezifischen Wärmekapazität
$0 \ldots T_D$	$C = f(\mathrm{T}^3)$
$T_D \ldots T_F$	$C = f(\mathrm{T})$

4.2.3 Energieniveaus thermisch angeregter Elektronen

Die Betrachtung der energetischen Niveaus von Elektronen eines Metallatoms muss in Verbindung mit den bandstrukturellen Eigenheiten des entsprechenden Metalls bzw. der Metalllegierungen vorgenommen werden. Nach Daniel Pollock [4.14] empfiehlt sich folgende Gruppierung:
  a) Normale Metalle
  b) Übergangsmetalle (bei alter Klassifikation)
  c) Metalllegierungen

a) Normale Metalle
Tatsächlich ist es sinnvoll all jene Metalle zu einer Gruppe zusammenzufassen, deren Leitungselektronen sich annähernd wie freie Elektronen verhalten. Diese Bedingung erfüllen z. B. die für die Thermoelektrik weniger interessanten Alkalimetalle. Aber auch Kupfer-, Silber- und Goldatome bauen in ihrem Festkörper ein einheitliches Leitungsband auf. Bei ihnen liegt auch ein mit 10 Elektronen vollbesetztes 3d-, 4d- und 5d-Band vor. Bei zweiwertigen Metallen wird das Leitungsverhalten oft durch die Überlappung

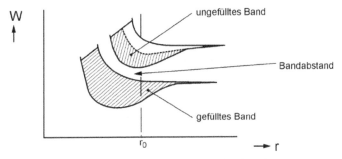

Abb. 4.4 Entstehung von Elektronenbändern bei zunehmender Annäherung der Atome (r_0 = Atomabstand eines ausgewählten Metalles)

des *s-Bandes* mit dem *d-Band* bestimmt. Dies trifft auch auf Blei zu. Durch die Verschiebung der Elektronen im s-Band ergibt sich jedoch die Entstehung von Defektelektronen (d. h. Entstehung einer Löcherleitung), wie sie beim Blei sehr schwach nachweisbar sind. Auch bei dem dreiwertigen Aluminium besteht eine schwache Defektelektronenleitung. Liegen freie Elektronen vor, so gilt im Weiteren, dass eine thermische Anregung nur einen kleinen Teil der Elektronen erfasst und zwar im Bereich $2k_BT$ um die Fermi-Temperatur herum (s. Abb. 4.5).

b) Übergangsmetalle

Die bei Pollock [4.14] benannte zweite Rubrik „Übergangsmetalle" sei hier als Metalle mit unvollständig besetzten d- und s-Bändern (kurz: Metalle mit d/s-Block) charakterisiert, wobei sich die d-Bänder mit den s-Bändern überlappen und die d-Bänder anfänglich leer oder voll besetzt sind (s. Abb. 4.4). Durch die endgültige Bänderkonstellation entstehen nur teilweise besetzte Leitungsbänder. Bei den schweren Metallen ist nach Hamann und Weißmantel davon auszugehen, dass auch Defektelektronen bzw. Löcher entstehen. Dies kann hier tatsächlich der Fall sein und ist entsprechend zu berücksichtigen.

Im Prinzip sind alle Elemente mit Löcherleitung auch der Rubrik „Metalle mit d/s-Block" zuzurechnen. Das verfügbare Energieniveau schwankt in diesem vorliegenden Fall zwischen der Fermi-Energie W_F und dem Energiemaximum W_0 des d-Bandes (s. Abb. 4.6).

c) Metalllegierungen

Gegenüber den reinen Metallen ergeben sich bei Metalllegierungen oft komplexere festkörperphysikalische Zusammenhänge. Im Hochtemperaturbereich spielen aber gerade die zugehörigen Metalllegierungen der Thermopaarungen R, S, B bzw. N, K, E eine enorm wichtige Rolle in der Temperaturmesspraxis. Bei der Auswahl von Legierungen mit zwei Elementen hilft zunächst das Hume-Rothery-Phasenmodell [4.17] entscheidend weiter. Hume-Rothery war es gelungen, elektronische Phasen mit besonders niedriger Energie zu bestimmen.

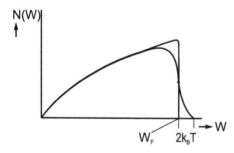

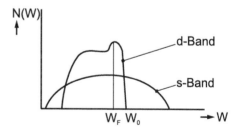

Abb. 4.5 Zustandsdichte in Abhängigkeit von der Fermi-Energie normaler Metalle
W_F = Fermi-Energie,
W_0 = Energiemaximum,
N(W) = Zustandsdichte

Abb. 4.6 Zustandsdichte in Abhängigkeit von der Fermi-Energie W_F von Metallen mit ungefüllter d-Schale
W_F = Fermi-Energie,
W_0 = Energiemaximum

Nach dem Hume-Rothery-Phasenmodell ergeben sich bei dem Zulegieren, z. B. der Übergangsmetalle Pt und Ni mit 0 … 100 Atomprozenten von zwei- bis fünfwertigen Elementen (Cr, Si, Al usw.), jeweils charakteristische Gittermodifikationen, nach denen z. B. die mittlere Valenzelektronenzahl bzw. die vorliegende Fermi-Oberfläche abgeschätzt werden kann. Ausführliche Beschreibungen der Elektronenzustände bzw. ihrer energetischen Zustände bei Legierungen der Übergangselemente Pt, Ni, Fe finden sich bei D. Pollock [4.14]. Auch allgemein, d. h. im Falle der Übergangselemente bzw. der d/s-Blockelemente, ist von solchen energetischen Optimierungen auszugehen. Ausgenommen sind dabei die Spinkorrektur und die Nichtlinearitäten im hohen Temperaturbereich. Hier muss auf andere Phänomene Rücksicht genommen werden.

4.2.4 Quantenmechanische Korrekturfaktoren im thermoelektrischen Basismodell

4.2.4.1 Betrachtungen zum Vorzeichenwechsel der ASC

Physikalische Größen, die sich auf der Grundlage der Theorie des freien Elektronengases berechnen und so in der Regel Abweichungen zum Experiment aufweisen, können bei quantenmechanischer Betrachtung bzw. Analyse korrigiert werden. Diese Korrekturen (s. Sommerfeld-Korrektur in Kapitel 4.3.1) berücksichtigen neben der Energiesituation auch die Zustandsdichte N(E) (s. Abb. 4.7 und Abb. 4.8) und die Besonderheiten der Dispersionskurve E(k) des Energiesystems. In Abb. 4.9 ist eine typische Dispersionskurve E(k) dargestellt.

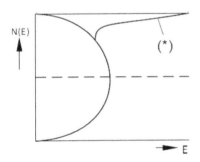

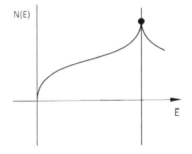

Abb. 4.7
Zustandsdichte N(E): N(E) als Funktion der Energiedichte E(*),
Verlauf bildet sich aus, wenn „Fermi-Hälse" an der Brillouin-Zone entstehen.

Abb. 4.8
Zustandsdichte N(E) :
N(E) nahe einer Zonengrenze

Trifft die Fermi-Fläche auf die Grenzen der Brillouin-Zone, so kann die thermoelektrische Berechnung der *ASC* des betroffenen Metalls sehr kompliziert werden, da Details der Gitterstruktur des Metalls in die Berechnung mit eingehen.

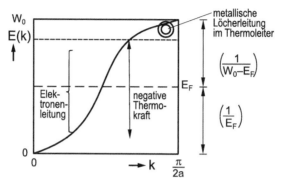

Abb. 4.9 Dispersionskurve $E(k)$ mit Fermi-Wellenvektor k,
$E(k) = W_0(1 - \cos(ka))$, a = Gitterkonstante

Grundsätzlich gibt es aber lediglich zwei verschiedene Szenarien, die sich für den Fall einer kubischen Brillouin-Zone am einfachsten deutlich machen lassen:

Fall 1: Es bilden sich bei Annäherung der Fermi-Fläche an die Begrenzungen in den drei Hauptrichtungen des reziproken Gitters sechs nachhaltige Teil-Fermi-Kugeln aus.

Fall 2: Es bilden sich acht lochartige Teil-Kugeln längs der Raumdiagonalen aus (s. Abb. 4.10).

Im ersten Fall bleibt die Elektro-Loch-Symmetrie erhalten und damit auch die Wurzelfunktion der Zustandsdichte N(E)

$$N(E) = \sqrt{W - E}$$

und das Vorzeichen der *ASC* bleibt bestehen. Im Fall 2 dreht sich die Zustandsdichtefunktion nahe der Brillouin-Zone um. Fällt diese Funktion stärker ab als 1/E, so verändert sich auch das Vorzeichen der *ASC*, d. h. es gibt positive Thermoeffekte (s. Abb. 4.8).

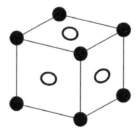

Abb. 4.10 Einfache kubische Brillouin-Zone mit löcherartigen oder
elektronenartigen Fermikugeln

4.2.4.2 Betrachtungen zu Korrekturfaktoren der ASC

Die quantenmechanische Korrektur nach Sommerfeld für normale Metalle mit Elektronenleitung, d. h. der Kupfergruppe, beträgt $\pi^2 T / 2T_F$ [4.7].

Für die Übergangselemente der Nickel-, Eisen- und Chromgruppe, die positive Ladungsträger aufweisen, ergibt sich nach Pollok [4.14] der Faktor $\dfrac{\pi^2 T}{6(T_0 - T_F)}$. Dieser wird nunmehr generell für die Übergangselemente eingesetzt.

Die Korrekturterme sind in Tabelle 4.5 dargestellt.

Tabelle 4.5 Korrekturfaktoren und korrigierte A_D-Werte [4.14] [4.3]

Korrektur	Metalle	Diffusionskonstante A_D	A_D erweitert
$\dfrac{\pi^2 T}{2T_F}$	Kupfergruppe	$A_D = \dfrac{\pi^2 k_B}{2eT_F}$	$A_D K_M = \dfrac{\pi^2 k_B K_M}{2eT_F}$
$\dfrac{\pi^2 T}{6(T_0 - T_F)}$	Nickelgruppe Eisengruppe Chromgruppe	$A_D = \pi^2 k_B \dfrac{1}{6e(T_0 - T_F)}$	$A_D K_M = \dfrac{\pi^2 k_B K_M}{6e(T_0 - T_F)}$

Dabei bezeichnet K_M eine erweiterte Korrektur zur Berücksichtigung des Verhältnisses aus der sogenannten thermischen Masse m_{th} zur Masse der freien Elektronen m, mit $K_M = m_{th}/m$ (s. Kapitel 4.5.1).

Es gilt weiterhin:

A_D ... thermoelektrische Diffusionskonstante (s. Kapitel 4.3.5)

e ... Elementarladung

k_B ... Boltzmann-Konstante

T_F ... Fermi-Temperatur

T_0 ... Maximal-Temperatur der Bandkante.

4.3 Berechnung des absoluten Seebeck-Koeffizienten als wichtigste Kenngröße des thermoelektrischen Basiseffektes

4.3.1 Einführung

In der Literatur finden sich verschiedene Lösungsansätze bzw. Berechnungsverfahren zur Bestimmung des absoluten Seebeck-Koeffizienten *ASC*. Die gefundenen Formeln basieren, u. a. nach Pollock, auf den Gibbschen Theorien [4.14] oder nach Bärner auf der Boltzmannschen-Fermi-Transport-Theorie [4.14] und sind für bestimmte Temperaturbereiche konform.

Mit einem einfachen anschaulichen Feldstärke-Modell gelingt ebenfalls eine
ASC-Kennlinienbeschreibung zu metallischen Thermomaterialien. Im Weiteren findet
die Klassifizierung der Materialien hinsichtlich magnetischer und nichtmagnetischer,
sowie einfacher Metalle und solcher mit d/s-Schaleneffekt bzw. mit Elektronen- oder
Löcherleitung statt (vgl. Kapitel 4.4).

Es ist vorab anzumerken, dass die nachfolgenden Betrachtungen (speziell im Kapitel 4.3.5) sich zunächst auf einfache nichtmagnetische Thermomaterialien beziehen, wie
z. B. Kupfer. Die sich daran anschließenden Berechnungen erfolgen materialdifferenziert
mit Bezug auf den Basiseffekt.

Grundsätzlich wird weiterhin davon ausgegangen, dass beim Vorliegen eines Temperaturgradienten längs eines metallischen Thermoleiters ein Thermodiffusionsvorgang
stattfindet. Dies bedeutet, dass alle entsprechend auf Fermi-Energie angeregten Ladungsträger sich zum kalten Ende des Thermoleiters bewegen. Entsprechend baut sich
ein elektrisches Gegenfeld mit der Feldstärke $E(T)$ bzw. über der Leiterlänge die thermoelektrische Spannung $U_{TE}(T)$ auf. Zwischen diesen Größen und dem absoluten Seebeck-Koeffizienten *ASC* als charakteristische Kenngröße des Basiseffektes bestehen bei
Anwesenheit eines Temperaturgradienten dT/dx folgende Beziehungen:

$$ASC\left(T\right) = \frac{dU_{TE}}{dT} \qquad \text{mit} \qquad U_{TE} = \int_0^l E\left(T\right)dx \qquad (4.1)$$

wobei l die Thermoleiterlänge (in x-Richtung) bedeutet. Für den *ASC*(T) ergibt sich
damit auch:

$$ASC(T) = E(T) / \left(\frac{dT}{dx}\right) \qquad (4.2)$$

4.3.2 Allgemeiner Thermodiffusionseffekt

Liegt längs eines metallischen Drahtes bzw. Leiters ein axialer Temperaturgradient vor,
so besetzen seine Ladungsträger (Elektronen, Defektelektronen) infolge von Temperaturdifferenzen unterschiedliche energetische Niveaus, deren kinetische Umsetzung zu einer
Kraftwirkung $F_{TD}(T)$ der Elektronen in Richtung kaltes Ende führen (Abb. 4.11).

Entspricht die im Wegkinkrement dx des Leiters vorliegende Temperaturerhöhung dT
einer Energiezunahme dW, so bestimmt sich die kinetische Kraftwirkung $F_{TD}(T)$ auf einem Ladungsträger nach folgender Gleichung 4.3 (s. [4.7] [4.11]):

$$F_{TD}\left(T\right) = \frac{dW}{dx} \qquad \text{bzw.} \qquad F_{TD}\left(T\right) = \frac{dW}{dT} \cdot \frac{dT}{dx} \qquad (4.3)$$

Die Energieänderung dW bestimmt sich weiterhin über die Wärmekapazität nach der
folgenden Formel:

$$dW = C_{mol} \cdot N_M \cdot dT \qquad (4.4)$$

mit C_{mol} ... molare Wärmekapazität

         N_M ... Anzahl der Mole

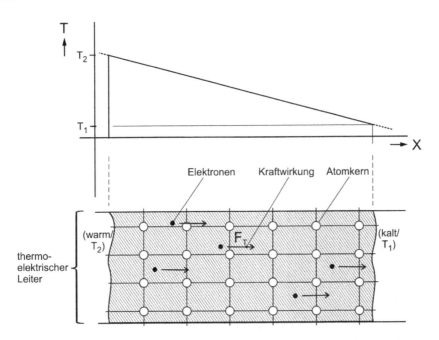

Abb. 4.11 Temperaturprofile und Elektronenbewegung in einem metallischen Leiter

Die molare Wärmekapazität C_{mol} spaltet sich auf in die der Elektronen C_{mole} und die des Gitters C_{molg}, gemäß

$$C_{mol} = C_{mole} + C_{molg} \tag{4.5}$$

Die Berechnung der molaren Wärmekapazität des freien Elektronengases bei quanten-mechanischer Betrachtung gemäß Fachliteratur [4.7] führt bei Einführung eines Faktors nach Sommerfeld (vgl. Kapitel 4.2.4.2) zu folgendem Term:

$$C_{mole} = \frac{\pi^2}{2} \cdot R \cdot \frac{T}{T_F} = \frac{\pi^2}{2} \cdot N_A \cdot k_B \cdot \frac{T}{T_F} \text{ wegen } R = N_A \cdot k_B \tag{4.6}$$

mit R ... allgemeine Gaskonstante
    N_A ... Anzahl der Elektronen pro Mol
    k_B ... Boltzmann-Konstante
    T_F ... Fermi-Temperatur $T_F = E_F/k_B$
    T ... absolute Temperatur
    N ... Elektronengesamtzahl
    N_M ... Anzahl der Mole

Verknüpft man Gleichung 4.4, 4.5 und 4.6, so findet sich für die Thermodiffusionskraft

$$F_{TD}(T) = \frac{\pi^2}{2} \cdot N_A \cdot k_B \cdot \frac{T}{T_F} \cdot N_M \cdot \frac{dT}{dx} \text{ mit } N_M \cdot N_A = N \tag{4.7}$$

Durch den Thermodiffusionsvorgang baut sich bei N-Ladungsträgern mit der Elementarladung e ein elektrisches Feld E_{TD} auf, dessen Kraftwirkung sich berechnet mit $F_{TD} = e \cdot E_{TD} \cdot N$, wobei sich E_{TD} unter Berücksichtigung von Gl. 4.7 modifiziert mit

$$E_{TD} = \frac{\pi^2}{2} \cdot \frac{k_B}{e} \cdot \frac{T}{T_F} \cdot \frac{dT}{dx} \tag{4.8}$$

Bei Beachtung der Definition des $ASC(T)$ gemäß

$$ASC(T) = \frac{E_{TD}(T)}{\dfrac{dT}{dx}} \text{ findet sich } ASC(T) = \underbrace{\left(\frac{\pi^2}{2} \cdot \frac{k_B}{e} \cdot \frac{1}{T_F} \right)}_{\text{ersetzen mit } A_D} \cdot T \tag{4.9}$$

Substituiert man den geklammerten Term der Gleichung 4.9 durch A_D, wobei nachfolgend A_D als thermoelektrische Diffusionskonstante (s. Kapitel 4.2.4.2) bezeichnet wird, so vereinfacht sich der $ASC(T)$-Term zu:

$$ASC(T) = A_D \cdot T \tag{4.10}$$

Gleichung 4.8 zeigt auch, dass der thermoelektrische Feldstärkewert nicht von der Anzahl der Mole abhängt. Das bedeutet, dass der Durchmesser und die Länge des Thermoleiters die Größe der Thermospannung nicht beeinflusst. Dessen ungeachtet, bestehen eine Reihe von direkten und indirekten Einflussfaktoren, die das Thermodiffusionsgeschehen beeinflussen bzw. stören können. Hierzu zählt u. a. die thermische Ausdehnung.

4.3.3 Einfluss der thermischen Ausdehnung auf die Ladungsträgerdichte

Der Einfluss der thermischen Ausdehnung mit ihrem thermischen Ausdehnungskoeffizienten α auf den ASC wurde in einem Forschungsprojekt [4.8] untersucht. Mittels Korrelationsanalysen bei Metallen mit kristallrichtungsabhängigen $ASC(T)$ und α-Werten wurden empirische ASC-Modellfunktionen mit α als einen Einflussparameter neben a (Temperaturleitfähigkeit) und ρ (spez. elektrischen Widerstand) aufgestellt (s. Tabelle 4.6).

Tabelle 4.6 Wertetabelle fur α und ASC [4.14] [4.8]

Element	α ($10^{-1} K^1$)		ASC ($\mu V/K$)	
	parallel zur Kristallachse	senkrecht zur Kristallachse	parallel zur Kristallachse	senkrecht zur Kristallachse
Magnesium (Mg)	55	14	3.4	3.6
Zink (Zn)	49	17	0.8	2.3
Cadmium (Cd)	49	17	−0.04	3.2

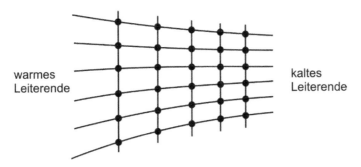

Abb. 4.12 Gitterdeformation in einfacher ebener Anschauung

Weiterhin konnten in praktischen Versuchen an ausdehnungsbehinderten Thermodräh-ten, die in isolierten Invarrohren montiert wurden, veränderte Thermospannungen fest-gestellt werden [4.8]. Der thermische Ausdehnungseffekt verursacht demnach bei einer Temperaturerhöhung eine Volumenvergrößerung an der warmen Seite des Thermoleiters (Abb. 4.12). Eine Volumenveränderung bei gleichbleibender Ladungsträgerzahl pro Vo-lumenelement bedeutet in Folge eine Dichteänderung Δn der Ladungsträger. Diese Dich-teänderung wird aber durch einen Konzentrationsausgleich nach dem Fickschen Gesetz egalisiert.

Ohne thermische Ausdehnung, z. B. bei einem Thermoleiter mit einem Ausdehnungs-koeffizienten $\alpha = 0$, sind alle auf Fermi-Niveau angeregten Ladungsträger N_F an der Ther-modiffusion beteiligt; die Dichte beträgt dann n_F. Bei einer vorliegenden thermischen Ausdehnung mit einem thermischen Ausdehnungskoeffizienten α mit $\alpha > 0$ beträgt die zu betrachtende ausdehnungsbedingte Dichteänderung am warmen Thermoleiterende Δn_F. Zum Ausgleich der entstandenen Dichteänderung wirkt auf der Basis des Fickschen Ge-setzes eine Ausgleichskraft, die einen Ladungsträgertransport von ΔN_F Ladungsträgern in Richtung warmes Leiterende in Gang setzt.

Diese Anzahl ΔN_F Ladungsträger stehen bei der Thermodiffusion nicht mehr zur Verfügung; sondern nur noch $(N_F - \Delta N_F)$ Ladungsträger. Weiterhin neutralisieren sich kräftemäßig eine gleiche Anzahl ΔN_F von Ladungsträgern, da Konzentrationsausgleichs-strom und Thermodiffusionsstrom einander entgegengesetzt verlaufen. Dieses Ergebnis erhält man auch bei modellhafter Betrachtung der zwei sich ausbildendenden Kraftwir-kungen, d. h. der Thermodiffusionskraft und Fickschen Ausgleichskraft unter Beachtung der dargelegten Ladungsträgersituation. Die bei der Thermodiffusion entstehende Ther-modiffusionskraft mit den verminderten $(N_F - \Delta N_F)$ Ladungsträgern führt zum Aufbau eines elektrischen Feldes mit der zuordenbaren Kraftwirkung F_{TD}:

$$F_{TD} = e \cdot E_{TD} \cdot \left(N_F - \Delta N_F \right) \qquad (4.11)$$

Analog führt die beim Fickschen Konzentrationsausgleich wirkende Ficksche Aus-gleichskraft F_{TA} mit den ebenso angeregten Ladungsträgern, jedoch der Anzahl Δ_{NF}, zu

$$F_{TA} = e \cdot E_{TD} \cdot \Delta N_F \qquad (4.12)$$

Die jeweiligen Kraftwirkungen sind einander entgegengesetzt und die resultierende Kraftwirkung ergibt sich als Differenz, d. h.:

$$F_{ges} = F_{TD} - F_{TA}$$

$$= e \cdot E_{TD} \cdot \left(N_F - 2\Delta N_F \right)$$

$$= e \cdot E_{TD} \cdot N_F \left(1 - \frac{2\Delta N_F}{N_F} \right)$$

(4.13)

$$= e \cdot E_{TD} \cdot N_F \left(1 - \frac{2\Delta n_F}{n_F} \right)$$

$$\text{wobei} \quad n_F = \left(\frac{N_F}{V} \right) \text{ und } \Delta n_F = \frac{\Delta N_F}{V} \quad (4.14)$$

Das thermoelektrische Feld im metallischen Leiter mit positivem Ausdehnungskoeffizient α wird also bei Vorliegen eines Temperaturfeldes geschwächt (mit N_F = alle auf Fermi-Niveau angeregten Ladungsträger) um den Betrag

$$\frac{2\Delta N_F}{N_F} \quad \text{bzw.} \quad \frac{2\Delta n_F}{n_F} \quad (4.15)$$

Dies fließt in nachfolgende *ASC*-Berechnungen ein.

4.3.4 Einfluss des Temperaturverlaufes längs des Thermodrahtes

Viele Effekte (Wärmeleitung, Abstrahlung, Ausdehnung …) können den Temperaturverlauf *T(x)* längs des Thermodrahtes beeinflussen. Dieser *T(x)*-Verlauf kann als messbar angenommen und auf einen einfachen Parameter *z* (Feldkorrekturzahl) reduziert werden. Ändert sich die Temperatur längs des Thermodrahtes (in x-Richtung), so ändert sich aufgrund der ausdehnungsbedingten Volumenänderung auch die Ladungsträgerdichte gemäß $n = \frac{N_0}{V_0}$ im betrachteten Drahtstück mit dem Volumen *V* (s. Abb. 4.13).

Über $n = \frac{N_0}{V_0}$ erhält man $dn = \frac{n}{V_0} dV$

mit N_0 … Anzahl der Ladungsträger im Volumen V_0

V_0 … Ausgangsvolumen, vor der Änderung

dn … Ladungsdichteänderung im Volumeninkrement dV

dV … Volumenänderung bezogen auf das Längeninkrement dx

Berücksichtigt man weiterhin, dass $V = V_0 \left(1 + 3\alpha T^* \right)$ bzw. $dV = 3V_0 \alpha dT^*$ ist, so findet sich

$$\frac{dn}{n} = 3\alpha T^*$$

(4.16)

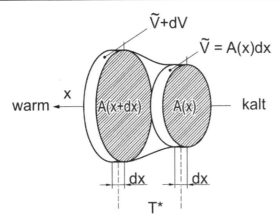

Abb. 4.13 Inkrementelles Volumenelement bei Temperaturänderung

mit α = linearer thermischer Ausdehnungskoeffizient und T^* = Mitteltemperatur des betrachteten Thermodrahtes. Die mittlere Temperatur des Thermodrahtes T^* berechnet sich über das auf die Drahtlänge l bezogene Integral der Temperaturfunktion $T(x)$ längs des Thermodrahtes (Quadratur der Temperaturfunktion) gemäß

$$T^* = \frac{1}{l}\int_0^l T(x)\,dx \qquad (4.17)$$

Zur vereinfachenden Darstellung des Temperaturfeldeinflusses mit Bezug auf die Maximaltemperatur T_0 von $T(x)$ wird eine Feldkorrekturzahl z eingeführt, die als empirischer Parameter in die Diskussion eingeht und für die gilt:

$$T^* = \frac{1}{l}\int_0^l T(x)\,dx = z\cdot T_0,\ T_0 = T_{max}(x) \qquad (4.18)$$

Bei einem linearen Temperaturverlauf $T(x)=const\cdot x$ ergibt sich z = 0,5. Dieser Wert wird im folgenden grundsätzlich – soweit nicht anders vermerkt – verwendet.

Nachfolgend werden zwei charakteristische Fälle möglicher Temperaturverläufe $T(x)$ längs des Thermodrahtes beispielhaft betrachtet:
1. Linearer (geringer) Temperaturgradient der Funktion $T(x)$ (s. Abb. 4.14 und Gl. 4.19)
2. Schroffer (positiver oder negativer) Temperaturgradient bzw. Funktion $T(x)$ als thermische Extremsituation (s. Abb. 4.15)

Linear:

$$T(x) = \left(\frac{T_0}{l}\right)x$$

$$= \int_0^l T(x)\,dx = \left(\frac{T_0}{2l}\right)x^2 = \frac{1}{2}T_0\cdot l \qquad (4.19)$$

$$T^* = \frac{1}{l}\int_0^l T(x)\,dx = z\cdot T_0 = 0,5T_0,\ \ d.h.\ \ z = 0,5$$

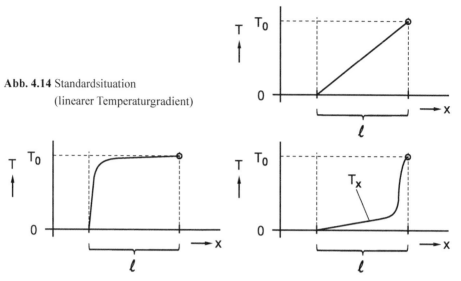

Abb. 4.14 Standardsituation
        (linearer Temperaturgradient)

Abb. 4.15 Thermische Extremsituation für den Thermodraht mit schroffem Temperaturgradienten
        links: Der Thermodraht ist fast vollständig im Temperierbad eingetaucht.
        $\int T(x) \approx 0{,}9 \cdot T_0 \cdot l$ d. h. $z = 0{,}9$
        rechts: Der Thermodraht berührt nur punktförmig eine heiße Fläche.
        $\int T(x) \approx 0{,}1 \cdot T_0 \cdot l$ d. h. $z = 0{,}1$

4.3.5 Absoluter Seebeck-Koeffizient ASC(T) bzw. ASO(T)

Der Temperaturverlauf T(x) längs des Thermodrahtes kann gemäß vorangegangenem Kapitel 4.3.4 sehr verschieden sein, wobei im Allgemeinen mit $z = 0{,}5$ gerechnet werden sollte.

Der absolute Seebeck-Koeffizient eines Thermoleiters mit dem Ausdehnungskoeffizienten α ergibt sich gemäß Gl. 4.8 und Gl. 4.9 bei gleichzeitiger Berücksichtigung der effektiven thermischen Ausdehnung und dadurch vorliegender Minderung der elektrischen Gesamtfeldstärke um $2\Delta n/n$ sowie der erweiterten Korrektur K_M (s. Kapitel 4.5.2) mit:

$$ASC(T) = K_M \frac{\pi^2}{2} \cdot \frac{k_B}{e} \cdot \frac{T}{T_F} \cdot \left(1 - \frac{2\Delta n_e}{n_e}\right) \tag{4.20}$$

bzw. nach Gl. 4.16:

$$ASC(T) = K_M \frac{\pi^2}{2} \cdot \frac{k_B}{e} \cdot \frac{T}{T_F} \cdot \left(1 - 6\alpha z T\right) \tag{4.21}$$

mit K_M … Korrektur der thermischen Masse (s. Kapitel 4.2.4 und 4.5.2)
        k_B … Boltzmann-Konstante
        e … Elementarladung
        T_F … Fermi-Temperatur
        z … Temperaturfeldkorrektur

α … Längenausdehnungskoeffizient

A_D … thermoelektrische Diffusionskonstante

Ersetzt man den Term $\dfrac{\pi^2 k_B}{2eT_F}$ durch A_D

(A_D = thermoelektrische Diffusionskonstante, hier für einfache Metalle, bei Übergangs-metallen verschieden s. Kapitel 4.2.4), so vereinfacht sich die Gleichung 4.21:

$$ASC = ASO = K_M \cdot A_D (T - 6\alpha z T^2)$$

Nimmt man an, dass vorwiegend die innere Wärmeleitung und keine Konvektion bzw. Strahlung den Temperaturverlauf $T(x)$ beeinflusst, so liegt ein linearer Temperaturverlauf $T(x)$ mit dem Temperaturgradienten T_0/l vor.

Das z ergäbe sich gemäß Abb. 4.15 mit 0,5. Der ASC eines offenen Thermokreises wird mit ASO bezeichnet, so dass sich für den linearen Temperaturverlauf Folgendes ergibt:

$$ASO = K_M \cdot A_D (T - 3\alpha T^2) \qquad (4.22)$$

Dieser Term beschreibt den ASC in quadratischer Form bezüglich der Temperatur T unter Berücksichtigung der thermischen Längenausdehnung. Er gilt für einfache normale Metalle. Unter Berücksichtigung der Wärmekapazität C_{em} nach Gl. 4.22 erhält man eine andere Form der Darstellung des absoluten Seebeck-Koeffizienten ASC (s. Kapitel 4.5), die aber mit $z = 0,5$ wieder identisch ist mit Gl. 4.22):

$$ASO = \frac{K_M C_{mole}}{e \cdot N_A}(1 - 6\alpha T z)$$

$$= \frac{K_M \lambda T}{F_\alpha}(1 - 6\alpha T z) \qquad (4.23)$$

mit N_A … Anzahl der Elektronen pro Mol

      F_a … Faradaykonstante, $F_a = eN_A$

      γ … Konstante der elektronischen Wärmekapazität von Metallen

Für γ findet sich entsprechend

$$\gamma = \pi^2 k_B \frac{N_A}{2T_F} \qquad (4.24)$$

Bei Metallen mit d/s-Schalen und bei magnetischen Werkstoffen (z. B. Ni, Fe) sind Korrekturfaktoren (nach Tabelle 4.5) anzuwenden. Die Abbildung 4.16 zeigt beispielhaft experimentell und theoretisch ermittelte ASC-Kennlinienverläufe und Tabelle 4.7 ASC-Werte ausgesuchter Metalle zwischen −100 °C und +200 °C.

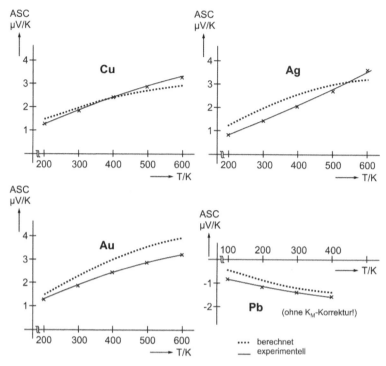

Abb. 4.16 Berechnete und experimentell bestimmte *ASO*-Werte von Ag, Au, Cu und Pb

Tabelle 4.7 Werte des absoluten Seebeck-Koeffizienten (gerundet) in µV/K zwischen −100 °C und +200 °C von ausgesuchten Metallen nach Bernhard [4.5] mit Ergänzungen und Approximation nach Philippow [4.13]

Element	−100 °C	0 °C	20 °C	+100 °C	+200 °C
	ASC-Werte				
Nickel	12,1	−18,00	19,20	−23,40	−25,60
Platin	−2,00	−4,45	−5,28	−7,14	−9,33
Aluminium	−1,00	−1,30	−1,35	−1,50	−1,80
Blei	−1,10	−1,20	−1,30	−1,40	−1,60
Wolfram	−2,00	0,20	1,10	3,50	6,70
Molybdän	3,10	4,70	5,40	7,70	10,40
Kupfer	1,26	1,70	1,84	2,20	2,70
Silber	0,80	1,40	1,50	1,90	2,60
Gold	1,20	1,80	1,90	2,30	2,75
Eisen	17,50	16,00	15,20	12,00	6,00

4.3.6 Absoluter Seebeck-Koeffizient aso(T) im offenen Thermokreis mit Bezug auf beliebige Temperaturdifferenzen ΔT

Thermoelektrische Applikationen liegen im Allgemeinen zwischen den Temperaturen T_1 und T_2. Dieser Fall wird nachfolgend für den offenen Thermokreis betrachtet, wobei der absolute Seebeck-Koeffizient hierfür mit aso(T) bezeichnet wird.

In Anlehnung an Kapitel 4.3.2 kann man die Thermodiffusionskraft, die sich aus der Energiezunahme bei einer Temperaturerhöhung von 0 auf T ergibt direkt auf eine Erhöhung von T_1 auf T_2 (um ΔT) übertragen. Dieser thermodiffusionsrelevante Anteil ist linear und führt so zu

$$aso(\Delta T) \sim A_D \cdot T \qquad (4.25)$$

Der weiterhin zu berücksichtigende ausdehnungsbedingte Schwächungsanteil ist jedoch quadratisch von der Temperatur abhängig und ergibt sich mit

$$(A_D 3\alpha T^2)\ \textit{für } z = 0,5 \qquad (4.26)$$

Es führt die Bildung eines relevanten aso-Mittelwertes zwischen T_1 und T_2 zu einer Integralbildung der beiden Anteile mit Bezug auf dieses Intervall wie folgt:

$$aso(\Delta T) = \frac{\left[\int_{T_1}^{T_2} A_D T dT + 3\alpha A_D \int_{T_1}^{T_2} T^2 dT\right]}{(T_2 - T_1)} = x_1 - x_2 \qquad (4.27)$$

wobei x_1 ein Substitutionsanteil ist, der das Integral des linearen ASC-Anteils beinhaltet, bezogen auf ΔT, und x_2 ein Substitutionsanteil ist, der das Integral des quadratischen ASC-Anteils beinhaltet, bezogen auf ΔT.

Im Weiteren sollen folgende Festlegungen gelten:

T_2 … oberer Temperaturgrenzwert
T_1 … unterer Temperaturgrenzwert
T_M … Mittelwert gemäß $T_M = (T_1 + T_2)/2$
ΔT … Temperaturdifferenz mit $\Delta T = T_2 - T_1$

Die Substitutionsanteile werden nachfolgend separat betrachtet:

1. Berechnung von x_1:

$$x_1 = A_D \left(\frac{\int_{T_1}^{T_2} T dT}{\Delta T} \right) bzw.$$

$$= \frac{0,5 A_D (T_2^2 - T_1^2)}{\Delta T}$$

$$= \frac{0,5 A_D (T_1 + T_2)(T_2 - T_1)}{\Delta T} \qquad (4.28)$$

Für x_1 ergibt sich demnach $x_1 = A_D \cdot T_M$

2. Berechnung von x_2:

$$x_2 = \frac{\alpha A_D (T_2^3 - T_1^3)}{\Delta T}$$

$$= \frac{\alpha A_D (3 T_1 T_2 \Delta T + \Delta T^3)}{\Delta T}$$

Bei Vernachlässigung von ΔT^3 bzw. ΔT^2 sowie unter Beachtung von $T_M^2 = T_1 T_2$ erhält man

$$x_2 = 3\alpha A_D T_1 T_2 = 3\alpha A_D T_M^2$$

Der $aso(\Delta T)$ ergibt sich nun insgesamt mit:

$$
\begin{aligned}
aso(\Delta T) \quad &= x_1 - x_2 \\
&= A_D T_M - 3\alpha A_D T_M^2 \\
&= A_D T_M (1 - 3\alpha T_M)
\end{aligned}
\tag{4.29}
$$

Soll der ASC eines offenen Kreises für den Temperaturbereich $T_1 \ldots T_2$ bestimmt werden, so ist die oben stehende $aso(\Delta T)$-Formel zu verwenden, wobei der einzusetzenden Temperaturwert für T_M der Mittelwert von T_1, T_2 ist. Es ist jedoch zu beachten, dass ΔT nicht zu groß sein darf.

4.3.7 Absoluter Seebeck-Koeffizient ASG(T) im geschlossenen Thermokreis mit Bezug auf die Kelvin-Temperatur

Im geschlossenen Thermokreis wird der gegenüber dem offenen Kreis leicht unterschiedliche absolute Seebeck-Koeffizient mit Bezug zur Kelvin-Temperatur als ASG(T) bezeichnet.

Im Unterschied zum offenen Kreis kann man nicht vom „Satz der Erhaltung der Ladung" ausgehen, sondern von einem konstanten Stromfluss. Dies bedeutet einen konstanten Ladungsträgerdurchfluss pro Zeiteinheit bzw. bei einem homogenen unverzweigten Leiter unter quasistationären Bedingungen einen konstanten Ladungsträgerdurchfluss pro Volumeneinheit. Beim Vorliegen eines Temperaturgradienten längs des Thermoleiters bleibt unter der Voraussetzung der Stromkonstanz nur die Ladungsträgeranzahl ΔN pro Volumenelement dV konstant, jedoch die Ladungsträgerdichte n ändert sich.

Es ergibt sich bei einer Ausdehnung eine Verminderung der Ladungsträgerdichte Δn um den Faktor $\frac{1}{1+3\alpha T_x}$ (Stromminderungsfaktor) mit T_x = Temperatur des Volumenelementes dV_x, wobei die Längsachse des Thermoleiters gleichzeitig die sogenannte x-Achse bildet. Der Stromfluss-Minderungsfaktor kann annährungsweise wie folgt dargestellt werden:

$$\frac{1}{1+3\alpha T_x} = \frac{(1-3\alpha T_x)}{(1-9\alpha^2 T_x^2)} \approx 1-3\alpha T_x, \quad da\ \alpha^2 T_x^2\ sehr\ gering\ ist. \tag{4.30}$$

Die bei der Temperatur T_x im Leiter sich theoretisch im geschlossenen Kreis ausbildende Feldstärke nimmt Bezug auf diese verminderte Ladungsträgerdichte $(1 - 3\alpha T_x)$. Eine Ausbildung des Fickschen Ausgleichstromes unterbleibt. Es ergibt sich so bei nichtlimitierter Ladungsträgerzahl:

$$ASG(T) = A_D T (1 - 3\alpha T_x) \qquad (4.31)$$

Unter den vorgegebenen Strombedingungen ergibt sich vergleichend zu ASO:

$$ASG(T) = ASO(T) \; bei \; z = 0,5 \qquad (4.32)$$

Der $ASG(T)$ liegt in der Größenordnung des $ASO(T)$. Er entspricht so zunächst gemäß Kapitel 5.2.2 dem Thomson-Koeffizienten τ, unbeachtet nichtlinearer und kopplungstechnischer Einflüsse. Wie auch der $ASO(T)$ bezieht sich der $ASG(T)$ immer auf die Kelvin-Temperatur. Eine geschlossene Thermokreisapplikation ist nur in gleichen oder ähnlichen Formen der Thomsonschen bzw. Benedickschen Versuchsanordnungen praktisch vorstellbar. Das relative Verhältnis von $ASO(T)$ zu $ASG(T)$ erschließt sich auch durch folgendes *Gedankenexperiment*:

1. Zunächst wird die elektrische Quelle an sich, d. h. der offene thermoelektrische Kreis, bestehend aus einem homogenen Metallleiter, betrachtet. Dieser wird von außen so erwärmt, dass sich längs dieses Leiters L eine Temperaturdifferenz ΔT ausbildet Gemäß Kapitel 4.3.4 korrespondiert die ausgebildete Temperaturdifferenzkurve mit einer mittleren Temperatur T^*, wobei $T^* = f\,T(x)\,dx$ / Leiterlänge. Die zwischen den Enden des Leiters L entstehende thermoelektrische Spannung U_{TH} egibt sich mit $U_{TH} = ASO \cdot \Delta T \; mit \; ASO = A_D \cdot T\,(1 - 6z\alpha T)$.

2. Im weiteren ist der Anschluss der thermoelektrischen Quelle zu beachten, wobei mit einem zweiten Leiter L' ein geschlossener Thermokreis gebildet wird. Dieser zweite Leiter L' ist mit dem Leiter L identisch – jedoch völlig ohne Thermokraft! Nunmehr fließt ein Thermostrom, der mit erwärmten Leiter erzeugt wurde, durch den Leiter L'. Es wird gedanklich dabei vorausgesetzt, dass der Leiter L' mit seinem elektrischen Widerstand der einzige Verbraucher ist und keine elektrischen und thermischen Verluste anderweitig zu beachten sind. Infolge der angenommenen sonstigen Verlustfreiheit wird der Thermostrom im Leiter L' Joulsche Wärme erzeugen und der Leiter L' erwärmt sich auf T^*. Beide Leiter sind so gleich warm.

3. Letztlich sind die entstandenen physikalischen Wirkungen d. h. der Stromfluss zu beachten. In beiden wärmetechnisch und parametermäßig gleichen Leitern kann sich ein ungestörter kontinuierlicher Elektronenfluss ausbilden. Mit dem kontinuierlichen Elektronenfluss ist über die Wärmeenergieträgerschaft der Ladungsträger ein kontinuierlicher Wärmefluss verbunden und es entsteht ein linearer Temperaturgradient längs des Leiters. Dies bedeutet $z = 0,5$!

Betrachtet man nun die sich einstellende thermoelektrische Spannung, die sich wegen des Kreisschlusses über dem *ASG* definiert, so gilt:

- Das primäre Spannungsquellenelement, bzw. die Thermodiffusion, wird vom Thermostrom nicht beeinflusst und es bleibt $ASG \approx ASO$.
- Der Ausdehnungsanteil ergibt sich mit $3\alpha T$, wobei T der Temperaturwert des Leiterabschnittes ist.

Damit ergibt sich der *ASG* wie folgt:

$$ASG = A_D T(1 - 3\alpha T)$$
$$= ASO, \quad wobei \ z = 0,5 \ gilt.$$

(4.33)

Dieses Ergebnis korrespondiert mit der aufgeführten bzw. hergeleiteten *ASG*-Gleichung (Gl. 4.31). Zu beachten sind weitere nebengeordnete Nichtlinearitätseffekte und Kopplungseinflüsse von Eletronen- und Wärmefluss.

4.4 ASC-Berechnung von Übergangsmetallen

4.4.1 Übersicht

Trotz ihrer komplizierten Struktur sind Übergangsmetalle wichtige Elemente in der Thermoelektrik und müssen entsprechend betrachtet werden. Sie sind in der Teilübersicht des Periodensystems (s. Abb. 4.17) markiert.

Zur Berechnung der ASC von Übergangsmetallen kann ein sogenanntes korreliertes Elektronenmodell bzw. CEM-Berechnungsmodell nach Bärner herangezogen werden. Dieses Modell berücksichtigt speziell die Korrelation zwischen den Elektronen bzw. Löchern.

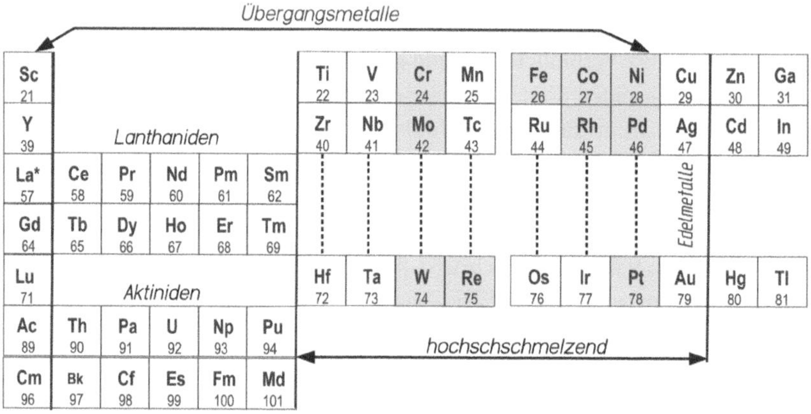

Abb. 4.17 Teilübersicht des Periodensystems zu Übergangsmetallen

Im Rahmen des Modells wird das korrelierte 3d-Elektronensystem nicht nur über spinaufgespaltene Bänder dargestellt, sondern auch als unvollständiges Kondensat mit bestimmten Anregungen. Der aufgrund dieser Anregungen bei der *ASC*-Berechnung auftretende Term sei mit S_D bezeichnet [4.4]. Bei einem 3d-Elektronensystem mit gleichen Anzahlen von *Spinauf*- und *Spinab*-Elektronen, kann sich das Fermi-Niveau E_F und damit die kinetische Energie der Elektronen absenken. Dies beschreibt eine Austauschenergie *J* zwischen den *Spinauf*-/*Spinab*-Zuständen. Eine ungleiche Anzahl der beiden Spin-Spezies führt jedoch auch zu einer Erhöhung der potentiellen Energie der Elektronen untereinander (Korrelationsenergie). Sie ist genau dann minimal, wenn jedes *Spinauf*-Elektron von *Spinab*-Nachbarn umgeben ist. Das ist nur dann vollständig gegeben, wenn die Anzahlen beider Spezies gleich sind und damit *J* = 0. Insgesamt pendelt sich also dann eine materialspezifische Austauschenergie *J* ein.

Die Berechnung läuft auf eine Korrektur der thermoelektrischen Basiskomponente $(A_D \cdot T)$ durch die angeführte Komponente S_D wie folgt hinaus:

$$ASC = A_D \cdot T + S_D + \dots \quad \text{(weitere Korrekturen)} \tag{4.34}$$

mit A_D … thermoelektrische Diffusionskonstante, s. Kapitel 4.2.4.2
     k_B … Boltzmann-Konstante
     e … Elementarladung
     J … innere Austauschenergie (J_i, J_{AB})
     E_F … Fermi-Energie

Für S_D gilt nach Bärner [4.2]:
$$S_D = A_D \cdot F(p) \cdot \exp\left(\frac{-2k_B T}{J}\right) \tag{4.35}$$

$$\text{mit } F(p) = f(p) \cdot \left(\frac{1-2J}{E_F}\right)^{\frac{1}{2}} \text{ wobei } f(p) = -\left(\frac{+2J}{E_F} - \frac{4E_F}{3J} + \frac{8}{3}\right)$$

Der angeführte Term gilt für den Löcherbereich: $k_B \cdot T = (E_F - 2J)$
Für den Elektronenbereich gilt: $k_B \cdot T = (2J - E_F)$

Dies ergibt eine Vorzeichenänderung von f(p) und die Wurzel ändert sich zu $\sqrt{\dfrac{2J}{E_F} - 1}$

4.4.2 Berechnung des ASC von nichtmagnetischen Übergangsmetallen (offener Kreis)

Der *ASC* von nichtmagnetischen Übergangsmetallen sei mit ASÜ bezeichnet. Gemäß Kapitel 4.4.1 ergibt sich dann:
$$AS\ddot{U} = A_D \cdot T + S_D \tag{4.36}$$

wobei im S_D-Term nur die inneratomare Austauschenergie J_i mit $J_i = k_B \cdot T_i$ zu berücksichtigen ist. T_i wird als Bandaufspaltungstemperatur bezeichnet.

Es wird so angenommen, dass bei Temperaturdifferenzen auch in nichtmagnetischen Übergangsmetallen Spinströme fließen. Die S_D-Berechnung erfolgte an dem nichtmagnetischen Metall Platin. Die sich ergebende *ASC*-Kurve ist in Abb. 4.18 dargestellt. Tabelle 4.8 sind die Vorzeichen zu den Übergangselementen aufgeführt.

Tabelle 4.8 Vorzeichenspiegel zu $A_D \cdot T$ und den S_D-Parametern ausgewählter Übergangselemente [4.4] [4.2] [4.1]

Metall	$A_D \cdot T$	S_D	Magnetischer Charakter
Fe	–	+	ferromagnetisch
Ni	–	–	ferromagentisch
Cr	+	–	antiferromagnetisch
V	+	+	sehr schwach ferromagnetisch oder unmagnetisch
Pt	–	–	unmagnetisch
Pd	–	–	unmagnetisch

In Abb. 4.18 erkennt man zusätzlich zu dem Diffusionsstrom bei tiefen Temperaturen einen Phonon-Dragterm (Peak). Der ASÜ von Platin ist mit einer durchgezogenen Linie (experimentelle Werte nach Bernhard [4.5]) bzw. mit einer punktierten Linie nach Berechnung markiert.

4.4.3 ASC-Berechnung für magnetisch geordnete Werkstoffe – der thermoelektrische Spin-Basiseffekt (ASS)

4.4.3.1 Einführung

Ein wichtiges Kennzeichen ferromagnetischer Werkstoffe ist die Curie-Temperatur T_c (s. Kapitel 4.2.2). Sie ist dadurch gekennzeichnet, dass bei einer Abkühlung bzw. Erwär-

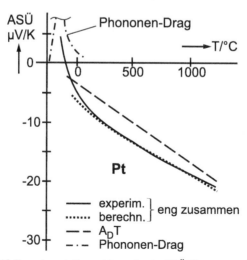

Abb. 4.18 Experimentelle und berechnete ASÜ Kurven von Platin Pt

mung des Metalls eine magnetische Ordnung entsteht bzw. aufgelöst wird. Für ferromagnetische Metalle ist diese Ordnung durch eine parallele Einstellung der atomaren magnetischen Momente vorgegeben. Verantwortlich für diese Ordnung wird die interatomare Austauschenergie J_{AB} gemacht.

Die am häufigsten verwendeten thermoelektrischen und ferromagnetischen Materialien sind Eisen, Kobalt und Nickel. Sie weisen nach Tabelle 4.9 verschiedene Parameter auf.

Tabelle 4.9 Sättigungspolarisation, Curie-Temperatur und Austauschenergiekonstante für verschiedene ferromagnetische Metalle [4.12]

	μ_B(0 K)	J_s für 300 K(T)	A(Jm^{-1})	T_c (K)
Eisen (Fe)	2,2	2 … 14	8,8 … 33	1043
Nickel (Ni)	0,61	0,16	3,4	631
Kobalt (Co)	1,74	1,75	10,3	1400

A … Austauschenergiekonstante (J/m)
μ_B … Zahl der Bohrschen Magnetonen
T_c … Curie-Temperatur (K)
J_s … Sättigungspolarisation (T)
T_i … Bandaufspaltungstemperatur (K)

Man kann sich die magnetischen Momente (Spinmomente) als Eigendrehimpulse vorstellen. Anschaulich stellt sich so ein Elektron mit einem Spinmoment als rotierende Kugel dar. Die Größe des Eigendrehimpulses wird dann kurz *Spin* genannt. Mit dem *Spin* ist entweder ein positives oder negatives atomares magnetisches Moment μ_B verbunden. Bei einer beliebigen Temperatur des metallischen Leiters werden die beiden möglichen Spinrichtungen mit unterschiedlicher Wahrscheinlichkeit vorhanden sein (Abb. 4.19).

- Für $T = 0$ K ist nur das untere Niveau besetzt, dass alle Elektronen einheitlich annehmen ($-\mu_B$).
- Für $T \to \infty$ sind die Elektronen auf beide Niveaus gleich verteilt (thermische Anregung).

Es ist aber zu beachten, dass sich die atomaren Momente erst bei T_J kompensieren, während die Kopplung zweier auf das Atom bezogene Momente schon bei T_C aufgegeben wird ($J_i = k_B T_i$ bzw. $J_{AB} = k_B T_C$).

Bei mehreren Elektronen können sich diese Einzelmomente addieren. Bei T = 0 K sind die Gesamtmomente bei jedem Atom gleich und werden zwischen den Atomen durch die interatomare Wechselwirkung J_{AB} parallel gehalten; aber nur bis $T_C = J_{AB}/k_B$. Die Gleichverteilung der einzelnen Spinmomente auf die Unterbänder kommt dagegen erst bei sehr hohen Temperaturen zustande, d. h. bei $T_i = J_i/k_B$.

Die Sättigungspolarisation J_S beschreibt in ihrem zeitlichen Verlauf anschaulich die Zerstörung der magnetischen Ordnung zwischen den Atomen in einem Wärmebad bis die Curie-Temperatur erreicht ist.

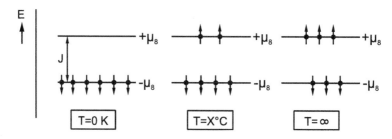

Abb. 4.19 Modellhafte Darstellung der Spinzustände bei verschiedenen Temperaturen pro Atom

Die Sättigungspolarisation der Elemente Fe und Ni ist für das Spinwellenmodell in Abb. 4.20 als Funktion

$$J_S(T) = J_{SO}\left(1 - \frac{T}{T_C}\right)^{\frac{3}{2}}$$ (4.37)

darstellbar (Bloch-Gesetz) und zeigt, dass die Stärke der Ordnungskraft zwischen den Atomen bei Fe viel größer als bei Ni ist.

Magnetische Momente beeinflussen die Festkörpereigenschaften. Die Einzelheiten sind durch die moderne Quantentheorie erklärbar. Magnetische Beeinflussung setzt Folgendes voraus:

- die Existenz permanenter magnetischer Momente von Atomen und Ionen
- einen kristallinen Festkörperzustand bzw. einen amorphen Zustand
- eine Austauschwechselwirkungsenergie, die die Ausrichtung der atomaren magnetischen Momente oder Ionenmomente bewirkt.

Die Entstehung magnetischer Momente lässt sich über die nicht kompensierten Spin- und Magnetmomente nicht aufgefüllter Elektronenschalen nach dem Pauli-Prinzip und der Hund'schen Regel erklären. Nach der Hund'schen Regel entstehen erstmalig beim Aufbau der 3d-Nebengruppenelemente des Periodensystems größere permanente magnetische Momente.

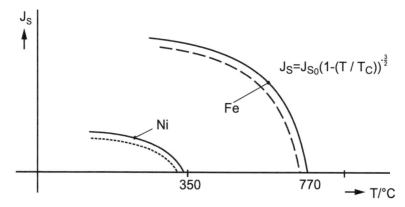

Abb. 4.20 Verlauf der Sättigungspolarisation J_S

Die Einheit des magnetischen Moments ist das Bohr'sche Magneton. Man kann jedem Atom ein magnetisches Moment zuschreiben, wobei sich dieses Einzelmoment noch als Resultierende verschiedener Momenttypen ergibt (Bahnmomente und Spinmomente).

4.4.3.2 Der Spin-Seebeck-Koeffizient ASS

In formaler Analogie zum absoluten Seebeck-Koeffizienten ASC für nichtmagnetische Werkstoffe wird mit ASS der Spin-Seebeck-Koeffizient für magnetische Werkstoffe definiert. Seine Berechnung gelingt dadurch, dass man die atomaren Spin-Energieniveaus des Elektronengases betrachtet, aber auch deren Zusammenwirken von Atom zu Atom. Dies bedeutet dabei die genaue Analyse der Coulombwechselwirkung der Elektronen untereinander sowie der Kopplungsmechanismen zwischen den atomaren Spinmomenten der Elektronen. Auf der Basis des CEM-Modells nach Bärner (vgl. [4.2] [4.1]) gelingt beispielsweise die Berechnung von vier Wirkungsanteilen:

- **Basiskomponente $A_D \cdot T$**
  Grundsätzlich ist die thermoelektrische Basisdiffusion zu berücksichtigen, gemäß Kapitel 4.3. Die Anregungen sind hier die Gitterschwingungen $k_B T$.

- **Korrelationskomponente der Elektronen S_D (d oder d/s-Block)**
  (s. Kapitel 4.2) Dieser Korrelationsanteil stützt sich auf die Aufspaltung eines fiktiven Pauli-3d-Bandes und hat auch eigene Anregungen:

$$S_D \approx \varphi \cdot exp\,(-\varphi)$$

mit $\varphi = 2k_B T/J$ wobei für den Löcherbereich $(E_F - 2J) = k_B T$
und für den Elektronenbereich $(2J - E_F) = k_B T$

k_B ... Boltzmann-Konstante
J ... Energie, die die Blochzustände spaltet (inneratomare Austauschenergie).

- **Magnetische Anregungskomponente S_M**
  Dieser Wirkungsanteil S_M beschreibt in Analogie zu Formeln von Kasuya die Kopplung eines Magnonenstromes (Magnon = Anregung des Spinwirtsgitters) an das Elektronengas. Die Proportionalität ist hier:

für T<T_C ... $SM \approx \left(\dfrac{T}{T_C}\right)^{\frac{3}{2}} \cdot \left(1 - \dfrac{T}{T_C}\right)^{\frac{3}{2}} \cdot exp\left(\dfrac{-T}{T_D}\right)$

für T>T_C ... $SM = 0$

... T_C = Curie-Temperatur
... $T_D = J/2k_B$

- **Die Kopplungskomponente zwischen dem Korrelationsstrom und dem Magnonenstrom S_{MP}**

  Diese Komponente bildet nicht nur vorzeichenmäßig ein gewisses Gegenstück zu S_D. Dem korrelierenden Elektronengas werden eigene thermomagnetische Anregungen zugebilligt, die dann ihrerseits wieder an den Magnonenstrom ankoppeln und diesen teilweise über T_C hinaus aufrechterhalten:

$$S_{MP} \approx \left(\frac{T}{T_C}\right)^3 \exp-\left(\frac{T}{T_D}\right)$$

$$\text{mit}\quad T_D = \frac{J}{2k_B} \quad \dots T_D = \text{Temperatur des Minimums von } S_D$$

$$T_C = \frac{J_{AB}}{2k_B} \quad \dots T_C = \textit{Curie-Temperatur}$$

- **Phonon-Drag-Komponente S_d**

  Es zeigt sich experimentell, dass analog zu der Phonon-Drag-Komponente auch eine Drag-Korrelationskomponente gibt. Sie kann so groß werden, dass sie als Teilkomponente die Thermokraft beherrscht.

Für die Teilkomponenten gilt das Superpositionsprinzip in Bezug auf den Spin-Seebeck-Effekt bzw. in Bezug auf ASS, d. h. $ASS = A_{DT} + S_D + S_M + S_{MP} + S_d$. Entsprechend den Berechnungen ist für das Metall Ni die ASS-Kurve in Abb. 4.21 dargestellt.

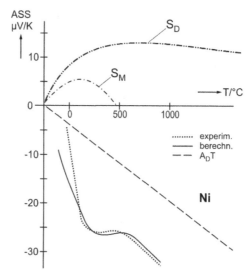

Abb. 4.21 ASS-Kurve von Nickel (Ni) mit Einzelkomponenten A_D, S_D, S_M (S_{MP} sehr klein!), experimentelle und berechnete Werte stimmen bis auf einen kleinen phonoischen Dragterm überein

4.4.4 Der ASC von binären Metallverbindungen bzw. Mischmetallen (ASM)

4.4.4.1 Erläuterung

Zur Verbesserung der mechanischen, und thermischen Eigenschaften, wie zum Beispiel der Hochtemperaturfestigkeit und der Driftarmut, wird bestimmten einfachen Thermo-materialien ein weiteres Metall zulegiert. Dies betrifft insbesondere die edlen Thermo-materialien (PtRh10, PtRh6, PtRh12, PtRh30 …), aber auch die Ni-basierten Metallver-bindungen (NiCr, CuNi …).

Beim Thermopaar Typ N (s. a. Kapitel 8.2.4) enthält der NiCr-Schenkel einen dritten Legierungsanteil: Silizium. Der Einbau des Siliziums, der auch im zugehörigen reinen Ni-Schenkel vorgenommen wird, stabilisiert das NiCr-System, so dass die Drift verrin-gert und die obere Einsatzgrenze erweitert werden konnte.

Man kann feststellen, dass Chromel oder auch NiCrSil einen anderen Verlauf des ab-soluten Seebeck-Koeffizienten aufweisen als das vorliegende Basismaterial Nickel, ob-wohl Nickel den größten Legierungsanteil stellt. Vor diesem Hintergrund ist die alleinige Anwendung der Hume-Rothery-Regeln [4.17] nicht angezeigt, sondern man muss sich auch anderer Methoden bedienen.

4.4.4.2 Berechnungsmodell für den ASM nach Bärner

Zur *ASC*-Berechnung binärer Metallverbindungen kann wiederum das CEM-Modell nach Bärner herangezogen werden. Dieses Modell basiert auf der Standard-(Fermi-Boltz-mann)-Theorie, wobei im Weiteren der *Stoner-Slater-Ansatz* berücksichtigt wird. Das heißt, man lässt eine Aufspaltung der 3d-Bandzustände zu (s. Kapitel 4.4.1). Der diesbe-zügliche *ASC* wird mit *ASM* benannt. Insgesamt findet sich entsprechend:

$$ASM = A_D T + S_D + \text{Zusatzkomponente} \tag{4.38}$$

1. S_D-Ergänzung:

$$S_D \approx \left(\frac{T}{T_i}\right) \exp\left(\frac{-T}{T_i}\right) \quad mit\, T_i = \frac{J}{2k_B}$$

2. Zusatzkomponenten (a) und (b):

(a) S_M für $T > T_C$, $S_M = 0$

(b) S_M für $T < T_C$, $S_M \approx \left(\frac{T}{T_C}\right)^{\frac{3}{2}} \cdot \left(1 - \frac{T}{T_C}\right)^{\frac{3}{2}} \cdot \exp\left(\frac{T}{T_i}\right)$

$$S_{MP} \approx \left(\frac{T}{T_C}\right)^3 \cdot \exp\left(\frac{-T}{T_i}\right) mit\, T_i = \frac{J}{2k_B}$$

Man sieht, dass sich bei Übergangsmetalllegierungen (hier NiCr und PtRh) mit ihren strukturellen und spinstrukturellen statischen Elementen die relative Wichtigkeit des Elektronenkorrelationsterms S_D gegenüber $A_D T$ verstärkt und damit die Struktur der to-talen *ASC* markant verändert [4.4]. Diese Veränderung ist bei NiCr stärker als bei PtRh

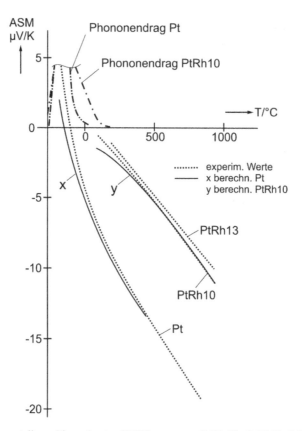

Abb. 4.22 Experimentelle und berechnete *ASC*-Kurven von PtRh (Pt, PtRh10, PtRh13 nach
Bernhard [4.5])

aufgrund der Anwesenheit einer antiferromagnetischen Cluster-Ordnung. Spinstatische
Effekte tendieren zu einer Reduktion von $A_D T$ in stärkerem Maße als strukturell statische
Elemente. D. h. eine spinstatische Nahordnung schränkt die Beweglichkeit der „freien"
Elektronen offenbar stärker ein als die strukturell statistische Unordnung. Dies hat ver-
mutlich mit den stärkeren Lokalisierungseffekten in spinstatischen Umgebungen zu tun.
Man muss unterscheiden zwischen elektronischen Spinclustern und thermomagnetischen
Spinclustern. Insofern spielt der antiferromagnetische Spincluster-Ansatz bei Legierun-
gen durchaus noch eine Rolle. Beispielhaft sind die berechneten und experimentellen
Werte von PtRh-Verbindungen aufgezeigt in Abb. 4.22.

Bei NiCr-Verbindungen stellt man fest, dass die S_D-Komponente in Erscheinung tritt.
Die $A_D T$-Komponente ist unterdrückt. Gemäß Abb. 4.22 sieht man bei PtRh-Verbindun-
gen, dass die S_D-Komponente mit zunehmenden Rh-Anteil den ASM verkleinert. Die
S_D-Komponente in diesem Fall ist viel kleiner als die $A_D T$-Komponente.

4.5 Verknüpfung von ASC und Wärmekapazität

4.5.1 Wärmekapazität und spezifische Wärme

Gemäß dem 1. Hauptsatz der Wärmelehre führt eine Erhöhung der Wärmeenergie ΔW – bei konstantem Volumen – zu einer Temperaturerhöhung ΔT (und damit zu dem Zuwachs der inneren Energie ΔU_W). Der Proportionalitätsfaktor zwischen beiden Änderungen ist C_W – die Wärmekapazität. Damit gilt:

$$\Delta W = \Delta U_W = C_W \cdot \Delta T \qquad (4.39)$$

mit ΔW … Veränderung der zugeführten Wärmeenergie
        ΔT … Temperaturänderung
        C_W … Wärmekapazität des Festkörpers
        ΔU_W … Veränderung der inneren Energie

Bezieht man die Wärmekapazität C_W auf die jeweils erwärmte Masse m des Festkörpers, so erhält man die spezifische Wärme C_m (oder auch spezifische Wärmekapazität) gemäß

$$C_m = \frac{C_W}{m} = \frac{1}{m} \cdot \frac{\Delta W}{\Delta T}$$

Führt man die Wärmekapazität C_W auf die jeweils erwärmte Stoffmenge zurück, so erhält man die Atomwärme C_{mol} (oder auch molare Wärmekapazität) gemäß

$$C_{mol} = \frac{C_W}{\gamma} = \frac{1}{\gamma} \cdot \frac{\Delta W}{\Delta T} \qquad (4.40)$$

mit γ … Konstante der elektronischen Wärmekapazität von Metallen.

Die spezifische und die molare Wärmekapazität sind über die sogenannte molare Masse M verknüpft: $C_{mol} = M \cdot C_m$
Es ist jedoch zu beachten, dass die allgemeine spezifische bzw. molare Wärmekapazität sich bei Festkörpern in die der Elektronen und in die des Metallgitters (Atomrümpfe) aufteilt, d. h. z. B. für die molare Wärmekapazität:

$$C_{mol} = C_{mole} + C_{molg} \qquad (4.41)$$

mit C_{mole} … molare Wärmekapazität der Elektronen
        C_{molg} … molare Wärmekapazität des Gitters (s. a. Abb. 4.23)

Nach der Fachliteratur [4.9] wird im praktischen Fall die gesamte molare (bzw. spezifische) Wärmekapazität bei tiefen bis mittleren Temperaturen in folgender temperaturabhängiger Form dargestellt (s. a. Kapitel 4.2.4):

$$C_{mol} = \gamma T + A T^3 \qquad (4.42)$$

mit γT … elektronischer Teil von C_{mol}
        $A T^3$ … phononischer Teil von C_{mol}

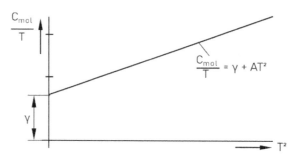

Abb. 4.23 Relativierte Wärmekapazität in Abhängigkeit von T^2 ([4.7] [4.9])

Danach ergibt sich also für die molare Wärmekapazität der Elektronen

$$C_{mole} = \gamma T$$

Nach dieser Formel ist der der elektronischen Wärmekapazität zuordenbare Anteil C_{mole} linear von der Temperatur abhängig. Der Zusammenhang gilt (entsprechend den verschiedenen Modellnäherungen) auch oberhalb der Debye-Temperatur! Aber selbst in diesem Bereich gibt es aufgrund von Wechselwirkungseffekten zwischen Elektronen, Phononen und Gitter Differenzen zwischen experimentellen und thermischen γ-Werten. Gemäß der Fachliteratur [4.11] kann man diese Differenz durch die Annahme einer thermischen effektiven Masse m_{th} korrigieren, die von der üblichen Masse m abweicht. Die experimentellen γ-Werte sind insbesondere bei Kittel „Einführung in die Festkörperphysik" [4.9] aufgeführt (vgl. a. Suter „Festkörperphysik", Kapitel zu Freien Elektronen [4.15]). Die Korrektur K_M der theoretischen γ-Werte ergibt sich wie folgt:

$$K_m = \frac{m_{th}}{m} = \frac{\gamma_{exp}}{\gamma_{theo}} \tag{4.43}$$

mit m ... Elektronenmasse

       m_{th} ... thermisch effektive Masse der Elektronen

       γ_{exp} ... experimentell bestimmte Konstante der Wärmekapazität

       γ_{theo} ... theoretisch berechnete Konstante

       K_M ... Korrekturfaktor zur thermisch effektiven Masse

Die molare Wärmekapazität der Elektronen ergibt sich in korrigierter Form mit:

$$C^*_{mole} = K_m \cdot \gamma \cdot T \quad \left(C^*_{mole} \cong korrigiertes\ C_{mole} \right) \tag{4.44}$$

Tabelle 4.10 Korrekturfaktor K_M der thermischen Kapazitätskonstanten der Elektronen nach Kittel [4.9]

Metall	K_M	γ_{exp}
Ag (Silber)	1	0,65
Au (Gold)	1,14	0,73
Cu (Kupfer)	1,38	0,69

4.5.2 ASC-Berechnungen mittels γ-Koeffizient der Wärmekapazität

In der Fachliteratur [4.9] wird die molare Wärmekapazität für Festkörper wie folgt angegeben:

$$C_{mole} = \pi^2 \left(k_B\right)^2 T \cdot \frac{N_A}{2E_F} \tag{4.45}$$

Über $E_F = k_B T_F$ und $F_a = N_A \cdot e$ findet sich

$$C_{mole} = \frac{\pi^2}{2} \left(k_B\right)^2 \cdot \frac{T}{E_F} \cdot N_A$$

$$= \frac{\pi^2}{2} \cdot k_B \cdot \frac{T}{T_F} \cdot N_A \tag{4.46}$$

$$= \gamma T$$

wobei

$$\gamma = \pi^2 k_B F_A \frac{1}{2eT_F} \quad \dots \text{ Konstante der Wärmekapazität der Elemente}$$

$$\gamma = A_D \cdot F_A$$

Führt man nun eine Korrektur ein, gemäß $C^*_{mole} = K_M \cdot C_{mole}$

so ergibt sich im Weiteren:

$$C^*_{mole} = K_M \cdot T \cdot \gamma \tag{4.47}$$

$$= K_M \cdot F_A \cdot A_D T$$

mit A_D ... thermoelektrische Diffusionskonstante für normale Metalle $\frac{\pi^2 k_B}{2eT_F}$

$\quad\quad K_M$ ... Korrekturfaktor bezüglich der thermischen Masse

$\quad\quad F_A$ ... Faraday-Konstante mit $F_A = N_A \cdot e$ bzw. 9.648 104 Jmol^{-1}

$\quad\quad k_B$ ... Boltzmann-Konstante

$\quad\quad T$ ... Kelvin-Temperatur

$\quad\quad e$ ... Elementarladung

$\quad\quad E_F$ ... Fermi-Energie

$\quad\quad N_A$ ... Anzahl der Elektronen pro mol (Avogadrozahl)

Der Term $\frac{\pi^2}{2} K_M \cdot N_A$ stellt eine Konstante dar (= 40.97 Jmol^{-1}·K^{-1}). Führt man einen Koeffizientenvergleich, z. B. bei den normalen Metallen (mit weniger als drei Elektronen) zwischen der *ASC*- und der C_{mol}-Gleichung bzw. der Gleichung Nr. 4.46 durch, so ergibt sich folgender *ASC*:

$$ASC = K_M \cdot \frac{\pi^2}{2} \cdot \frac{k_B}{e} \cdot \frac{T}{T_F} \cdot \left(1 - 3\alpha T\right) \quad \text{gemäß Gl. Nr. 4.21 in Kapitel 4.3.5}$$

$$= K_M \cdot C_{mol} \cdot \frac{1}{F_A} \cdot \left(1 - 3\alpha T\right) \tag{4.48}$$

$$= K_M \cdot \gamma T \cdot \frac{\left(1 - 3\alpha T\right)}{F_A}$$

Nach Bärner [4.1] gilt im Gegensatz zu Pollock [4.14] die C_{mol}- bzw. γ-basierte Herleitung näherungsweise auch für die der Übergangsmetalle (ausgenommen die Löcherleitung). Dies basiert auf der möglichen Separation von $S_D(T)$ und bei Übergangsmetallen (CEM-Modell). Die Tabelle 4.11 zeigt die γ- und S_D-Werte:

Tabelle 4.11 γ und $A_D T$-Werte bei Übergangsmetallen [4.9]

Übergangsmetall	$S_D(T)/dT$ $10^{-3} \mu V/K^2$	γ_{exp} $mJ/mol \cdot K^2$	$A_D T/T \cdot \gamma_{exp}$	Anmerkung
Cr ($3d^5 4s^1$ monokristallin)	+6,9	1,40		Löcher
V ($3d^3 4s^2$ polykristallin)	+1,5	9,26		Löcher
Fe ($3s^6 4s^2$ polykristallin)	−9,7	4,98	$1,95 \cdot 10^{-2}$	
Ni ($3d^8 4s^2$ polykristallin)	−15,0	7,02	$2,14 \cdot 10^{-2}$	
Pt ($5d^9 6s^1$ polykristallin)	−12,3	6,8	$1,81 \cdot 10^{-2}$	
Pd ($4s^{10}$ polykristallin)	−30,7	9,42		volle Schale

Als weiterführende Literatur seien hier abschließend noch beispielhaft genannt: „Observation of the spin Seebeck effect" [4.16], „The Thermoelectric Power in Chromium and Vanadium" [4.10] sowie „Magnon-Drag Thermopower in Iron" [4.6].

Literaturverzeichnis

[4.1]   Bärner K, Morsakov W, Medvedeva IV, Irrgang K (2014) The thermopower of nickel. Bangladesh Journal of Physics (15):27–34

[4.2]   Bärner K, Morsakov W, Irrgang K, Medvedeva IV (2015) The thermopower of iron. Bangladesh Journal of Physics (18):19–24

[4.3]   Bärner K, Irrgang K, Morsakov W (2016) New electron correleation terms oft the thermoelectric power oft the metallic elements Cr and V. vorläufiges Belegexemplar bjb 2016

[4.4]   Bärner K, Morsakov W, Irrgang K (2016) Thermovoltages under a non-linear Seebeck coefficient. physica status solidi (a) 213(6):1553–1558, DOI 10.1002/pssa.201532308

[4.5]   Bernhard F (2004) Technische Temperaturmessung: Physikalische und meßtechnische Grundlagen, Sensoren und Meßverfahren, Meßfehler und Kalibrierung; Handbuch für Forschung und Entwicklung, Anwendungenspraxis und Studium. VDI-Buch, Springer, Berlin

[4.6]   Blatt FJ, Flood DJ, Rowe V, Schroeder PA, Cox JE (1967) Magnon-drag thermopower in iron. Phys Rev Lett 18:395–396, DOI 10.1103

[4.7]   Ibach H, Lüth H (1988) Festkörperphysik: Eine Einführung in die Grundlagen, 2. Aufl. Springer Lehrbuch, Springer, Berlin

[4.8]   Irrgang K, Lippmann L, Meiselbach U (2013) Untersuchungen zum Einfluss einer Dehnungsbehinderung auf den ASC von Metallen. AIF Förderkennzeichen: KF 2666 703. DF3, Martinroda

[4.9]   Kittel C, Ziegler M (1993) Einführung in die Festkörperphysik (mit 134 Aufgaben), 10. Aufl. Oldenbourg, München

[4.10] Mackintosh AR, Sill L (1963) The thermoelectric power in chromium and vanadium. Journal of Physics and Chemistry of Solids 24(4): 501–506, DOI 10.1016/0022-3697(63)90145-8

[4.11] Meschede D (Hrsg) (2006) Gerthsen Physik, 23. Aufl. Springer-Lehrbuch, Springer, Berlin and Heidelberg and New York

[4.12] Michalowsky L (Hrsg) (2006) Magnettechnik: Grundlagen, Werkstoffe, Anwendungen, 3. Aufl. Vulkan-Verlag, Essen

[4.13] Philippow E (1963) Grundlagen, Taschenbuch Elektrotechnik, Bd. 1. VEB Verlag Technik, Berlin

[4.14] Pollock DD (1991) Thermocouples: Theory and properties. CRC Press

[4.15] Suter D (2001) Festkörperphysik: Vorlesungsscript zum WS 01/02. Dortmund, online unter: https://qnap.e3.physik.tu-dortmund.de/suter/Vorlesung/Festkoerperphysik_WS01_02/Festkoerperphysik.html

[4.16] Uchida K, Takahashi S, Harii K, Ieda J, Koshibae W, Ando K, Maekawa S, Saitoh E (2008) Observation of the spin Seebeck effect. Nature 455:778–81, DOI 10.1038/nature07321

[4.17] Weissmantel C (Hrsg) (1982) Kleine Enzyklopädie: Struktur der Materie. Bibliographisches Institut, Leipzig

Kapitel 5
Verknüpfung des thermoelektrischen Basiseffektes mit verschiedenen Applikationsbedingungen

Zusammenfassung

Das Kapitel 5 dient der ausführlichen Betrachtung der vier wichtigen bzw. klassischen thermoelektrischen Effekte, die durch Seebeck, Peltier, Thomson und Benedicks entdeckt wurden. Die Betrachtungen schließen die formelmäßige Herleitung der jeweiligen Bestimmungsgleichungen ein, wobei von dem thermoelektrischen Basiseffekt bzw. der vorliegenden energetischen Situation ausgegangen wurde. Bei der Darlegung des Benedicks-Effektes erfolgte sinngemäß ein Bezug auf verschiedene Temperaturfeldunsymmetrieen.

5.1 Der Seebeck-Effekt – Basiseffekt im Zweileiterkreis

5.1.1 Beschreibung

Grundsätzlich entsteht der Seebeck-Effekt in unterschiedlich großen, beliebig verzweigten Mehrdrahtanordnungen mit verschiedenartigen Materialien bei entsprechenden thermischen Bedingungen.

Im klassischen Sinne wird jedoch der Seebeck-Effekt einem Zweileiterkreis zugeordnet. Er beschreibt dabei prinzipiell die Polarisation von normalerweise sich zufällig bewegenden und gleichverteilten Ladungsträgern in zwei leitenden Materialien verbal wie folgt:

- *Offener Kreis: Werden zwei homogene Leiter unterschiedlicher Materialien A und B nur an einer Stelle elektrisch leitend verbunden und nachfolgend genau an dieser Stelle erwärmt, entsteht zwischen den beiden freien anderen Enden eine sogenannte von der Temperaturdifferenz zwischen Verbindungsstelle und freien Enden abhängige Thermospannung U_{Th} (s. Abb. 5.1a)*

- *Geschlossener Kreis: Fügt man zwei unterschiedliche Leitermaterialien beidseitig zu einer Schleife zusammen und bringt die beiden Verbindungsstellen auf unterschiedliche Temperaturen, so äußert sich der thermoelektrische Effekt in einem elektrischen Thermostrom. (s. Abb. 5.1b)*

© Springer-Verlag GmbH Deutschland, ein Teil von Springer Nature 2023
K. Irrgang, *Altes und Neues zu thermoelektrischen Effekten und Thermoelementen,*
https://doi.org/10.1007/978-3-662-66419-3_5

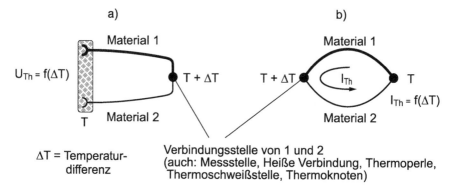

Abb. 5.1 Offener (a) und geschlossener (b) thermoelektrischer Zweileiterkreis

5.1.2 Praktische Kenngrößen des Seebeck-Effektes

5.1.2.1 Paarthermokraft und Seebeck-Koeffizient

Die offene Leiterschleife nach Abb. 5.2 stellt im Prinzip ein bekanntes, einfaches Thermoelement dar und kann gemäß Kapitel 4.1 durch ein Ersatzschaltbild nach Abb. 5.2b repräsentiert werden. Bei beliebiger Temperaturdifferenz zwischen Drahtverbindungsstelle (Thermoknoten) und den offenen Anschlussstellen (Vergleichsstelle) der Zweidrahtanordnung nach Abbildung 5.2 misst man eine Thermospannung U_{AB}. Sie entsteht durch die Bildung zweier TMKs in den Leitern A – mit dem ASC_A – und B – mit dem ASC_B – und ergibt sich mit $U_{AB} = U_A - U_B$ (vgl. auch Kapitel 7.1). Nimmt man an, dass die Vergleichsstelle eine Temperatur von 0 K (absolute Temperatur) aufweist, so findet sich:

$$U_{AB}(T) = ASC_A(T) \cdot T - ASC_B(T) \cdot T \qquad (5.1)$$
$$U_{AB}(T) = \big(ASC_A(T) - ASC_B(T) \big) \cdot T$$
$$= PTC_{AB}(T) \cdot T$$

mit T … Kelvin-Temperatur
      PTC … Paarthermokraft
      ASC … jeweils absolute Seebeck-Koeffizienten
                     der Materialien A und B (s. Kapitel 4)

> *Die Paarthermokraft PTC*(T) *ist der Differenzbetrag zwischen den beiden absoluten Seebeck-Koeffizienten ASC$_A$ und ASC$_B$ der zwei Thermoleiter A und B bei Kelvin-Temperatur.*

Eine praktikable Vergleichbarkeit von vorliegenden Thermospannungen U_{AB} entsteht, wenn die Vergleichsstelle grundsätzlich bei 0 °C (Eispunkt) angenommen bzw. realisiert wird. Die so definierte Thermospannungsgröße wird dann relative Thermospannung U_{rel} bzw. U_{ABrel} genannt und die zu A und B gehörige Paarthermokraft als relativer Seebeck-Koeffizient – kurz RSC – bezeichnet.

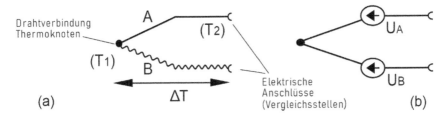

Abb. 5.2 Prinzipschaltbild (a) und Ersatzschaltbild (b) einer offenen Zweidrahtschleife
(Thermoelement)

Es gilt bei der Kelvin-Temperatur T und der Celsius-Temperatur T'
gemäß $T = T' + 273{,}2$ K:

$$U_{ABrel} = RSC \cdot (T - 273{,}2 \text{ K})$$
$$= RSC \cdot T' \qquad\qquad (5.2)$$

Anmerkung: Die in der Literatur u. a. zu findenden differentiellen – relativen oder absoluten Seebeck-Koeffizienten stellen sich wie folgt dar: Der differentielle relative Seebeck-Koeffizient ist ein Temperaturdifferential der relativen Thermospannungsfunktion
$U_{rel}(T)$ an der Stelle T in °C und stellt praktisch die Empfindlichkeit der Funktion dar.
Der differentielle absolute Seebeck-Koeffizient ist gleichbedeutend mit dem absoluten
Seebeck-Koeffizienten ASC (s. Kapitel 4, sowie weiterhin „Erläuterung der Begriffe"
Kapitel 1.2).

Eine gesuchte Thermospannungsfunktion U_{XY} beliebiger Materialien X und Y kann
man bei gegebener Thermospannungsfunktion mit entsprechender Relevanz (meist mit
Bezug auf Pt) grafisch (s. Abb. 5.3) oder rechnerisch ermitteln, gemäß

$$U_{XY}(T) = U_{XPt}(T) - U_{YPt}(T) \qquad\qquad (5.3)$$

Im Elektromaschinenbau bzw. in der relevanten elektrischen Messtechnik ist aufgrund
des generellen Basiseinsatzes von Kupferleitern die Referenz des Seebeck-
Koeffizienten zu Kupfer interessant. In Tabelle 5.1a sind die zum Cu-Material relevanten Thermospan-

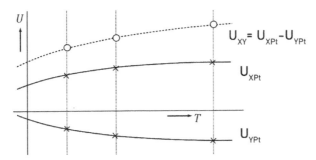

Abb. 5.3 Bildung einer neuen Thermospannungfunktion aus zwei bekannten relevanten
Thermospannungsverläufen

nungswerte für gebräuchliche Cu- und Cr-Materiallegierungen aufgelistet. Eine weitere interessante Materialbezugsgröße ist Blei. Blei zeichnet sich durch einen Hallfaktor von nahezu null aus. Dies bedeutet, dass sich Elektronen und Defektelektronen neutralisieren. Verwendet man für eine Thermopaarung Blei als einen Thermoschenkel (Referenz), so ergeben sich für die in Tabelle 5.1c ausgewählten Thermopaarungen die dort nährungsweise aufgelisteten *PTC*-Werte.

Tabelle 5.1a Thermospannung gegen Kupfer für ausgewählte Materiallegierungen bei Raumtemperatur [5.17] [5.10] (Werte gelten für den kaltgeformten ungeglühten Zustand)

Metalllegierungen		Thermospannungen µV
80 % Cu/12 % Mn/2 % Ni	(Manganin)	+1
54 % Cu/45 % Ni/1 % Mn	(Konstantan)	−40
78 % Ni/20 % Cr/2 % Mn	(Chromnickel)	+14
98 % Au/2 % Cr	(Goldchrom)	+7
60 % Cu/23 % Zn/17 % Ni	(Neusilber)	−15

Eine weitere Besonderheit von Blei, das nur noch in besonderen Applikationsfühlern im tiefen Temperaturbereich verwendet wird, ist der relativ kleine absolute Seebeck-Koeffizient. Seine Temperaturabhängigkeit ist ebenfalls gering (s. Tabelle 5.1b), so dass Thermopaare mit einem Bleischenkel zunächst grob den größeren absoluten Seebeck-Koeffizienten des anderen Thermoschenkel-Materials anzeigen (s. Kapitel 4.3.5).

Tabelle 5.1b
Absoluter Seebeck-Koeffizient *ASC* von Blei im unteren Temperaturbereich

Tabelle 5.1c
Paarthermokraft *PTC* einiger Elemente in der thermoelektrischen Reihung für T = 0 °C zum Bezugsmaterial Pb [5.17]

Temperatur (K)	*ASC* (µV/K)
50[*]	−0,77
100[*]	−0,87
153,2[*]	−1,02
173,2[**]	−1,06
248,2[**]	−1,206
273,2[**]	−1,27
293[**]	−1,27

Element	*PTC* (µV/K)
Fe/Pb	+17
An/Pb	+2,9
Zn/Pb	+3,5
Cu/Pb	+2,9
Ag/Pb	+2,7
Pt/Pb	−3,1
Ni/Pb	−19

[*]   Messwerte nach [5.18]
[**] Messwerte nach [5.17]

5.1.2.2 Der thermoelektrische Gütefaktor ZT(T)

Zur Beurteilung der thermoelektrischen Eigenschaften von Thermoelektrika, insbesondere von Halbleitern, zieht man den sogenannten Gütefaktor $ZT(T)$ heran, der sich wie folgt definiert:

$$ZT(T) = \frac{(ASC(T))^2}{\lambda \cdot \rho} \qquad (5.4)$$

mit $ZT(T)$ ... Gütefaktor
       $ASC(T)$ ... absoluter Seebeck-Koeffizient
       λ ... Wärmeleitfähigkeit
       ρ ... spezifischer elektrischer Widerstand

Prinzipielle Verläufe der Gütefunktion $ZT(T)$ für verschiedene halbleitende Materialien nach [5.7] werden in Abb. 5.4 aufgezeigt. Gemäß der Gütefaktor-Definition sind zur Erreichung eines guten thermoelektrischen Verhaltens solche Stoffe zu wählen, die einen hohen absoluten Seebeck-Koeffizienten $ASC(T)$ besitzen und gleichzeitig zur Herabsetzung der (z. B.im Thermogenerator selbst) entstehenden Verluste einen geringen spezifischen elektrischen Widerstand ρ und eine geringe Wärmeleitfähigkeit λ aufweisen. Letzteres wird angestrebt, um einen schnellen Wärmeausgleich zwischen kalter und warmer Seite zu unterbinden. Für reine metallische Thermomaterialien geht der Gütefaktor aufgrund der Anwendbarkeit des Wiedemann-Franz'schen Gesetzes über in den Zusammenhang (bei hohen Temperaturen).

$$ZT(T) = \frac{(ASC(T))^2}{L} \; mit \; L = \frac{\lambda \cdot \rho}{T} \approx 3\frac{k_B^2}{e^2} \approx konstant \; (L=\text{Lorenzzahl}) \qquad (5.5)$$

Das heißt, der Gütefaktor steigt stetig mit dem ASC und ergibt daher bei Optimierungsbetrachtungen für Metalle wenig Sinn.

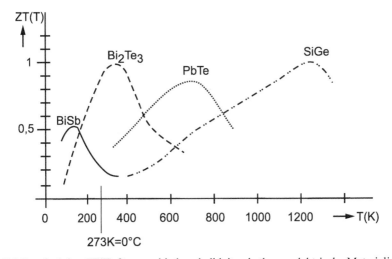

Abb. 5.4 Gütefunktion $ZT(T)$ für verschiedene halbleitende thermoelektrische Materialien [5.7]

5.1.2.3 Relative Thermospannung

Die gemäß Abb.5.3 entstehende Thermospannung $U_{AB}(T, T_V)$ bei beliebiger Temperatur T des Thermoknotens und bestimmter Vergleichsstellentemperatur T_V wird als *relative Thermospannung* U_{ABrel} bezeichnet, wenn die Vergleichsstellentemperatur im Eispunkt liegt ($T_V = 0$ °C bzw. 273,15 K) Somit ergibt sich:

$$U_{ABrel}(T; 273,15 \text{ K}) = RSC \cdot (T{-}T_V) \qquad (5.6)$$
$$U_{ABrel} = RSC(T') \cdot T'$$

mit T' … Temperatur in °C bzw. Celsius-Temperatur
      T … Kelvin-Temperatur
      RSC … relativer Seebeck-Koeffizient
      $U_{ABrel}(T)$ … relative Thermospannung zwischen T und 0 °C

Tabelle 5.2 Thermoelektrische Spannungsreihe gegen Platin zwischen 0 °C … 100 °C
[5.16] [5.14]

Thermoelektrische Spannung [mV] (0 ° C … 100 °C (V))	Thermoelektrisches Material
2.55	Nickel-Chrom (85Ni, 10Cr)
1.98	Eisen
1.45	Molybdän
1.12	Wolfram, VA-Stahl
0.78	Silber, Gold, Zink
0.76	Kupfer
0.70	Rhodium
0.68	Manganin (86Cu, 12Mn, 2Ni)
0.65	Tridium
0.64	PtRh10
0.44	Blei
0.42	Aluminium, Zinn
0.33	Tantal
0.00	Platin, Quecksilber
−0.57	Palladium
−1.00	Neusilber (Cu, Ni, Zn)
−1.33	Kobalt
−1.48	Nickel
−3.50	Konstantan (55Cu, 45Ni)

Die relativen Thermospannungswerte standardisierter Thermopaarungen liegen z. B. in den Datenblättern der EN 60584 vor. Für den Temperaturbereich 0 °C ... 100 °C wird für thermoelektrische Materialien jeweils in Referenzschaltungen zu einem Platindraht eine Thermospannungsreihe (s. Tabelle 5.2) nach aufsteigenden Spannungswerten gebildet. Daraus ist bei der Bildung von Thermopaaren u. a. die Polarität vorher bestimmbar. Als Referenzmaterial ist ein Platindraht mit einer Reinheit von 99,999 % festgelegt. Das auch als Pt67-Material bezeichnete Referenzplatin weist einen widerstandselektrischen Temperaturkoeffizienten von $3,9265 \cdot 10^{-6} \, K^{-1}$ auf.

Die relativen Thermospannungswerte verschiedener Metalle gegen Pt67 sind in Tabelle 5.3 aufgeführt. Es gibt Funktionsverläufe relativer Thermospannungen, die einen Polaritätswechsel aufweisen.

Der Punkt, an dem eine Umkehr der Thermostrom- bzw. Thermospannungsrichtung auftritt, wird als „thermoelektrischer Umkehrpunkt" bzw. nach Cumming als „neutraler Punkt" bezeichnet.

Beispiele für thermoelektrische Umkehrpunkte:
- im oberen Temperaturbereich: W-Mo bei ca. 1250 °C
- mittleren Temperaturbereich: Fe-Cu bei ca. 300 °C

Tabelle 5.3 Relative Thermospannung U_{Th} verschiedener Thermomaterialien gegen Platin 67 in mV bei der Bezugstemperatur T = 0 °C nach [5.6]

T/[°C]	Cu	Ag	Au	Ni	Fe	Pb	Al	W
−200	−0,19	−0,21	−0,21	2,28	−3,10	–	−0.45	0,43
−100	−0,37	−0,39	−0,39	1,22	−1,94	–	−0,06	−0,15
0	0	0	0	0	0	0	0	0
100	0,76	0,74	0,78	−1,48	1,98	0,44	0,42	1,12
200	1,83	1,77	1,84	−3,10	3,69	1,09	1,06	2,62
300	3,15	3,05	3,14	−4,59	5,03	1,91	1,88	4,48
400	4,68	4,57	4,63	−5,45	6,08	–	2,84	6,70
500	6,41	6,36	6,29	−6,16	7,00	–	3,93	9,30
600	8,34	8,41	8,12	−7,04	8,02	–	5,15	12,26
700	10,49	10,75	10,13	−8,10	9,34	–	–	15,60
800	12,84	13,36	12,39	−9,35	11,09	–	–	19,30
900	15,41	16,20	14,61	−10,69	13,10	–	–	23,36
1000	18,20	–	17,09	−12,13	16,64	–	–	27,80

5.2 Der Thomson-Effekt

5.2.1 Allgemeines

Der Thomson-Effekt ist ein thermoelektrischer Effekt, der bei einem Stromdurchfluss durch einen elektrischen Leiter und einem Temperaturgefälle längs dieses Leiters entsteht.

In Abhängigkeit vom Leiterwerkstoff, von der Stromrichtung und der Richtung des Temperaturgradienten findet im elektrischen Leiter zusätzlich zur Jouleschen Erwärmung eine weitere Wärmeerhöhung oder Wärmeabsenkung statt. Der Thomson-Effekt kann mit Hilfe des Thomson-Koeffizienten τ beschrieben werden. Er gibt, bezogen auf das jeweils vorliegende Leitermaterial, an, welche Wärmeänderung in Ws pro strömende Ladungsmenge in C sich innerhalb einer Sekunde bei einer Temperaturdifferenz von 1 K ergibt. Seine Maßeinheit V/K entspricht dem des absoluten Seebeck-Koeffizienten *ASC*.

Berechnung des Thomson-Koeffizienten τ
Die Berechnung von τ ergibt sich aus den folgenden Betrachtungen im geschlossenen Thermokreis zum volumenspezifischen Leistungsumsatz im Leiterelement, wobei die Bezeichnungen gemäß Abb. 5.6 gelten:

mit I … Stromstärke
     J … Stromdichte
     A … Leiterquerschnitt
     dT … Temperaturinkrement
     dx … Längeninkrement
     dU_x … inkrementale Thermospannung über der Länge dx
     ΔT_H … Thomson-Erwärmung (Temperaturanstieg/Abkühlung)

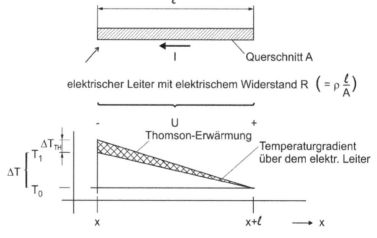

Abb. 5.5 Stromdurchflossener elektrischer Leiter im Temperaturfeld

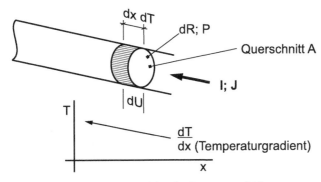

Abb. 5.6 Stromleiter im Temperaturfeld

dR … Widerstandselement

dV … Volumenelement $dV = Adx$

$\tilde{P}$ … volumenspezifischer Leistungsumsatz ($\tilde{P}_N$, $\tilde{P}_{TO}$)

τ … Thomson-Koeffizient

Über dem Widerstandselement dR liegt bei einem Stromfluss I entsprechend der anliegenden Normalspannung U_N eine Normalspannungskomponente dU_N gemäß $dU_N = dR{\cdot}I$ an. Das ebenfalls über dR liegende Temperaturfeld mit dem Gradienten dT/dx erzeugt weiterhin über dR eine thermoelektrische Spannungskomponente dU_{TE} mit Bezug zum ASC(T) des vorliegenden Materials, wobei im stromdurchflossenen Fall $ASC \approx ASG$ gilt.

Die im Volumenelement dV = A·dx, d. h. im Widerstandselement dR, erzeugte volumenspezifische (oder Raumwärme-) Leistung $\tilde{P}$ setzt sich aus zwei Anteilen zusammen, d. h. der Jouleschen Leistung $\tilde{P}_N$ und der Thomsonschen Leistung $\tilde{P}_{TH}$, und stellt sich wie folgt dar:

a) **Volumenspezifische Joulesche Leistung $\tilde{P}_N$ bei Stromfluss I und anliegender Spannung U_N**

$$\tilde{P}_N = \frac{dU \cdot I}{dV} \tag{5.7}$$

$$= I^2 \cdot \frac{dR}{dV}$$

Dies geht wegen $dR = \rho{\cdot}dx/A$ (mit ρ = spezifischer elektrischer Widerstand des Leiters) und $dV = A{\cdot}dx$ über in

$$\tilde{P}_N = \rho \cdot J^2 \ mit \ J = \frac{I}{A} \tag{5.8}$$

b) **Volumenspezifische Thomson-Wärme $\tilde{P}_{TO}$ bei vorliegendem Temperaturgradienten dT/dx**

Der vorliegende Temperaturgradient dT/dx erzeugt eine Kraftwirkung auf die Elektronen (z. B. in Richtung „Kaltes Ende"). Diese kinetische Kraftwirkung, die sich analog der Berechnung des Seebeck-Koeffizienten nach Kapitel 4.3 mit

$$F_{TE} = \frac{dW}{dT} \cdot \frac{dT}{dx} \tag{5.9}$$

ergibt, entspricht aus elektrischer Sicht dem Wert von $F_{TE} = e{\cdot}E_{TE}N$.

Die entsprechende Feldstärkekomponente E_{TE} ergibt sich, bezogen auf das Leiterelement dR mit dE_{TE} bzw. entspricht hier der thermoelektrischen Komponente dU_{TE}. Die auf das Volumen $dV = A \cdot dx$ bezogene volumenspezifische Thomsonsche Wärmeleistung $\tilde{P}_{TO}$ erhält man dann wie folgt:

$$\tilde{P}_{TO} = I \cdot \frac{dU_{TE}}{dV}$$

$$= I \cdot \frac{dU_{TE}}{A \cdot dx} \tag{5.10}$$

$$= J \cdot \frac{dU_{TE}}{dx}$$

$$\tilde{P}_{TO} = J \cdot \frac{dU_{TE}}{dT} \cdot \frac{dT}{dx}$$

Wegen $dU_{TE} = ASC(T) \cdot dT$ (s. Kapitel 4.3) folgt:

$$\tilde{P}_{TO} = J \cdot ASC(T) \cdot \frac{dT}{dx} \tag{5.11}$$

mit $ASC(T)$ ... absoluter Seebeck-Koeffizient bei Stromfluss
       J ... Stromdichte
       dt/dx ... Temperaturgradient längs des Leiters

Über einen Koeffizientenvergleich dieser Gleichung (5.11) mit der Bestimmungsgleichung zu Thomson-Wärme

$$\tilde{P}_{TO} = J \cdot \tau \cdot \frac{dT}{dx} \tag{5.12}$$

findet sich $\tau = ASC(T)$. Dies bedeutet, dass der $ASC(T)$ bei Stromfluss dem Thomson-Koeffizienten entspricht, wobei eventuelle nichtlineare (5.2.2) thermoelektrische bzw. kopplungstechnische Effekte hierbei nicht berücksichtigt sind.

5.2.2 Vergleich von ASC(T) und τ(T)

Über thermodynamische Betrachtungen zum Thermokreis lässt sich z. B. nach Pollock [5.18] und Bernhard [5.6] zwischen dem Thomson-Koeffizienten τ und dem absoluten Seebeck-Koeffizienten ASC folgender Zusammenhang allgemein formulieren:

$$ASC = \int \left(\frac{\tau}{T} \right) dT \tag{5.13}$$

Somit gilt die Umformung für z = 0,5 (d. h. bei Stromfluss)

$$\tau = T \left(d \frac{ASC}{dT} \right) \tag{5.14}$$

$$\tau = T \left(\frac{d(A_D T - 3\alpha A_D T^2)}{dT} \right) \tag{5.15}$$

$$\tau = T(A_D - 6\alpha A_D T)$$
$$= A_D T(1 - 6\alpha T) \tag{5.16}$$
$$= ASC$$

mit A_D ... thermoelektrische Diffusionskonstante

     α ... Ausdehnungskoeffizient

Dies bedeutet, dass der Thomson-Koeffizient in der Größenordnung des $ASC(T)$ liegt. Wie die Literatur zeigt, sind die τ-Messwerte sehr unterschiedlich. Bei älteren Messergebnissen ist τ jeweils kleiner als der ASC, insbesondere bei Raumtemperatur. Bei hohen Temperaturen ist τ größer als der ASC. Wie bereits angemerkt, sind dafür nicht berücksichtigte, nichtlineare thermoelektrische bzw. thermoelastische Effekte verantwortlich.

Tabelle 5.4 τ-Werte im Vergleich für Cu, Fe, Ag

τ-Werte	Temperatur	Quelle
$\tau = -1{,}52\ \mu V/K$ (Cu) $ASC = 1{,}84$	T = 27 °C bzw. 300K	Tabelle 381 in Smithsonian physical tables [5.11]
$\tau = 1{,}61\ \mu V/K$ (Cu) $ASC = 1{,}84$	T = 27 °C bzw. 300K	O. Berg [5.5]
$\tau = -1{,}64\ \mu V/K$ (Cu) $ASC = 1{,}84$	ca. 300 K	A.E. Caswell [5.8]
$..\tau = 10\ \mu V/K$ (Ag) $ASC = 6{,}85 \mu V/K$	ca. 900 K	JJ. Lander 1948 Phys. Review 74, S.479-488
$...\ .\tau = 15{,}3\ \mu V/K$ (Fe) $ASC = 14 \mu V/K$	ca. 320 K	Landorf/Börnstein (G.E.R. Schulze 1974, Metallphysik, S. 353)

Nach den genannten mathematischen Betrachtungen zeichnet sich folgende elektrophysikalische Wirkung ab: Durch den Temperaturgradienten dT/dx über dem stromdurchflossenen Thermoleiter entsteht, bezogen auf die zu betrachtende Leiterlänge, eine Thermospannung U_{TH}. Der Stromfluss durch diesen Thermoleiter wird durch die äußere anliegende Spannung U_N bewirkt. Diese Spannung U_N wird nun durch die entstehende Thermospannung U_{TH} erhöht oder vermindert, d. h.

$$P = J \cdot (U_N \pm U_{TH}) \tag{5.17}$$

Das Vorzeichen hängt dabei von der Gradientenrichtung der Temperatur bezogen auf die Stromrichtung und und dem Material ab. Damit ist die Thomson-Wärme aus elektrischer Sicht ein einfacher zusätzlicher Leistungsumsatz infolge der entstandenen Seebeck-Spannung U_{TH} im geschlossenen Kreis, der sich als Differenz zwischen elektrischer Gesamtleistung und Joul'scher Leistung darstellt

5.3 Der Benedicks-Effekt – Wirkung des Basiseffektes im homogenen Leiter bei unsymmetrischer Temperaturlast

5.3.1 Vorbemerkungen

> *Der Benedicks-Effekt beschreibt die Entstehung einer thermoelektrischen Spannung in einem metallischen Leiter bei unsymmetrischer Temperaturlast über dem Leiter.*

Nach den Versuchen von Benedicks [5.2] [5.3] [5.4], kam es später auf Veranlassung von W. Meißner durch G. Kocher zu erfolgreichen Bestätigungsmessungen des Effektes. Im Unterschied zu Benedicks wurde der schroffe Temperaturgradient dabei mittels Mikroheizern und Mikrokühlern im Vakuum realisiert. Später bestätigte auch G. D. Mahan [5.15] die Möglichkeit der Entstehung des Benedicks-Effektes, sofern eine Asymmetrie im Temperaturgradienten beider Seiten des Leiters vorliegt (Mahan-Bedingung).

Gemäß den von Kocher durchgeführten Experimenten [5.13] fand sich für die Thermospannung U_{BE} nach Benedicks: $U_{BE} = C_3 \cdot \Delta T^3$

Insbesondere wurden für die drei Materialien Gold, Silber und Platin folgende Werte ermittelt in Tabelle 5.5:

Tabelle 5.5 Parameter und Messwerte zum Benedicks-Effekt nach [5.13]

Werkstoff	C_3	U_{BE} (für 400 °C)	Anmerkung
Platin	$-2{,}65\ 10^{-14}$ V/K3	ca. $180 \cdot 10^{-7}$ V	Übergangsmetall
Gold	$-4{,}55\ 10^{-15}$ V/K3	ca. $31 \cdot 10^{-7}$ V	einfaches Metall
Silber	$-2{,}55\ 10^{-15}$ V/K3	ca. $19 \cdot 10^{-7}$ V	einfaches Metall

Der Zusammenhang $U_{BE} = f(\Delta T)$ führt auf der Basis des im Kapitel 4 entwickelten Terms $U_{TE} \approx ASC \cdot \Delta T$ zur Überlegung, dass nur quadratische Anteile im ASC beim Benedicks-Effekt wirksam sind. Wie im Kapitel 4 dargelegt, erfüllt der ausdehnungsbedingte Anteil $3\alpha T$ (für z = 0,5) bzw. $6\alpha z T$ die Forderung nach einer Abhängigkeit zweiten Grades. Ohne Berücksichtigung anderer eventuell möglicher (geringer) Mischeffekte und weiterer Nichtlinearitäten wird nachfolgend beispielhaft genau dieser Fall eines möglichen nichtlinearen ASC infolge einer Wärmedehnung diskutiert [5.1].

5.3.2 Berechnung der Benedicks-Spannung

Zur Herleitung des Benedicks-Effektes kann man modellhaft den geschlossenen homogenen Metallkreis an seiner kältesten Stelle T_{min} und an seiner heißesten Stelle T_{max} auftrennen und so zwei Drahtteile separieren.

Bezüglich des Temperaturmaximums T_{max} liegen links- und rechtsseitig unterschiedliche Abkühlungskurven T(x) (Temperaturgefälle) vor. Die rechtsseitige (erzwungene) Abkühlungskurve ist sehr steil bzw. schroff und kann als temperaturlinear angesehen werden. Die linksseitige Kurve soll in diesem Fall dem Newtonschen Abkühlungsgesetz in genäherter Form folgen und so einer Exponentialfunktion gegebenenfalls nahe kommen.

Man kann entsprechend Kapitel 4.3.3 herleiten, dass in beiden Drahtteilen bei gleichen Temperaturdifferenzen gleiche Thermodiffusionsströme bzw. gleiche sich auf der Thermodiffusion beruhende Feldstärkekomponenten herausbilden. D. h. es gilt links- wie rechtsseitig bezüglich des Temperaturmaximums nach Abb. 5.7 folgender *ASO*-Term (Gl. 5.18).

$$ASO(T) = \left(\frac{\pi^2}{2} \cdot \frac{k_B}{e} \cdot \frac{1}{T_F} \right)(T - 6z\alpha T^2) = A_D(T - 6z\alpha T^2) \qquad (5.18)$$

mit α ... Längenausdehnungskoeffizient

e ... Elementarladung

T ... Celsiustemperatur

U_{T0} ... Spannung bei 0 °C

z ... Temperaturfeldkorrektur

A_D ... thermoelektrische Diffusionskonstante bzw. $\pi^2 \cdot \dfrac{k_B}{2eT_F}$

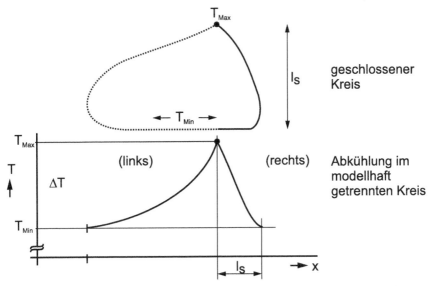

Abb. 5.7 Homogener Thermokreis mit unsymmetrischem Temperaturprofil

Damit findet sich

$$U_{TE} = \int ASC(T) \cdot dT \tag{5.19}$$

$$U_{TE} = AD \int (T - 6z\alpha T^2) \cdot dT \tag{5.20}$$

Die Benedicks-Spannung U_{BE} ergibt als Differenz aus linksseitiger und rechtsseitiger Spannung U_{TEL} bzw. U_{TER} d. h. $U_{BE} = U_{BEL} - U_{BER}$

$$U_{BEL} = A_D \int_0^l (T - 6z_L \alpha T^2) \cdot dT \tag{5.21}$$

$$U_{BER} = A_D \int_l^0 (T - 6z_R \alpha T^2) \cdot dT \tag{5.22}$$

$$U_{BE} = A_D \left[\int_0^l T dT - \int_0^l (6z_L \alpha T^2) dT - \int_l^0 T dT + \int_l^0 (6z_R \alpha T^2) dT \right] \tag{5.23}$$

Die ausschließlich von der zugeführten Energie bzw. von der maximalen Temperatur abhängigen Terme

$$A_D \int_0^l T dT \quad \text{und} \quad A_D \int_l^0 T dT$$

heben sich auf. Damit ergibt sich U_{BE} ausschließlich als Differenz der α-abhängigen quadratischen Terme, d. h. mit

$$U_{BE} = -A_D \int_{0(T\min)}^{l(T\max)} 6z_R \alpha T^2 \cdot dT + A_D \int_{l(T\min)}^{0(T\max)} 6z_L \alpha T^2 \cdot dT \tag{5.24}$$

z_L und z_R sind vom Temperaturverlauf abhängige Korrekturfaktoren, die sich über die temperaturrelevanten Querschnittsausdehnungen ergeben. Die Benedicks-Spannung erhält man dann über

$$U_{BE} = 6A_D \cdot \alpha (z_L - z_R) \int T^2 \cdot dT \tag{5.25}$$

$$U_{BE} = 6A_D \cdot \alpha \cdot \Delta z \cdot \frac{T^3}{3} \tag{5.26}$$

$$U_{BE} = 2A_D \cdot \alpha \cdot \Delta z \cdot T^3 \tag{5.27}$$

Δz ergibt sich aus der beidseitigen Integraldifferenz der Abkühlkurven, d. h. $\Delta z = z_L - z_R$. Sind die links- und rechtsseitige Abkühlkurven, d. h. Temperaturverläufe in den Drahtstücken, gleich, wird $\Delta z = 0$ und U_{BE} verschwindet.

5.3.3 Temperaturfeldeinfluss und Temperaturfeldkorrektur

Der Korrekturfaktor z stellt nach Kapitel 4.3.4 den Ausdruck $\frac{1}{l}\int T(x)dx$ dar und gibt die Quadratur der Funktion T(x), bezogen auf die Leiterlänge zwischen T_{max} und T_{min} wieder. In Abb. 5.8 sind beispielhaft zwei in der Praxis mögliche Temperaturverläufe längs des Thermoleiters dargestellt. Es handelt sich in Abb. 5.8a um eine erzwungene Abkühlung, d. h. einen linearen Temperaturverlauf im Leiter. Kann man von merkbarem, konvektivem Einfluss der Umgebungsluft und einem relativ langen Leiter ausgehen, ergibt sich eine genäherte exponentielle Funktion als Abkühlung (s. Abb. 5.8b). Bei kürzeren Leitern ergeben sich sinh/cosh-Funktionen [5.19].

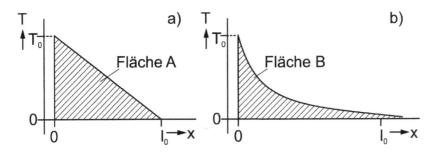

Abb. 5.8 Beispielhafte Temperaturverläufe längs des Thermoleiters (a) linear und (b) exponentiell (Fläche A ≠ Fläche B, d. h. $Z_A \neq Z_B$)

Im Leiterteil links mit dem großen Temperaturgradienten kann ein linearer Temperaturverlauf mit $z_R = 0{,}5$ angenommen werden. Rechts könnte sich in Abhängigkeit von den Werkstoff-, Geometrie-, und Wärmeübergangsbedingungen z. B. $z_L = 0{,}3$ finden lassen und somit $\Delta z = 0{,}2$.

Die Darstellung der jeweils verschiedenen realisierten Gradientenstellen (s. Abb. 5.9) zeigt, welchen großen Stellenwert das gesamte thermische Versuchsmanagement besitzt. Hervorzuheben ist, dass die Versuche von G. Kocher [5.13] zudem im Vakuum durchgeführt wurden. Für Gold bei 400 °C kann man nach der vorliegenden Formel und der Annahme von $\Delta z = 0{,}2$ einen Benedicks-Spannungswert von $U_{BE} = 24 \cdot 10^{-7} V$ berechnen. Das Experiment ergibt $U_{BE} = 31 \cdot 10^{-7} V$ [5.13]. Differenzen zwischen Berechnung und Experiment weisen auf andere Nichtlinearitäten (z. B. Elektronenkorrelationseffekte) bei Übergangsmetallen bzw. auf andere Temperaturverläufe hin.

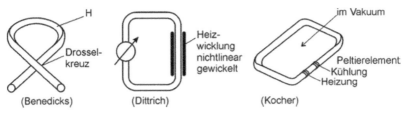

Abb. 5.9 Verschiedene „Gradientenstellen" im Homogenkreis nach Dittrich[5.9] Kocher [5.13] und Benedicks [5.4]

5.4 Der Peltier-Effekt

5.4.1 Erläuterungen

Der Peltier-Effekt beschreibt beim Vorliegen zweier verschiedener, jedoch miteinander verbundener elektrischer Leiter eine Abkühlung oder Erwärmung in ihren Verbindungs- bzw. Kontaktstellen, wenn die Leiter stromdurchflossen sind.

Im Gegensatz zum Thomson- und Seebeck-Effekt, deren Wirkung integral zur Leiterlänge zu betrachten ist, ist der Peltier-Effekt ein lokal auf die Materialkontaktstelle bezogener Effekt. An der Verbindungs- bzw. Kontaktstelle zweier verschiedener Leitermaterialien A und B entstehen neben anderen Effekten adiabatische Aufstau- bzw. Ausflussphänomene der Ladungsträger (z. B. Elektronen) dadurch, dass für die Ladungsträger eine Energiedifferenzbarriere ΔW zwischen den Materialien A und B zu überwinden ist. Ein Aufstau der Ladungsträger an einer Kontaktstelle führt dabei zu erhöhtem Kollisionsgeschehen zwischen den Ladungsträgern und damit u. a. zur Wärmeentwicklung. Ein umgekehrter Prozess erfolgt sinngemäß an der „kalten" Kontaktstelle der Peltier-Anordnung.

5.4.2 Berechnung des Peltier-Koeffizienten

Die Energiedifferenz ΔW in der Kontaktstelle nach Abb. 5.10 ergibt sich aus elektrischer Sicht mit

$$\Delta W = Q \cdot \Delta U_K = N \cdot e \cdot \Delta U_K \tag{5.28}$$

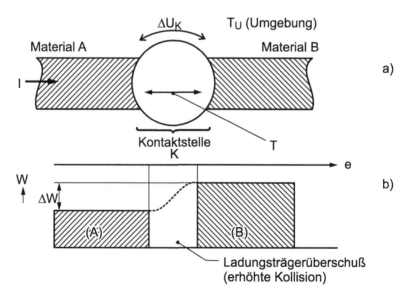

Abb. 5.10 Kontaktstelle zwischen Material A und B (a) bestromte Übergangs- bzw. Kontaktstelle, (b) Energiesituation an der Kontaktstelle

mit ΔW ... Energiedifferenz

       $Q = N \cdot e$ ... Ladungsmenge an der Kontaktstelle

       ΔU_K ... Differenz der Spannungspotentiale zwischen Material A und B

Aus wärmetechnischer Sicht ergäbe sich die Energiedifferenz ΔW an der Kontaktstelle

$$\Delta W = W_A - W_B \tag{5.29}$$

wobei ΔW ... thermische Energiedifferenz

       W_A ... Energiesituation im Material A an der Kontaktstelle

       W_B ... Energiesituation im Material B an der Kontaktstelle

Allgemein gilt: $W = k_B T$, mit T = absolute Temperatur und k_B = Boltzmann-Konstante. Bei der thermoelektrischen Betrachtung der Ladungsträgersituation, d. h. der N freien Ladungsträger in einfachen Metallen kommt ein Korrekturfaktor $\frac{\pi^2}{2}\frac{T}{T_F}$ nach Sommerfeld (s. Kapitel 4.3.1) zur Anwendung, d. h.:

$$W = \frac{\pi^2}{2} \cdot k_B \cdot \frac{T^2}{T_F} \cdot N \tag{5.30}$$

bzw. $W = ASG(\mathrm{T}) \cdot T \cdot e \cdot N$

mit ASG ... absoluter Seebeck-Koeffizient für einfache Metalle bei Stromfluss im geschlossenen Kreis

       e ... Elementarladung

       N ... vorliegende Elektronenanzahl

       T ... absolute Temperatur in der Kontaktstelle bei Stromfluss I

Für die Materialien A und B ergeben sich die Energiewerte bei einer Temperatur T wie folgt

$$W_A(T) = ASG_A \cdot T \cdot N \cdot e$$
$$W_B(T) = ASG_B \cdot T \cdot N \cdot e$$
$$\Delta W(T) = PTG_{AB} \cdot T \cdot N \cdot e \tag{5.31}$$

mit PTG_{AB} = Paarthermokraft von Material A und B im geschlossenen Kreis mit

$$PTG_{AB}(T) = ASG_A(T) - ASG_B(T)$$

Im mittleren Temperaturbereich kann näherungsweise angenommen werden, dass die Paarthermokraft PTC_{AB} des offenen Kreises einer Paarthermokraft

$$PTG_{AB}(T) = ASG_A(T) - ASG_B(T)$$

des geschlossenen Kreises entspricht. Damit gilt:

$$\Delta W = PTC_{AB} \cdot T \cdot N \cdot e \tag{5.32}$$

Bei Verknüpfung von (5.28) mit (5.31) bzw. (5.32) findet sich:

$$\Delta W = Q \cdot \Delta U_K = N \cdot e \cdot \Delta U_K$$
$$\Delta W = PTC_{AB} \cdot T \cdot N \cdot e$$
$$\Delta U_K = PTC_{AB} \cdot T \tag{5.33}$$

Die allgemeine Verlustleistung beim Stromfluss I über einen Widerstand R ergibt sich mit $P = U \cdot I$. Über dem angenommenen Widerstand der Kontaktstelle würde sich relevant ergeben: $P = \Delta U_K \cdot I$ wobei ΔU_K Spannungsdifferenz an der Kontaktstelle.

Da jedoch beim Peltier-Element nicht nur eine Erwärmung, sondern auch eine Kühlung entsteht, ist U_K kein Kontaktpotential. Die in der Kontaktstelle umgesetzte Leistung (z. B. Erwärmung) wird in diesem Sinne auch als Peltier-Wärme $P\pi$ angegeben mit $P\pi = \pi \cdot I$, d. h., $\Delta U_K = \pi$, wobei π als Peltier-Koeffizient bezeichnet wird. Mit vergleichendem Blick auf Gleichung 5.33 ergibt sich also die bekannte Peltier-Gleichung

$$\pi = PTC_{AB} \cdot T \quad mit \quad PTC_{AB} = (ASC_A - ASC_B)$$

Falls kein Strom fließt, ist der Peltier-Effekt null.

5.5 Relationen zwischen den thermoelektrischen Kenngrößen und vorliegenden Temperaturen

5.5.1 Erste Thomson-Gleichung

Diese erste Thomson-Gleichung zur Thermoelektrik beschreibt die bestehende Relation zwischen relativer Paarthermokraft und Peltier-Effekt [5.6] gemäß

$$\pi_{AB} = PTC_{AB} \cdot T \qquad \text{, d. h.} \tag{5.34}$$
$$\frac{dPTC_{AB}}{dT} = \frac{-\pi_{AB}}{T^2} = \frac{-ASC_A + ASC_B}{T}$$

Im weiteren findet sich

$$\pi_{AB} = (ASC_A - ASC_B)T \qquad \text{, d. h.} \tag{5.35}$$
$$d \cdot \frac{\pi_{AB}}{dT} = ASC_A - ASC_B + T\frac{dPTC_{AB}}{dT}$$

und verknüpft so auch den Peltier-Koeffizienten und den absoluten Seebeck-Koeffizienten. Eine Aufspaltung in, auf nur einen Leiter bezogene, Peltier-Koeffizienten, z. B. π_α des Leiters A, ist unter pragmatischen Gesichtspunkten nicht sinnvoll, da ein Peltier-Koeffizient immer an zwei Materialien der durch sie gebildeten Kontaktstelle gebunden ist. [5.12]

5.5.2 Zweite Thomson-Gleichung

Diese zweite Thomson-Gleichung beschreibt eine Beziehung zwischen der Paarthermokraft PTC_{AB} und den beiden Thomson-Koeffizienten τ_A und τ_B im einfachen Thermokreis [5.6] gemäß

$$\frac{dPTC_{AB}}{dT} = \frac{\tau_A - \tau_B}{T} \tag{5.36}$$

bzw.

$$PTC_{AB} = \int \frac{\tau_A}{T}dT - \int \frac{\tau_B}{T}dT \tag{5.37}$$

(siehe Kapitel 5.2.)

Im Gegensatz zum Peltier-Koeffizienten, der grundsätzlich an zwei Materialien gebunden ist, sind der absolute Seebeck-Effekt und der Thomson-Effekt mit nur einer Materialkomponente darstellbar. Es gilt daher im Weiteren gemäß Kapitel 5.2

$$\frac{d(ASC_A)}{dT} = \frac{\tau_A}{T} \tag{5.38}$$

und

$$\frac{d(ASC_B)}{dT} = \frac{\tau_B}{T} \tag{5.39}$$

Die jeweils durch den Thomson-Effekt bzw. Peltier-Effekt entstehende Wärme entstammt der entropischen Bilanz der Elektronensysteme A und B. Dabei entsteht die Thomson-Wärme längs eines Thermodrahtes, der sich bei Erwärmung auch ausdehnt. Die Gitterausdehnung des verwendeten Thermomaterials ist aber auch ein zu beachtender entropischer Effekt mit Auswirkung auf das elektronische System des Materials. Mit zunehmender Ausdehnung vergrößert sich das Volumen des Elektronengases und auch die Entropie des Systems. Somit findet sich der Ausdehnungseffekt in der Thomson-Gleichung wieder.

Im Gegensatz dazu ist der Peltier-Effekt auf die Kontaktstelle begrenzt, bei deren Betrachtungen Ausdehnungseffekte allgemein vernachlässigbar sind. Das heißt, der Peltier-Effekt bleibt von der thermischen Ausdehnung der Thermodrähte nahezu unbeeinflusst, solange der Kontakt nicht abreißt.

5.5.3 Das thermoelektrische Dreieck

Das thermoelektrische Dreieck ist eine spezielle thermoelektrische Versuchsanordnung. Sie erlaubt bei entsprechend ermittelten Temperaturwerten an einem Thermoknoten und an einer Peltier-Kontaktstelle einen Vergleich zwischen Thermospannung U_{AB} und Peltier-Koeffizienten π.

Das Dreieck besteht aus drei miteinander verknüpften material- und abmessungsgleichen Thermopaaren, ②, ③ (s. Abb. 5.11), die jeweils aus den Drahtmaterialien A und B gebildet werden. Die Ecke I des Dreieckes, d. h. der Thermoknoten des Thermopaares, wird auf die Temperatur T_S erwärmt.

Für das Thermopaar sind die Punkte X, Z die zugehörigen Vergleichsstellen, die auf 0 °C temperiert sind. Zwischen X und Y befindet sich das Thermopaar ②. Sein Eckpunkt II wird thermisch von außen nicht beeinflusst. Wäre $T_S = 0$ °C, würde die Ecke II ebenfalls eine Temperatur $T = 0$ °C aufweisen. Zwischen den Punkten Y und Z befindet sich Thermopaar ②. Ebenso wie für X und Y gilt für Z: $T_Z = T_Y = T_X = 0$ °C. Nicht alle Thermopaare sind polkonform in Reihe geschaltet. Es ergibt sich aufgrund der besonderen Beschaltung Folgendes:

1. Die Thermopaare ② und ③ bilden zusammen ein Peltier-Element ③/②.
2. Beim Vorliegen einer Temperatur T_S entsteht in, d. h. zwischen X und Y, eine Thermospannung U_{AB} gemäß

$$U_{AB} = PTC_{AB} \cdot T_S \tag{5.40}$$

mit T_S … Temperatur des Thermoknotens (Ecke I)

       PTC_{AB} … Paarthermokraft der Materialien A und B

3. Das Thermopaar speist das Peltier-Element ②/③ mit einer Spannung $U_{AB}(T_S)$ und erzeugt so den Strom I gemäß

$$I = \frac{U_{AB}}{R_{ers}} \tag{5.41}$$

mit R_{ers} … Ersatzwiderstand an den Klemmen X, Z

Der Leistungsumsatz in der Peltier-Kontaktstelle gemäß den oben genannten Bedingungen ergibt sich dann bei Stromdurchfluss mit

$$P_\pi = \pi \cdot I \tag{5.42}$$

Die warme Kontaktstelle erwärmt sich auf T_π. Nach Kapitel Abschnitt 5.5.1 gilt definitionsgemäß

$$\pi_{AB} = PTC_{AB} \cdot T_\pi \tag{5.43}$$

Da im thermoelektrischen Dreieck gilt:

$$PTC_{AB} = \frac{U_{AB}}{T_S} \tag{5.44}$$

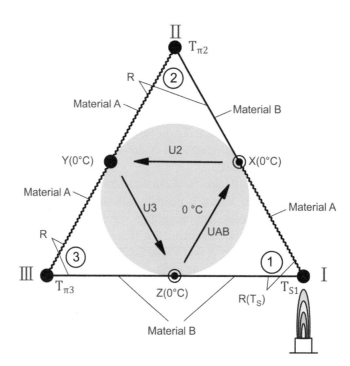

Abb. 5.11 Das thermoelektrische Dreieck (3x Thermopaare)

findet sich die temperaturbasierte Verknüpfung zwischen Thermospannung und Peltier-Koeffizient wie folgt:

$$\frac{\pi_{AB}}{U_{AB}} = \frac{T_{\pi}}{T_S} \tag{5.45}$$

mit U_{AB} ... Thermospannung Thermopaar und A, B

        π_{AB} ... Peltier-Koeffizient der Materialien A, B

        T_{π} ... Temperatur der Peltier-Kontaktstelle

        T_S ... Temperatur des Thermoknotens von

Literaturverzeichnis

[5.1]   Bärner K, Irrgang K, Morsakov W (2016) New electron correleation terms oft the thermoelectric power oft the metallic elements Cr and V. vorläufiges Belegexemplar bjb 2016

[5.2]   Benedicks C (1918) Ein für Thermoelektrizität und metallische Wärmeleitung fundamentaler Effekt. Annalen der Physik 360(1):1–80, DOI 10.1002/19183600102

[5.3]   Benedicks C (1922) The homogeneous electro-thermic effect: (including the thomson effect as a special case). Nature 109(2741):608, DOI 10.1038/109608b0

[5.4]   Benedicks C (1929) Jetziger Stand der grundlegenden Kenntnisse der Thermoelektrizität. Ergebnisse der Exakten Naturwissenschaften 8:25–68, DOI 10.1007/BFb0111908

[5.5]   Berg O (1941–2006) Ueber den Thomson-Effekt in Kupfer, Eisen und Platin. In: Nachrichten der Akademie der Wissenschaften zu Göttingen, Mathematisch-Physikalische Klasse, Vandenhoeck & Ruprecht, Göttingen, S. 141–145, online unter: http://resolver.sub.uni-goettingen.de/purl?PPN252457811_1910

[5.6]   Bernhard F (2004) Technische Temperaturmessung: Physikalische und meßtechnische Grundlagen, Sensoren und Meßverfahren, Meßfehler und Kalibrierung; Handbuch für Forschung und Entwicklung, Anwendungspraxis und Studium. VDI-Buch, Springer, Berlin

[5.7]   Birkholz U (2013) History of thermoelectricity. In: Jänsch D (Hrsg) Thermoelectrics goes automotive II : (Thermoelectrics III); Renningen, S. 88–101

[5.8]   Caswell AE (1926) Thermoelectricity. In: Washburn EW (Hrsg) International critical tables of numerical data, physics, chemistry and technology, McGraw-Hill, New York, NY, S. 213–231

[5.9]   Dietrich I (1951) Thermoelektrischer Homogeneffekt an feinkristallinen Metalldrähten. Zeitschrift fuer Physik 129(4):440–448, DOI 10.1007/BF01379594

[5.10] DIN 17471:1983-04 (1983) Widerstandslegierungen; Eigenschaften. Beuth Verlag GmbH, Berlin, DOI 10.31030/1164361

[5.11] Forsythe WE (1954) Smithsonian Physical Tables: prepared by William Elmer Forsythe, 9. Aufl. Smithsonian miscellaneous collections, Washington, online unter: https://openlibrary.org/books/OL6169914M/Smithsonian_physical_tables.

[5.12] Kammer HW, Schwabe K (1984) Einführung in die Thermodynamik irreversibler

Prozesse, (Wissenschaftliche Taschenbücher, Bd. 295). Akademie-Verlag, Berlin

[5.13] Kocher G (1955) Messungen über den thermoelektrischen Homogeneffekt 3. Grades (1. Benedicks-Effekt). Annalen der Physik 451(5-8):210–226, DOI 10.1002/andp.19554510503

[5.14] Lieneweg F, Lenze B (Hrsg) (1976) Handbuch der technischen Temperaturmessung, Bd. 49. Vieweg, Braunschweig, DOI 10.1002/cite.330490629

[5.15] Mahan GD (1991) The benedicks effect: Nonlocal electron transport in metals. Physical review B 43(5):3945–3951, DOI 10.1103/

[5.16] Obrowski W (1964) Thermoelemente und ihre Anwendungsprobleme. Elektrotechnik 10(16):266–270

[5.17] Philippow E (1963) Grundlagen, Taschenbuch Elektrotechnik, Bd. 1. VEB Verlag Technik, Berlin

[5.18] Pollock DD (1991) Thermocouples: Theory and properties. CRC Press

[5.19] Wagner W (1998) Wärmeübertragung: Grundlagen, 5. Aufl. Kamprath-Reihe, Vogel, Würzburg

Kapitel 6
Thermoelektrische Basisapplikationen

Zusammenfassung

Dieses Kapitel gibt einen Überblick zu primären Industrieapplikationen. Da die Einzel- und Speziallösungen in unübersichtlicher Anzahl vorliegen, werden nur die Basislösungen betrachtet. Man unterscheidet vier thermoelektrische Basisapplikationen: Thermoelement, Thermosicherung, Thermogenerator sowie Peltier-Elemente (u. ä.). Der Überblick ist knapp gehalten, da Thermoelemente in anderen Kapiteln ausführlich behandelt werden. Die Thermosicherungen belegen nur ein sehr enges Gebiet der Flammenüberwachung, und Thermogeneratoren und Peltier-Elemente sind eine Domäne der Halbleitertechnik.

6.1 Thermoelement

Das Thermoelement ist ein elektrisches Berührungsthermometer mit Spannungsausgang. Zugleich stellt es das bekannteste Applikationsbeispiel zur Nutzung des Seebeck-Effektes dar. Die bevorzugte Anwendung dieser Temperaturfühler liegt im Hochtemperaturbereich. Gegenwärtig sind über 300 verschiedene Thermopaarkombinationen bekannt, wobei nur ca. ein Dutzend davon standardisiert sind.

Man kann auf verschiedene Art und Weise die grundlegenden Bauarten der Thermoelemente klassifizieren, siehe z. B. Abschnitt 7.3. Nach [6.4] besteht eine weitere Un-

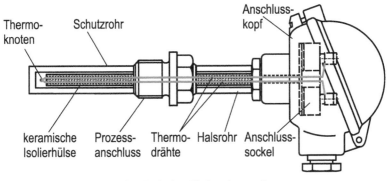

Abb. 6.1 Typisches Einbauthermoelement

© Springer-Verlag GmbH Deutschland, ein Teil von Springer Nature 2023
K. Irrgang, *Altes und Neues zu thermoelektrischen Effekten und Thermoelementen*,
https://doi.org/10.1007/978-3-662-66419-3_6

terscheidungsmöglichkeit in der Differenzierung der Wärmeübergänge, verbunden mit technologischen Aspekten. Ein typisches Einbauthermoelement zeigt Abbildung 6.1.

Es finden sich so folgende Basistypen:

- Anlegethermoelemente,
- Einsteckthermoelemente,
- Einbauthermoelemente,
- Gehäuse-Thermoelemente,
- Hochtemperatur-Thermoelemente,
- Hand-Held-Thermoelemente,
- thermoelektrische Scheibenfühler und Module.

6.2 Thermosicherung

Die Abbildung 6.2 zeigt die Wirkungsweise einer magnetischen Thermosicherung in einem thermoelektrischen Kreis, welcher einen Haltemagneten enthält. Der durch die Temperatur T_1 mit $T_1 = T_0 + \Delta T$ hervorgerufene Thermostrom im vorliegenden geschlossenen Kreis bildet ein Magnetfeld aus, welches eine untere Anlegeplatte an einer oberen hält. Sinkt T_1 und ΔT wird null, entsteht kein Thermostrom und das Magnetfeld verschwindet. Die Platte wird nicht mehr magnetisch gehalten und so von der Spiralfeder abgezogen. [6.3] Obere und untere Platte verbinden einen elektrischen Sicherungskreis, der bei Plattenabfall unterbrochen wird.

Dieser sich bei Temperatur einstellende magnetische Halteeffekt wird als thermoelektrische Sicherung genutzt und insbesondere bei Gasheizungen bzw. allgemein bei Flammenüberwachung eingesetzt. Sind keine störenden elektrischen Einflussquellen in der Nähe dieser Sicherung vorhanden bzw. sind im Gerät keine elektrischen Störkreise verlegt, kann die thermoelektrische Sicherung aus funktionell sicherheitstechnischer Sicht heraus als zuverlässig bezeichnet werden. Die Auslegung des thermoelektrischen Kreises geschieht in Abhängigkeit von der erforderlichen Haltekraft. Thermomagnetische Curie-Punktschalter stellen eine ebenfalls mögliche Variante unter Nutzung thermomagnetischer Wechselwirkungen dar (s. a. Kapitel 4).

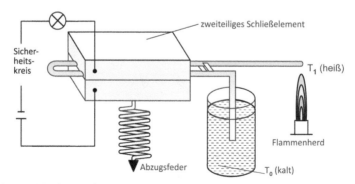

Abb. 6.2 Thermoelektrischer Sicherungskreis/klassisches Prinzip eines thermoelektrischen Magnetkreises

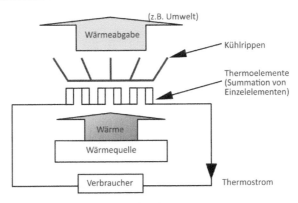

Abb. 6.3 Prinzip des Thermogenerators

6.3 Thermogenerator

Thermogeneratoren (thermoelektrische Transmitter oder Transverter) wandeln thermische Energie in elektrische um. Sie werden insbesondere dort eingesetzt, wo andere Wege der Energiegewinnung nicht gegangen werden können. Hierzu gehört auch das an stetiger Bedeutung gewinnende Applikationsgebiet der energieautarken Systemtechnik [6.5] [6.2]. Dabei sind bei geeigneten Thermoelektrika und moderner Technologie akzeptable Wirkungsgrade von 10–15 % erreichbar. Als thermische Energiequellen für den Betrieb der Thermogeneratoren stehen im Fokus:

- Erdwärme,
- Abgaswärme,
- Körperwärme.

Prinzipiell sind aber Thermogeneratoren überall einsetzbar wo Temperaturdifferenzen größer 3 K vorhanden sind. Die Auswahl der Thermoelektrika erfolgt daher auch unter Berücksichtigung der vorliegenden exakten Temperaturverhältnisse.

Für den praktischen Thermogeneratorenbau kommen keine Metalle, sondern vorwiegend Halbleiter zum Einsatz, wobei ab 1960 Thermoelektrika der Pb-Te-Klasse bzw. ab ca. 1970 Materialien der Bi2Te3-Klasse eingesetzt wurden. Bei Thermogeneratoren werden mehrere Thermoelemente in Reihe und parallel geschaltet, um zu hohen Leistungswerten zu kommen (s. Abb. 6.3) [6.1]. Thermogeneratoren, die insbesondere zur Nutzung von Wärmestrahlung konzipiert sind, nutzen Kunststoffoberflächen mit extrem hohem Absorbtionsvermögen [6.1].

6.4 Thermoelektrische Kühlelemente

Thermoelektrische Kühlelemente nutzen den Peltier-Effekt aus und werden daher auch Peltier-Elemente genannt. Liegt eine thermoelektrische Peltier-Anordnung bestehend aus zwei entsprechend angeordneten thermoelektrischen Materialen vor, so entstehen bei

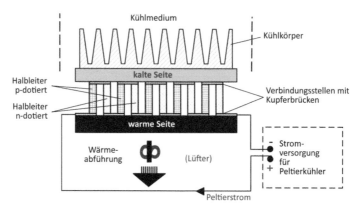

Abb. 6.4 Thermoelektrisches Kühlelement

Stromdurchfluss eine kalte und eine warme Verbindungsstelle zwischen den Thermomaterialien. Die kalte Verbindungsstelle wird dabei mit Kühlflächen bzw. Kühlerrippen versehen um einen, jeweils der Applikation gerechten, Kühleffekt zu erzielen. Eine übliche Abkürzung für zum Kühlen eingesetzte Peltierelemente ist TEC.

Weiterführende Literatur
- Justi, E. (1948) *Leitfähigkeit und Leitungsmechanismus fester Stoffe*, Vandenhoeck & Ruprech Verlag, Göttingen
- Goldsmith. H. J. (2010) *Introduction of Thermoelectricity*, Springerverlag, Berlin
- VDI/VDE-Richtlinie: 3511 *Technische Temperaturmessung*
- Jäckle http://www.uni-konstanz.de/FuF/Physik/Jaeckle/papers/thermospannung/node3.html (zuletzt gesehen: 23.08.2018)
- *Thermoelektrische Zündsicherung* online unter www.bosy-online.de/thermoelektrische_Zuendsicherung.htm (zuletzt gesehen: 23.08.2018)

Literaturverzeichnis

[6.1]   Beck W, Krichler A (2008) Patentschrift 2008068330: Thermischer Transmitter zur energetischen Nutzung von Wärmestrahlungen und Konvektion

[6.2]   Freunek M (2010) Untersuchung der Thermoelektrik zur Energieversorgung autarker Systeme: Zugl.: Freiburg im Breisgau, Univ., Diss., Dissert., Tönning

[6.3]   Fritz von Paris GmbH (2017) Magneteinsaetze (abgerufen am 22.04.2018). Hamburg, online unter: http://www.von-paris.de/de/index.htm

[6.4]   Irrgang K, Michalowsky L (2003) Temperaturmesspraxis mit Widerstandsthermometern und Thermoelementen. Vulkan-Verlag, Essen

[6.5]   Jägle M, Bartel M, Nussel U, Horzella J, Broucke P, Binninger R, Bartholome K (2013) Thermoelektrisch betriebene energieautarke Sensorsysteme. In: Jänsch D (Hrsg) Thermoelectrics goes automotive II : (Thermoelectrics III); [third conference]//Thermoelectrics goes automotive II, Renningen, S. 144–150

Kapitel 7
Temperaturmesspraxis mit Thermoelementen

Zusammenfassung

Dieses Kapitel enthält eine Übersicht zu Standardbeschaltungen und zur standardgemäßen thermolelektrischen Temperaturmesstechnik. Die Messfehlerbetrachtungen sind kurz und pragmatisch gehalten angesichts der umfangreichen vorliegenden Literatur und Vorschriften. In die Betrachtungen fließen die der Thermoelektrik zuordenbaren Effekte und verschiedenen Sondereinflüsse, inklusive möglicher Korrekturvarianten, ein. Explizit wird sich auch der Problematik der Selbstdiagnose gewidmet. Bei den Fühlerbeschreibungen findet der Praktiker überraschende Fühlerlösungen, wie z. B. thermoelektrische Dichtungen. Ein Unterkapitel widmet sich den sicherheitsrelevanten Fühlern. Es werden hier die explosionsgeschützten, die Sicherheitstemperatur begrenzenden, die funktional sicheren und zünddurchschlagsicheren Thermoelemente betrachtet. Die beiden letzten Unterkapitel behandeln die aktuellen Problempunkte „Inhomogenität" und „thermoelektrische Drift" – dabei ist eine Drifterkennung eingeschlossen.

7.1 Thermoelektrische Basisschaltungen und Basisapplikationen

7.1.1 Schaltungsprinzipien

Je nach Anordnung der Thermodrähte entstehen unterschiedliche thermoelektrische Schaltungen mit unterschiedlicher Signalcharakteristik. Grundsätzlich gilt das im Kapitel 4.1 fixierte Axiom, dass jeder einzelne Thermodraht mit einem über ihm liegenden Temperaturgradienten bereits eine reale EMK darstellt, die wegen der thermischen Spezifik abgrenzend auch als TMK bezeichnet wird (s. Kapitel 5.1.2).

Die Enden eines Thermoleiters bilden gleichzeitig die beiden Ausgangsklemmen der TMK. Der Innenwiderstand der realen thermoelektrischen Spannungsquelle TMK ist nicht nur geometrie- und materialabhängig, sondern auch abhängig von der mittleren Temperatur des Thermoleiters im betrachteten Temperaturintervall. Im Allgemeinen ist der Innenwiderstand der eingesetzten Thermoleiter klein und die über ihn abfallende Spannung ist bei den aktuell eingesetzten Messinstrumenten mit sehr hohen Eingangswiderständen, d. h. sehr geringen Messströmen, vernachlässigbar. In Abhängigkeit von

© Springer-Verlag GmbH Deutschland, ein Teil von Springer Nature 2023
K. Irrgang, *Altes und Neues zu thermoelektrischen Effekten und Thermoelementen*,
https://doi.org/10.1007/978-3-662-66419-3_7

den Thermodrahtanordnungen ergeben sich entsprechende elektrische Widerstands- bzw. TMK-Netzwerke, für die in klassischer Weise nach den Kirchhoffschen Sätzen Maschen- und Knotenpunktgleichungen aufgestellt und gelöst werden können.

Man kann die in der Messpraxis sich ergebenden Schaltungsanordnungen wie folgt untergliedern:

- **Klassische Zweidrahtschaltungsanordnungen**
  d. h. Standardbeschaltung für Thermoelemente, thermoelektrische Differenz-schaltung, Reihen- und Parallelschaltung von Zweidrahtpaarungen
- **Verkettete Schaltungsanordnung**
  d. h. Schaltung mit überbrückter Doppelmessstelle, Mehrdraht-Reihenschaltung, verkettete Doppelpaarschaltung, Stufenschaltungen.

7.1.2 Klassische Zweidrahtbeschaltung

7.1.2.1 Standardbeschaltung für Thermoelemente

Die Spannung U_{Th} einer klassischen Zweidrahtbeschaltung eines einfachen Thermopaa-res nach Abb. 7.1 ergibt sich im (fast) stromlosen Messfall und bei $T_V = 0\,°C$ trivialer Weise mit

$$U_{TH} = RSC \cdot T \qquad\qquad (7.1)$$

mit T … Celsiustemperatur
        RSC … relativer Seebeck-Koeffizient (s. Kapitel 5.1.2)

Die thermoelektrischen Einflüsse der Cu-Leitung heben sich auf. Wichtig ist $\Delta T_V = \Delta T_U = 0$. Das heißt, die Temperaturdifferenzen zwischen den Anschlussklemmen bzw. zwischen den Eingangsbuchsen des Messgerätes müssen vernachlässigbar sein!

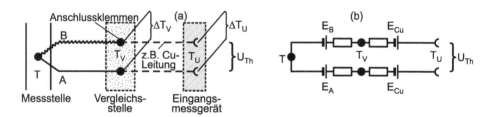

Abb. 7.1 Zweidrahtbeschaltung (a) Prinzipbild, (b) Ersatzschaltbild

Praxishinweis:
Zur Prüfung auf Vorliegen parasitärer Thermospannungen (also auch ob $\Delta T_V = 0$ usw.) ist die Realisierung der thermischen Gleichheitsbedingungen $T = T_V$ (d. h. z. B. die Mess-stelle zeitweise in der Vergleichsstelle unterbringen) hilfreich, die zu einem $U_{Th} = 0$ führen müsste. Bei $U_{Th} \neq 0$ ist in der Mehrzahl der Fälle $\Delta T_U = 0$ bzw. $\Delta T_V = 0$ nicht erfüllt.

T.V.P.

JAHRE 25

Technischer Vertrieb in der
Prozessautomation
Tel. +49 6047 950 209

.V.P. Gerds GmbH – Waldstrasse 20 – 63674 Altenstadt – Mail: info@tvp-online.de

Prozessprüfbares Thermometersystem

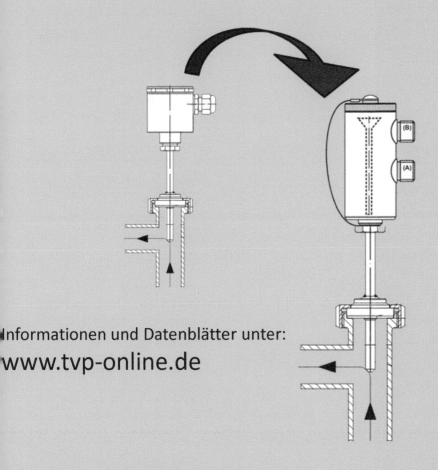

Informationen und Datenblätter unter:
www.tvp-online.de

Das prozessprüfbare Thermometersystem stellt eine Kombination aus einem Temperaturfühler und einer messortsgleichen Referenzmessstelle dar.

Der elektrische Widerstand der messstellenseitigen Thermodrahtschaltung, d. h. Widerstand zwischen beiden Thermodrahtendpunkten der Vergleichsstelle, ist der Innenwiderstand des Zweidrahtthermopaares. Zwischen den Eingangsbuchsen des Thermospannungsmessgerätes misst man zur Messstellenseite hin den sogenannten Schleifenwiderstand (summierte Widerstandswerte von Thermodrähten und Cu-Leitung).

7.1.2.2 Thermoelektrische Differenzschaltung

Eine thermoelektrische Differenzmessung nach Abb. 7.2 kommt ohne Vergleichsstelle aus und misst die Temperaturdifferenz zwischen den Punkten T_1 und T_2 (d. h. beidseitig des Thermodrahtes B) sehr genau, gemäß

$$U_{DIFF} = PTC_{AB}(T_2) \cdot T_2 - PTC_{AB}(T_1) \cdot T_1 \quad (T \text{ in K!}) \tag{7.2}$$

Bei Differenzmessungen im mK-Bereich sind Messschaltungen zu verwenden, die mit Stromkomponenten (Bias-Ströme) im nA-Bereich auskommen. Bei Präzisionsmessungen mit größeren Strömen im Messkreis sind der Peltier-Effekt und Effekte durch differente thermische Kontaktwiderstände an den Materialübergangen zu beachten.

Bei kleinen Temperaturdifferenzen ΔT mit $\Delta T = T_2 - T_1$ um einen Mittelwert T_M, mit $T_M = \frac{(T_1 + T_2)}{2}$ gilt in Anlehnung an Kapitel 4.3.6:

$$U_{Th} = aso_A(T_M) \cdot \Delta T - aso_B(T_M) \cdot \Delta T \tag{7.3}$$

mit $\quad aso_A(T_M) = A_{DA} \cdot T_M (1 - 3\alpha_A T_M)$
und $\quad aso_B(T_M) = A_{DB} \cdot T_M (1 - 3\alpha_B T_M)$

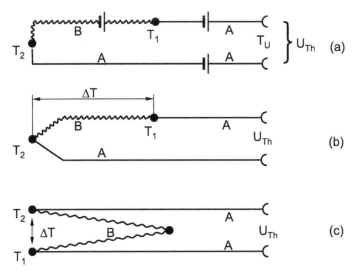

Abb. 7.2 Thermoelektrische Differenzschaltungen (a) Ersatzschaltbild (b) zusammengesetztes Differenzelement (c) gegenpolig verschaltetes Doppelthermoelement)

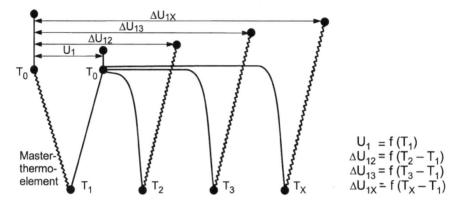

Abb. 7.3 Differenzmessung mit Master-Slave-Prinzip

Ordnet man mehrere Differenzschaltungen in einer Messanlage so zusammen, dass die Differenzsignale jeweils Bezug auf nur ein ausgewähltes Thermoelement (Masterelement) haben, so entsteht eine preisgünstig gestaltbare Master-Slave-Anordnung gemäß Abb. 7.3.

7.1.2.3 Differenzanordnung zur Tendenzmessung

Durch Nutzung der unterschiedlichen Anzeigeträgheiten von Thermoknoten zweier differenzgeschalteter Thermoelemente kann die zeitliche Temperatursignaländerung erkannt werden. Gemäß Abb. 7.4a besteht zwischen den beiden Knoten durch Unterschiedlichkeit in der thermischen Isolation bzw. in dem Wärmeleit- und Wärmeübergangsbedingungen eine wirksame thermische Trägheitsdifferenz. Das Temperaturdifferenzsignal $\Delta U(\tau,T)$ lässt sich wie folgt beschreiben:

$$\Delta U(\tau, T) = RSC \cdot \Delta T \left(e^{-\frac{t}{\tau_2}} - e^{-\frac{t}{\tau_1}} \right) + U_{ST}(T) \tag{7.4}$$

mit RSC = relativer Seebeck-Koeffizient

   ΔT = Temperaturdifferenz

   τ_1, τ_2 = auf die Thermoknoten – Messanordnung bezogenen Zeitkonstanten

   $U_{ST}(T)$ = statische Thermospannungsdifferenz zwischen den Thermoknoten

In einfacher Weise ergibt sich ein Tendenzthermoelement bzw. eine Anzeigeträgheitsdifferenz durch die Positionierung eines Thermoknotens in der Messspitze eines Thermometerschutzrohres sowie eines zweiten zurückgesetzten Knotens im Thermometerschaft (s. Abb. 7.4b).

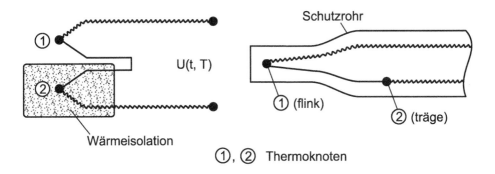

Abb. 7.4 Thermoelementanordnungen zur Tendenzmessung
(a) Prinzip der Temperaturtendenzmessung (b) Differenzanordnung im Schutzrohr

7.1.2.4 Reihen- und Parallelschaltung von Zweidrahtpaarungen

7.1.2.4.1 Reihenschaltung

Durch eine Reihenschaltung von n-gleichartigen Zweidrahtanordnungen gemäß Abb. 7.5 kann man eine n-fach größere Thermospannung U_{Th} erhalten. Auf der Basis des Zusammenschaltungsgesetzes von Spannungsquellen ergibt für im Temperaturbereich $T_M \dots T_V$ gleichermaßen angeordneten n-fachen Thermopaare mit der Paarthermokraft PTC die Gesamtspannung mit $U_{Th} = n \cdot PTC\,(T_M - T_V)$. Im allgemeinen Fall bei unterschiedlichen Paarthermokräften und differenten Temperaturbereichen gilt:

$$U_{Th} = PTC_1(T_1 - T_{V1}) + PTC_2\,(T_2 - T_{V2}) + \dots PTC_n(T_n - T_m) \tag{7.5}$$

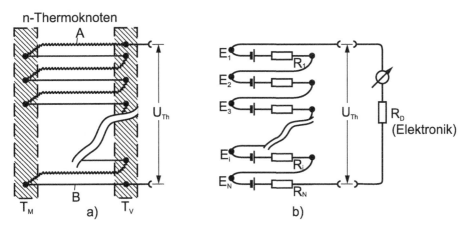

Abb. 7.5 Thermoelektrische Reihenschaltung (a) Prinzip, (b) Ersatzschaltbild
$E_1 \dots E_N$ – TMKs mit den Thermospannungswerten $U_1 \dots U_N$, $R_1 \dots R_N$ – Innenwiderstände
U_{Th} – Gesamtthermospannung, R_D – Eingangswiderstand Elektronik (sehr groß)

7.1.2.4.2 Parallelschaltung

Bei einer Parallelschaltung von n-gleichartigen Elementen (s. Abb. 7.6), die auf Grund unterschiedlicher Messtemperaturen T_i, sowie einer gemeinsamen Vergleichstemperatur T_V verschiedene U_{Th} – Werte liefern, stellt sich das Gesamtsignal als arithmetisches Mittel aller thermoelektrischen Spannungseinzelwerte dar. Vorausgesetzt wird dabei, dass die Innenwiderstände der Thermopaarungen A, B und deren Thermokräfte PTC_{AB} identisch sind. Es ergibt sich:

$$U_{Th} = \frac{1}{n}(\sum\nolimits_{i=1}^{n} U_{Thi}) \; bzw. \; U_{Th} = PTC_{AB}(\sum\nolimits_{i=1}^{n} T_i - T_v)/n \qquad (7.6)$$

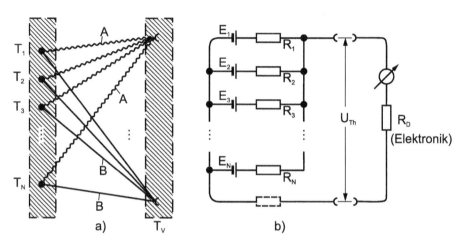

Abb. 7.6 Thermoelektrische Parallelschaltung (a) Prinzip, (b) Ersatzschaltbild

$T_1 ... T_N$ – Messtemperaturen, $R_1 ... R_N$ – Innenwiderstände

U_{Th} – Gesamtthermospannung, R_D – Eingangswiderstand Elektronik (hoch)

$E_1 ... E_N$ – TMKs mit den Thermospannungswert $U_1 ... U_N$

Gleichgroße Innenwiderstände der verschiedenen Thermopaare sind meist nur näherungsweise gegeben. Dies ergibt sich, da bei unterschiedlichen Temperaturen infolge der bestehenden Widerstand-Temperatur-Abhängigkeit der Thermoleiter, die Innenwiderstände entsprechende Unterschiede aufweisen. Sind unterschiedliche Innenwiderstände R_i zu beachten, gelten die Gesetze der parallelen Zusammenschaltung realer Spannungsquellen.

7.1.2.4.3 Mittelwertbildung

Thermoelektrische Parallelschaltungen können unter bestimmten Voraussetzungen zur direkten Mittelwertbildung verwendet werden. Wie am praktischen Beispiel der mittleren Oberflächentemperaturbestimmung an einer Rohrleitung mit zwei gleichartigen Thermopaaren gemäß Abb. 7.7 dargestellt, erhält man hier unter bestimmten Umständen einen direkt gemittelten Thermospannungswert. Sein Wert (gemittelte Spannung über dem Elektronikeingang) kann mit Hilfe des Überlagerungsgeschehens beider Teilther-

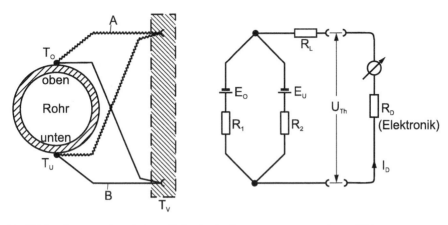

Abb. 7.7 Bestimmung der mittleren Rohroberflächentemperatur aus oberer (T_O)
und unterer Rohrtemperatur (T_U) (a) Prinzip, (b) Ersatzschaltbild
E_O ... TMK des oberen Thermoelementes $E_O = PTC_{AB}(T_O - T_U)$
E_U ... TMK des unteren Thermoelementes $E_U = PTC_{AB}(T_U - T_O)$
R_L – Zuleitungswiderstand, R_D – Eingangswiderstand der Elektronik (hoch)
U_{Th} – Mittelwertspannung, R_1, R_2 – Innenwiderstände der beiden Thermoelemente

moströme I_0 (von oberer Quelle E_0) und I_U (von unterer Quelle E_U) berechnet werden.
Nach Abb. 7.7 ergibt sich der Eingangsstrom I_D in die Messelektronik mit:

$$I_D = (E_O R_2 + E_U R_1) / [R_1(R_2 + R_L + R_D) + R_2(R_L + R_D)] \tag{7.7}$$

Der Eingangswiderstand der Elektronik bei Spannungsmessungen sollte sehr hoch sein
(d. h. $R_D \to \infty$), so dass sich vereinfacht ergibt:

$$I_D = (E_O R_2 + E_U R_1) / R_D \cdot (R_1 + R_2) \text{ bzw. die Eingangsspannung } U_{Th} = I_D \cdot R_D, \tag{7.8}$$

$$U_{Th} = (E_O R_2 + E_U R_1) / (R_1 + R_2). \tag{7.9}$$

Wird bei der Errichtung der Messschaltung auf die Gleichheit der beiden Innenwiderstände geachtet; d. h. $R_1 = R_2 = R$, so erhält man den Spannungsmittelwert:
$U_{Th} = U_{ThMittel} = (E_O + E_U) R / 2R = (E_O + E_U) / 2$.

Werden die Parallelzweige einer Mittelwertmessordnung technologie- bzw. layoutbe-
dingt nicht auf einen gemeinsamen Sammelpunkt zurückgeführt, so dass zwischen den
Parallelabzweigpunkten merkbare Zwischenwiderstände R_Z in der Größenordnung
der Innenwiderstände bestehen, ergeben sich Messfehler in der Größenordnung $ER_Z / 2R$
(E ... mittlere Thermospannung, R_Z ... Zwischenwiderstände, R_i ... mittlerer Innen-
widerstandswert).

7.1.3 Verkettete Schaltungsanordnungen

7.1.3.1 Zweidrahtschaltung mit überbrückter Doppelmessstelle

Gestaltet man die in der Messzone befindliche Messstelle eines Thermopaares mit zwei Messknoten aus, die untereinander mit zwei parallelen Thermodrähten verbunden sind, so entsteht ein Thermoelement mit zwei Thermoknoten, bzw. es entsteht ein Thermoelement mit einer überbrückten Messstelle. Diese kann zur Überwachung von Flammen bzw. sich örtlich verändernder Hotspot u. ä. verwendet werden.

In Abb. 7.8 ist die überbrückte Doppelmessstelle zwischen den Punkten 1 und 2 dargestellt und gemäß den dort gewählten Bezeichnungen ergibt sich:

- Thermospannung im Leiter A: $U_A = ASC_A \cdot T1$
- Thermospannung im Leiter B: $U_B = ASC_B \cdot T2$
- Thermospannung zw. 1 und 2: $U_{12} = ASC_{AB} \cdot \Delta T$
   mit $\Delta T = T_1 - T_2$

Im thermoelektrische Messkreis stellt sich die gesamte Thermospannung U_{Th} wie folgt ein (s. Abb. 7.6):

$$U_{Th} = U_A + U_B + U_{12}$$
$$U_{Th} = PTC_{AB}T_2 + ASC_{AB} \cdot \Delta T \qquad (7.10)$$

ASC_{AB} ist der sich einstellende Gesamt-ASC des thermoelektrischen Überbrückungskreises 1–2 (s. Abb. 7.8). Bei gleichen Leiterwiderständen der Thermodrähte A und B im Überbrückungsbereich ergibt sich ASC_{AB} aus dem Mittel von ASC_A und ASC_B.

Die Thermospannung U_{Th} ist immer größer als $PTC_{AB}T_2$ und eignet sich damit in gewissen Grenzen besser zur Temperaturregelung, insbesondere bei sich im belasteten

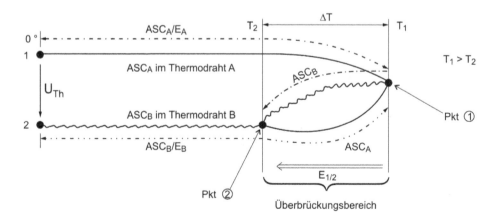

Abb. 7.8 Zweidrahtschaltung mit überbrückter Doppelmessstelle (E_A = thermomotorische Kraft des Leiters A, U_A = Thermospannung über die Leiterlänge l des Leiters A)

Betriebsfall örtlich veränderter „hotspots" zwischen den Punkten 1 und 2 (s. Abb. 7.9). Ein praktisches Beispiel ist die Flammenüberwachung mit zugehöriger Regelung.

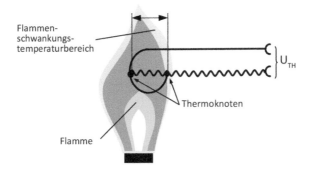

Abb. 7.9 Flammenüberwachung mit überbrückter Doppelmessstelle
(Überbrückungsschleife = Ringausführung)

7.1.3.2 Mehrdraht–Reihenschaltung

Es gehört zum Standard der Peltier-Element-Technologie mehrere Materialien unter Berücksichtigung ihrer thermischen Leitfähigkeit zusammenzuschalten. Es entstehen Anordnungen mit mehr als zwei Materialien, wie z. B. Abb.7.10a dargestellt. Das sich ergebende Gesamtsignal U_{Th} erscheint unübersichtlich. Grundsätzlich gilt jedoch das Superpositionsprinzip! Nach dem Superpositionsprinzip können die Spannungsvektoren benachbarter Temperatursektoren addiert werden. Es sei hier grundsätzlich vermerkt, dass die Addition immer nur der Thermospannungen niemals der Temperaturen möglich ist. Auf dieser Basis kann das thermoelektrische Gesamtsignal nach Abb. 7.10b ermittelt werden.

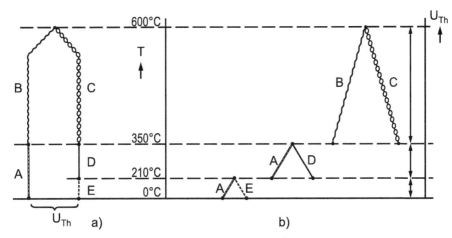

Abb. 7.10 (a)Zusammenschaltung der unterschiedlichen Leiter
(b)Darstellung der Spannungskomponenten

7.1.3.3 Doppelte Zweidrahtschaltung mit bis zu vier Messstellen

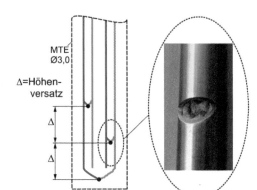

Abb. 7.11 Versetzte/verkettete Messstelle im Mantelthermoelement (Doppelmantelleitung)

Die Technologie erfordert manchmal an einer Prozessmessstelle mehrere Temperaturmessstellen. In einem Doppelmantelelement lassen sich entsprechend der Darstellung in Abb. 7.11 bis zu vier versetzte Messstellen äußerst platzgünstig unterbringen. Die vier Messkreise sind jedoch miteinander galvanisch verknüpft, was in den Eingangsschaltungen der Elektronik Berücksichtigung finden muss.

7.1.3.4 Verkettete Stufenschaltung

Längs eines Schutzrohres versetzte Thermopaare bilden im Allgemeinen ein Stufenthermoelement. Sie können Temperaturprofile in Kesseln und ähnlicher Behälteranordnung messen. Bei einer verketteten Stufenschaltung werden an nur einem Thermodraht vom Material A mehrere Thermodrähte des Materials B in verschiedenen Höhen (Stufen) angeschweißt (s. Abb. 7.12). So gelingt eine geometrisch optimierte Anordnung von Stufenelementen.

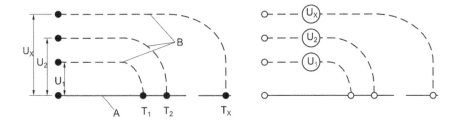

Abb. 7.12 Prinzip einer Stufenschaltung mit verketteten Thermoelementen
(A,B-Thermomaterialien)

7.2 Messung mit Thermoelementen

7.2.1 Messprinzip und Kennwertfunktion

Die während einer Temperaturmessung von einem Thermoelement oder von einem thermoelektrischen Messnetzwerk (s. a. Kapitel 7.1) ausgegebenen thermoelektrischen Messsignale werden in der Regel elektrisch von einem Spannungsmessgerät erfasst.

In Abhängigkeit von der Applikation finden sich zwei prinzipielle Varianten einer thermoelektrischen Messanordnung (s. Abb. 7.13).

Während im labornahen Messbetrieb einfache Messschaltungen mit hochempfindlichen Spannungsmessgeräten bevorzugt werden, kommen im industriellen Feldbetrieb Messumformer (Transmitter) zum Einsatz. Messumformer oder Transmitter sind Messgeräte, welche analoge elektrische Eingangssignale, in genormte analoge und/oder digitale Ausgangssignale umwandeln, die sich leichter über lange Messstrecken übertragen lassen. Die Signalübertragung kann vorteilhafter Weise mittels der zahlreichen Signalbussysteme, d. h. Sensorbus-, Devicebus-, Feldbussysteme zur Verfügung (z. B. HART, CAN, Modbus, Profibus … !) erfolgen.

Wenn durch umfangreiche vernetzte Messschaltungen der direkte Zusammenhang von thermoelektrischen Spannungswerten U_{TE} und zugrunde liegende Temperatur T verloren geht, muss dieser experimentell bei verschiedenen Temperaturen ermittelt, d. h. ein temperaturabhängiges Polynom höherer Ordnung $U_{TE} = f(T)$ approximiert werden. Da auf Basis theoretischer Betrachtungen nach Kapitel 4 der *ASC* und damit auch der *PTC*$_{AB}$ quadratisch von *T* abhängen, ergibt sich so für einen einfachen als auch vermischten thermoelektrischen Zusammenhang $U_{TE} = f(T)$ mindestens eine kubische T-Abhängigkeit.

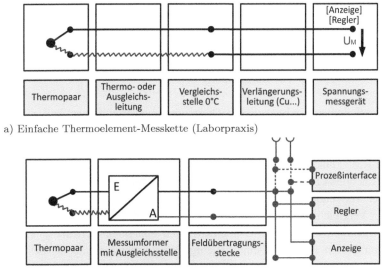

a) Einfache Thermoelement-Messkette (Laborpraxis)

b) Thermoelement-Messkette mit Messumformer, insbesondere für große Übertragungsstrecken (Industriepraxis)

Abb. 7.11 Komponenten der thermoelektrischen Messkette

Betrachtet man die beiden im *ASC* eingebetteten Einflussgrößen *linearer Ausdehnungskoeffizient* α und *Fermie-Energie* E_F im Detail, so finden sich bei ihnen temperaturtechnische Abhängigkeiten höherer Ordnung, die sich naturgemäß auch in $U_{TE}(T)$ in einer höheren Potenzform verankern.

Die Abhängigkeit des linearen Ausdehnungskoeffizienten α stellt sich allgemein nach W. Gorski [7.10] als Polynom 5. Ordnung wie folgt dar:

$$\frac{\Delta l}{l} = aT + bT^2 + cT^3 + dT^4 + eT^5 = f(T) \tag{7.11}$$

mit   a ... e   ... Koeffizienten
      T ... Temperatur in °C
      Δl ... Längenänderung der Drahtlänge l

Die Fermi-Energie ist in erster Linie eine Materialkonstante. Eine geringe Temperaturabhängigkeit besteht jedoch in folgender Form:

$$E_F(T) = E_{F0}\left(1 - \left[\pi^2 k_B^2 \frac{T^2}{12E_{F0}}\right]\right) \tag{7.12}$$

mit E_F ... Fermi-Energie bei T
      E_{F0} ... Fermi-Energie für T = 0 (absoluter Nullpunkt)
      k_B ... Boltzmann-Konstante

Die im Rahmen experimenteller Messungen festgestellte Temperaturabhängigkeit einer Thermospannung U_{TE} besteht daher in Form eines Polynoms höherer Ordnung:

$$U_{TE} = \sum_i a_i \cdot T^i \tag{7.13}$$

mit $i = 1 - n$ ... n {8 ... 15}
      a_i ... Koeffizient des temperaturabhängigen Polynoms
                     der Thermospannung U_{TE}

Die Koeffizienten diesbezüglicher Thermospannungsfunktionen sind z. B. bei Bernhard [7.3] sowie in der IEC 60584, Teil 1 zu finden, wobei beispielhaft die Koeffizienten des Polynoms für das Thermopaar Typ N in Tabelle 7.1 aufgeführt sind. Die Funktionswerte der RSC-Funktionen sind in diskreten Temperaturstufen für normierte Thermopaare in der EN 60584 bzw. deren Kennwert-Tabellen hinterlegt.

Bei der Verwendung der normierten Kennwerte $U_{TE} = f(T)$ gilt grundsätzlich der Bezug zur Vergleichstemperatur 0 °C.

Ein Zusammenhang eines thermoelektrischen Spannungswertes $U_{XV}(T_X)$ bei einer Temperatur T_X mit Bezug auf eine beliebige Vergleichstemperatur T_V beschreibt Gleichung (7.9):

$$U_{XV} = PTC_{AB}(T_X)T_X - PTC_{AB}(T_V)T_V \tag{7.14}$$

Tabelle 7.1 Koeffizienten des thermoelektrischen Spannungspolynoms für das Thermopaar Typ N

T	-270 °C ... 0 °C		0 °C ... 1370 °C	
a0	0		0	
a1	2,6159105962	10^{1}	2,5929394601	10^{1}
a2	1,0957484228	10^{-2}	1,5710141880	10^{-2}
a3	-9,3841111554	10^{-5}	4,3825627237	10^{-5}
a4	-4,6412039759	10^{-8}	-2,5261169794	10^{-7}
a5	-2,6303357716	10^{-9}	6,4311819339	10^{-10}
a6	-2,2653438003	10^{-11}	-1,0063471519	10^{-6}
a7	-7,6089300791	10^{-14}	9,9745338992	10^{-16}
a8	-9,3419667835	10^{-17}	-6,0863245607	10^{-19}
a9	–		2,0849229339	10^{-22}
a10	–		-3,0682196151	10^{-26}

Eine messpraktikable Nutzung von U_{TE} macht eine Umrechnung auf $T = 0$ °C erforderlich. Die im Messprozess mittels des Spannungswertes U_{XV} ermittelte Temperatur T_{XV} kann zum Bezug auf $T_0 = 0$ °C nicht arithmetisch um den Temperaturwert T_V verändert d. h. erhöht werden. Gemäß dem vorliegenden Superpositionsprinzip sind mathematische Operationen (Korrekturen in Form von Additionen oder Subtraktionen) nur im thermoelektrischen Funktionsbereich $U_{TE}(T)$ möglich! Es gilt:

$$U_{X0} = U_{XV} - U_{V0} \tag{7.15}$$

mit $\quad U_{XV} = U_{TE}(T_x, T_v) \quad = f$ (Differenztemperatur $T_X - T_V$),
$\qquad U_{V0} = U_{TE}(T_V, 0$ °C$) = f$ (Differenztemperatur $T_V - 0$ °C),
$\qquad U_{X0} = U_{TE}(T_x, 0$ °C$) = f$ (Differenztemperatur $T_X - 0$ °C).

7.2.2 Messunsicherheit einer Thermoelement-Messkette

Befreit man die thermoelektrischen Messergebnisse von groben Messfehlern und erkennbaren, systematischen Messabweichungen (Vorabfehlerkorrektur), so sind die so korrigierten Messergebnisse im Weiteren mit einem gewissen Wertebereich, d. h. einem Messunsicherheitsbereich zu versehen (z. B. [7.1]).

Die Messunsicherheit gemäß DIN 1319 ist ein Schätzwert, der einen Messwertbereich kennzeichnet, in dem sich der wahre Wert der Messgröße bei einer vorgegebenen Wahrscheinlichkeit befindet.

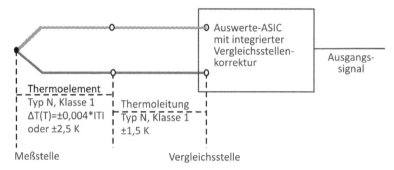

Abb. 7.14 Beispielhafte Messkette

Nach internationaler metrologischer Definition ist die Messunsicherheit ein dem Messbereich zugeordneter Parameter, der die Streuung der Werte kennzeichnet, die vernünftigerweise der Messgröße zugeordnet werden können. Die Messunsicherheit einer thermoelektrischen Messung bestimmt sich aus den Einzelabweichungen der verschiedenen Komponenten der Thermoelement-Messkette, welche sich entsprechend der vorliegenden Messgerätekonstellation und des Messverfahrens ergeben.

Bei einer Thermoelement-Messkette finden sich neben den thermischen Messfehlern (s. [7.18] [7.1] [7.11]) im Allgemeinen vier fundamentale Einflussgrößen und damit vier Unsicherheitskomponenten:

- Unsicherheit/Toleranz des Thermoelementes
- Unsicherheit/Toleranz der Thermoausgleichsleitung
- Unsicherheit der Vergleichsstelle
- Unsicherheit der elektrischen Spannungsmesseinrichtung

Besteht die Möglichkeit einer Vorselektion von Thermodrähten des Thermoelementes und der Thermoausgleichsleitungen in „+" und „–"-Toleranzen und damit die Applikation von Leitungen mit jeweils Vorzeichendifferenten Toleranzen, so muss keine spezielle Fehleraddition durchgeführt werden. Der größte Toleranzwert beider Leitungen gilt für beide! Ein praktisches Beispiel einer thermoelektrischen Messung im automotiven Bereich mit einem Thermoelement-Auswerte-ASIC zeigt Abb. 7.14.

Auf der Basis der Modellgleichung und mit den beispielhaft angenommenen Fehlerwerten (Praxiswerte für Einsatztemperatur T = 1000 °C, sowie Annahme einer Rechteckverteilung des Fehlers) errechnet sich die Gesamtunsicherheit $u(\delta T)$ wie folgt:

$$u(\delta T) = \sqrt{\frac{1}{3}(\delta T_{th}^2 + \delta T_{XA}^2 + \delta T_{LX}^2 + \delta T_{EL}^2)} \qquad (7.16)$$

Wobei gilt:

δT_{th} = ±10,0 K thermischer Messfehler, z. B. Einbaufehler, Wärmeableitung …

δT_{XA} = ± 4,0 K Messsignalabweichung aufgrund der Sensorabweichung zur DIN 60584

δT_{LX} = ± 1,5 K Fehlereinfluss durch Thermoleitung

δT_{EL} = ± 4,0 K Fehler durch Elektronik, z. B. Einfluss der Vergleichsstellentemperatur, Umgebungstemperatureinflüsse auf die Elektronik, Langzeitdrift der Elektronik, Kennlinienumsetzung

$$u(\delta T) = \sqrt{\frac{1}{3}(10,0^2 + 4,0^2 + 1,5^2 + 4,0^2)}$$

$$u(\delta T) = \pm 6,7K \qquad \textit{für } k = 1$$

$$2u(\delta T) = \pm 13,4K \qquad \textit{für } k = 2$$

Der sicherheitstechnische Erweiterungsfaktor k verknüpft die kombinierte Standardunsicherheit u_C durch Multiplikation mit der erweiterten Messunsicherheit:

$$u = k \cdot u_C(y).$$

mit k ... messtechnischer Sicherheitsfaktor

       u_C ... Standardmessunsicherheit

       u ... erweiterte Messunsicherheit

Dadurch wird aus einer Größe, welche die Streuung beschreibt, eine Größe, die ein Intervall von $(U - y)$ bis $(U + y)$ mit einer Wahrscheinlichkeit $P(\%)$ ... z. B. $P = 95\,\%$ für $k = 2$ ... für den wahren Wert des Messergebnisses vorgibt.

Entsprechend den Details realer vorliegender Messapplikationen bestehen u. U. noch weitere umfangreiche Einflussfaktoren, die in der Messunsicherheit zu berücksichtigen sind. Hierzu findet sich umfangreiche Literatur, z. B. Bernhard [7.3], die VDI-Richtlinie 3511 [7.25], Lieneweg [7.18] oder Adunka [7.1]. Auf einzelne spezielle Einflüsse wird in Kapitel 7.2.3 eingegangen.

7.2.3 Faktoren mit Einfluss auf das thermoelektrische Signal

7.2.3.1 Einfluss der elektrischen Isolation

Fehlerabschätzung

Thermoelemente sind elektrische Betriebsmittel und müssen diesbezüglich Mindestisolationswerte bei Prüfspannungen allgemein von 500 V DC (dünnere Fühlervarianten mit ø 1,5 mm 75 V DC) aufweisen. Das besondere Problem bei Isolationsbetrachtungen zu Hochtemperaturelementen ist die Temperaturabhängigkeit der eingesetzten Isolationsmaterialien [7.9] [7.19].

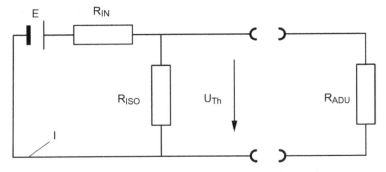

Abb. 7.15 Einfaches Ersatzschaltbild für isolierte Thermoelemente

Das Isolationsvermögen sinkt relativ schnell mit steigender Temperatur. Die allgemeine Temperaturabhängigkeit der Isolationsmaterialien führt weiterhin dazu, dass der elektrische Isolationswiderstand integral zu betrachten und letztlich von den realen Einbauverhältnissen abhängig ist. Berücksichtigt man weiterhin, dass insbesondere bei Mantelelementen Fühlerabschnitte im Heißbereich unterschiedliches Isolationsverhalten (verdichtete Fühlerabschnitte, runde Fühlerspitzen ohne Pulverfüllung) zeigen und grundsätzlich zwischen ungeerdetem und geerdetem Einsatz unterschieden werden müsste, so erscheinen die auf Abb. 7.15 basierenden, näherungsweise ausgeführten Fehlerbetrachtungen zum Isolationseinfluss ausreichend.

In der Praxis [7.14] gelten folgende Näherungen: R_{iN} sehr klein gegenüber R_{ADU}, im Fehlerfall wird R_{iso} auch klein gegen R_{ADU}. So findet sich über Maschen- und Knotenbetrachtungen der Abb. 7.15 folgender Fehlerterm:

$$\Delta U_{iso}(T) = U_{Th} - U_{TE} = U_{TE}(T) \cdot \left(R_{iN}(T) / R_{iso}(T) \right) \qquad (7.17)$$

mit ΔU_{iso} ... isolationsbedingter Thermospannungsfehler
         U_{TE} ... Thermospannung (E)
         U_{Th} ... Thermospannung mit Isolationseinfluss
         R_{iN} ... Innenleitungswiderstand des Thermokreises
         R_{ADU} ... Eingangswiderstand der Messelektronik
                         (Analog-Digital-Umsetzer)
         R_{iso} ... elektrischer Isolationswiderstand

Isolationsprüfung

Der Isolationswiderstand wird bei Raumtemperatur zwischen den Messkreisen sowie zwischen dem Metallmantel und den Messkreisen gemessen. Trivialer Weise steigt der isolationsbedingte Fehlereinfluss mit abnehmendem Durchmesser der eingesetzten Mantelthermoelemente und zunehmender Fühlerlänge. Im Allgemeinen liegen die relativen Fehlerwerte hierzu im Bereich 10^{-4} ... 10^{-5} und sind bei gleichen Fühlerabmessungen ca. eine Zehnerpotenz besser als die isolationsbedingten Fehlerwerte widerstandselektrischer Fühler. Dies wird daran ersichtlich, dass der Messkreiswiderstand bei Thermoelementen vergleichsweise geringer als z. B. bei Pt 100-Fühlern ist. Bei direkt verschweißten Thermoelementen erfolgt hilfsweise eine Isolationsprüfung über eine vergleichende Widerstandsmessung des Thermokreises.

Isolationsprobleme beim praktischen Einsatz

1. Hermetischer Verschluss bei Mantelthermoelementen
In ausfalltechnischer Hinsicht ist der hermetische Verschluss des kalten Endes mit Epoxidharzen und polymeren Vergußmaterialien ein Problemfall. Thermische Überlastungen, Alterungsprozesse und mechanische Beschädigungen führen im Verguss zu Rissbildungen. Über die Risse zieht schleichend Feuchtigkeit in den Innenraum des Mantelthermoelementes. Anfangs wird dies fälschlicherweise als Thermoelementdrift

gedeutet. Die eingedrungene Feuchtigkeit kann mittels einfachem Ausheizen nicht eliminiert werden. Alternativ kann statt Ausheizung eine Lagerung bei trockener Kälte oder ein Fühlerverschluß auf Glaslotbasis erfolgen.

2. Adsorptionseffekt bei Temperaturstufeneinsatz

Werden Mantelthermoelemente nicht dynamisch ausgeheizt oder nicht mit Stickstoff gefüllt, ist trotz Einhaltung vorgegebener Isolationsgrenzwerte ein Restfeuchtigkeitsanteil im Element vorhanden. Besteht ein sehr scharfer Temperaturgradient bzw. eine hohe Temperaturstufung an irgendeiner Stelle längs des Temperaturfühlers, so bildet er sich auch im Inneren ab (wenn keine Temperaturspreizung durch die Schutzrohre usw.). Es entsteht so eine Heiß-Kalt-Zone im Fühlerpulver des Mantelthermoelementes, die Adsorptionseigenschaften aufweist, d. h. in diesem Bereich sammelt sich konzentriert die Feuchtigkeit (kondensierter Wasserdampf) und bildet so einen mehr oder weniger elektrisch leitenden Abschnitt aus. Dies wird u. a. in fehlerhaften Anzeigen bei Schleppthermoelementen sichtbar. Bei bestimmten Einbausituationen kann der Adsorptionseffekt mittelfristig zu verstärkten inneren Korrosionserscheinungen auch in langen Einbau-Thermoelementen genau an der Temperaturstufe führen.

3. Erdschleife

Werden Thermoelemente inklusive ihrer elektrischen Auswerteeinrichtungen in elektrisch beheizten Anlagen eingesetzt, können bei fehlenden Erdungsmaßnahmen und mangelhafter Potentialtrennung (begünstigt durch Isolationsmängel) Messwertverfälschungen auftreten.

7.2.3.2 Einfluss örtlicher Temperaturgradienten

Das über den Thermodrähten liegende Temperaturfeld T(x) mit den Temperaturgradienten dT(x)/dx (x = Längsachse der Drähte) beeinflusst beim ASC(T) den ausdehnungsabhängigen α-Term. Nach Kapitel 4.3 ergibt sich dieser im offenen Seebeck-Kreis mit 6zαT gemäß

$$ASO = A_D T (1 - 6z\alpha T) \qquad (7.18)$$

Dabei ist z die Temperaturfeldkorrektur. Sie liegt im Allgemeinen bei z = 0,5 und widerspiegelt einen linearen Temperaturverlauf längs der Thermodrähte bzw. des Thermoelementes. Werden zwei Messungen genau bei einem Temperaturmesspunkt, jedoch bei unterschiedlichen Temperaturfeldern an dieser Temperaturmessstelle, durchgeführt so entsteht eine von dem Temperaturmessfeldunterschied abhängige Messdifferenz. Je grösser die Differenz in den Gradienten beider Temperaturfelder ist, desto größer ist die sich zeigende Messdifferenz. Werden beide Messungen bei unterschiedlichen Temperaturgradienten durchgeführt, so wird diese Messdifferenz zwischen beiden Messungen als thermoelektrischer Gradientenfehler f_{GR} bezeichnet. Der Gradientenfehler f_{GR} geht wie der Benedicks-Effekt auf unterschiedliches Ausdehnungsverhalten der Thermodrähte bei unterschiedlichen Temperaturgradienten dT/dx zurück.

Es ergibt sich ein f_{GR} in relativer Form mit:

$$f_{GR} = \frac{\Delta U_{GR} T_M}{U_M(T)} = \frac{3\Delta z \cdot T_M^2 (\alpha_A \cdot A_{DA} - \alpha_B \cdot A_{DB})}{U_M(T)} \qquad (7.19)$$

mit α_A, α_B ... Ausdehnungskoeffizient der Drähte A, B

A_{DA}, A_{DB} ... thermoelektrische Diffusionskonstante der Thermodrähte A, B

z_1, z_2 ... Temperaturfeldkorrekturen 1.und 2. Messung

T ... gleiche Medientemperatur bei 1. und 2. Messung

Δz ... Differenz beider Temperaturfeldkorrekturen

f_{GR} ... relativer thermoelektrischer Gradientenfehler

ΔU_{GR} ... Spannungsabweichung durch Gradienteneinfluss zwischen zwei Messungen bei gleicher Messtemperatur T_M

$U_M(T)$ ... thermoelektrischer Spannungswert bei T_M

Der thermoelektrische Gradientenfehler wird bei sehr hohen Temperaturmesswerten beachtenswert. Hier kann er über 1 K liegen.

7.2.3.3 Einfluss zeitlicher Temperaturänderungen

Verschiedene Thermoelektrika mit Mischkristallcharakter zeigen in Abhängigkeit vom zeitlichen (negativen) Temperaturgradienten Ordnungsumwandlungen. Bei hohen Temperaturen liegt eine statistisch regellose Verteilung der Atome vor, die sich jedoch beim Übergang zu tiefen Temperaturen, insbesondere bei langsamer Abkühlung, in eine geordnete Verteilung ändern kann.

Die sich bei einer Abkühlung einstellende Gitterordnung wird durch den Ordnungsgrad charakterisiert – wobei man dabei „nahgeordnete Zustände" sowie „Überstrukturen" unterscheiden kann (s. Abb. 7.16). Die Überstruktur ist der Zustand bei niedrigen Temperaturen, bei dem gleichartige Atome im gesamten Kristall nur bestimmte Gitterplätze besetzen. Dieses Auftreten ist an bestimmte Atomverhältnisse und an langsames Abkühlen gebunden.

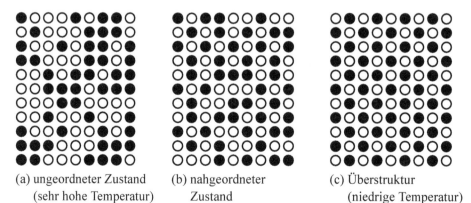

(a) ungeordneter Zustand   (b) nahgeordneter   (c) Überstruktur
    (sehr hohe Temperatur)   Zustand   (niedrige Temperatur)

Abb. 7.16 Mögliche Atomanordnungen in einem zweiatomigen Mischkristall

Erreicht die Erwärmung die sogenannte, kritische Ordnungstemperatur, so wird die Überstruktur aufgehoben. Es liegt jedoch noch keine regellose Gitterordnung vor. Die Anzahl der Bindungen zwischen ungleichartigen Nachbarn ist größer als es der statischen Verteilung entspricht. Dieser Zustand ist über einen bestimmten Temperaturbereich stabil und wird als nahgeordnet betrachtet (s. Abb.7.16b).

Da die Ordnungsumwandlungen im Prinzip nur in Form von Platzwechseln der Atome über geringste Abstände bestehen, sind sie nicht mit Wechseln des Raumgitters verbunden. Durch unterschiedliche Abkühlungen bilden sich in der Nahordnungsphase differente Ordnungsstrukturen aus. In jedem Fall wird deutlich, dass in Abhängigkeit von der sich ausbildenden Gitterstruktur dieses Mischkristalls unterschiedliche Thermospannungen entstehen. Vor diesem Hintergrund spielen für die Qualität der Thermodrähte Glüh- und Temperprozesse eine sehr wichtige Rolle. Besonders auffällig und bekannt hinsichtlich der Ordnungsumwandlung sind die Thermoelemente vom Typ E und K. Hier kann ein vom Temperaturgradienten abhängiger Effekt nicht nur im technologischen Prozess, sondern auch während der Temperaturmessung auftreten. Dieser bei Thermopaaren des Typs K besonders beobachtbarer Effekt, wird auch *K-Effekt* genannt [7.2] [7.3] [7.14] [7.19].

In Abhängigkeit vom Temperaturgradienten, bei der Abkühlung von 600 °C auf 400 °C können thermoelektrische Änderungen wirksam werden, die in der Größenordnung von 3 K (Messfehler) liegen (s. Abb. 7.17). Der Grund für die thermoelektrische Unstetigkeit liegt im Aufbau der oben erwähnten Ordnungsstrukturen während der Abkühlung im NiCr-Schenkel, d. h. bei Temperaturgradienten ab 100 K/Stunde reicht die Zeit für eine Gitterumorientierung nicht.

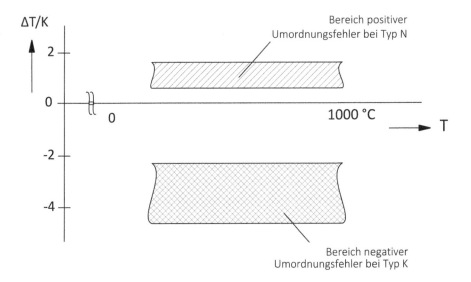

Abb. 7.17 Bereiche der Thermospannungsänderung vom Typ K und Typ N nach Erwärmung auf 800 °C und nachfolgender Kühlung (Umordnungsfehler) [7.2]

7.2.3.4 Einfluss mechanischer Belastungen

(A) Mechanische Verformungen

Ein Teil der Thermoelemente ist Verbiegungen ausgesetzt. Eine weitere häufig angewendete starke mechanische Verformung ist das Abhämmern bzw. Verjüngen von Mantelthermoelementen. Aus messtechnischer Sicht sind bleibende Verformungen im vorderen, d. h. sensitiven Bereich des Messfühlers beachtenswert, da sie zur Veränderung der Thermokraft führen. Schatt und Worch [7.22] beziffern derartige Änderungen der Thermokraft pauschal mit bis zu 0,3 µV/K. Trotz großer Deformation können die Effekte bleibender Verformungen durch Rekristallisationsglühungen größtenteils rückgeändert werden.

(B) Druck- und Zugbelastung

Wie indirekt der Versuch zum Einfluss einer Dehnungsbehinderung im Kapitel 3.2.4 zeigt, ist die Thermokraft von äußeren Kräften beeinflussbar [7.17]. Eine Vielzahl von Messungen zur empirischen Ermittlung von Druck- und Zugspannungseinflüssen ist in der Literatur zu finden [7.5] [7.22]. Insbesondere Brigdman [7.5] hat im Druckbereich von 2000 ... 12000 kg/cm^2 bzw. bei Temperaturen von 50 °C bzw. 100 °C zu fast allen Metallen thermoelektrische Abhängigkeiten (gegen Blei!) ermittelt. Merkbare Effekte sind aber nur bei größeren Druck- und Zugwerten zu erwarten und können beim normalen messtechnischen Betrieb in den allgemeinen industriellen Anwendungen unbeachtet bleiben.

7.2.3.5 Einfluss der Vergleichsstelle

Die Vergleichsstelle des Thermoelementes kann in einem Eispunkt-Dewargefäß, in einem Vergleichsstellenthermostat oder im Eingangsteil eines Spannungsmessgerätes angeordnet sein. Von dieser Anordnung hängt der Einfluss auf das Messergebnis ab. Grundsätzlich gilt, dass sich die Unsicherheiten des thermoelektrischen Sensors und der Vergleichsstelle addieren bzw. additiv gleichrangig im Geamtunsicherheitsbudget vorliegen.

Bei Kalibrierungen und Messungen im Laborbereich bezieht man sich allgemein auf eine Vergleichsstellentemperatur von 0 °C und nutzt in der Regel dafür den Eispunkt. Dazu stehen Eispunkt-Thermostat zur Verfügung. Bei einem industriellen Feldeinsatz kommen Vergleichsstellenthermostate mit einer fest eingestellten Vergleichstemperatur von meist 50 °C zur Anwendung. Gemäß Kapitel 7.2.1 gilt hierbei: $U(T_M, 0\,°C) = U(T_M, 50\,°C) + U(50\,°C, 0\,°C)$ bei T_M = Messtemperatur. Tendenziell vorrangig kommt das Cold-Junction-Compensations-Verfahren (CJC-Verfahren) zur Anwendung.

Das CJC-Verfahren ist ein thermoelektrisches Auswerteverfahren, bei dem die unbekannte (beliebige) Temperatur der Vergleichsstelle über einen zusätzlichen Temperaturmesskanal (thermisch korrekt) erfasst und die zur Vergleichstemperatur zugehörige Signalspannung mit der Thermospannung des Hauptmesskanals korrigierenderweise verknüpft wird. (s. auch Kapitel 7.2.1)

Die Unsicherheit der gesamten Vergleichsstellenkorrektur und die Unsicherheit der Elektronik, d. h. der gesamten Signalverarbeitung bzw. -wandlung sind dann in der Angabe der Geräteunsicherheit bei der Thermoelement-Messelektronik vereinigt.

Bei der Messung hoher Temperaturen ist die Unsicherheit durch Vergleichsstellentemperaturermittlung und zugehöriger mathematischer Vergleichsstellenkorrektur gegenüber der Thermoelementtoleranz im Hochtemperaturbereich sowie gegenüber vorliegenden thermischen Strahlungseinflüssen fast zu vernachlässigen. Dagegen sind Fehlereinflüsse bei der Vergleichsstellenkorrektur bei Präzisionstemperaurmessungen zwischen 18 °C – 22 °C in Spezialtechnologieräumen, Reinsträumen der Halbleitertechnik und Sondermesslaboren besonders beachtenswert. Die dabei erforderlichen 24h-Stabilitätswerte nahe des µK-Bereiches stellen an die elektronische Vergleichsstellentechnik allerhöchste Anforderungen. (Dynamische Einflüsse s. Kapitel 7.4.3).

Beim CJC-Verfahren können sich die Dynamik der Vergleichsstelle und die der Messstelle überlagern.

7.2.3.6 Einfluss der Einbausituation und elektrischen Korrekturvarianten

7.2.3.6.1 Überblick

In der Temperaturmesspraxis ist allgemein bei der Montage eines Berührungsthermometers, d. h. besonders bei den Einsteckthermoelementen, bei den Anlege- bzw. Oberflächenthermoelementen und bei den Einbauthermoelementen auf thermische montagebedingte Messfehler – die sogenannten Einbaumessfehler – zu achten.

Einbaumessfehler sind durch den Anbau bzw. den Einbau von Berührungsthermometern an bzw. in Temperaturmessstellen auftretende Messfehler, deren Ursache in Temperaturdifferenzen zwischen den Messobjekten bzw. Prozessmedien und der Temperatur der Messstellenumgebung liegt.

Die Art des Thermoelement-Basistyps beeinflusst die Fehlergröße stark, da der innere konstruktive Aufbau und die funktionell vorgeschriebene Messspezifik die Wärmeübergangsbedingungen und die inneren Wärmestromverläufe bestimmen. Auf der Basis vorliegender geometrischer, materialtechnischer und thermischer Werte zur Messstelle und zum Temperaturfühler lassen sich mit Hilfe thermischer Modellrechnungen Messfehler, z. B. nach E. Kaiser für Messungen an Festkörpern [7.26] oder F. Bernhard für Messungen in Flüssigkeiten und Gasen [7.27] bestimmen. Komplizierte innere Fühlerstrukturen, Bauteile mit verschiedenen Wärmeleitkoeffizienten, die sich weiterhin mit der Temperatur ändern, sowie nicht sicher bestimmbare innere Wärmeübergangs- und Wärmeleitprozesse verweisen auf die Bedeutung des sogenannten statisch-thermischen Kopplungsfaktor B_{ST} als einfache praktische Fehlerorientierung.

Er definiert sich wie folgt:

$$B_{ST} = \frac{\text{Einbaumessfehler}}{\text{verursachende Temperaturdifferenz}} \qquad (7.20)$$

Besteht zwischen Messmedium bzw. Messobjekt und der thermisch wirksamen Messstellenumgebung keine Temperaturdifferenz, wird der Einbaumessfehler null.

Die Einflussnahme der Montagesituation ist bei der Oberflächentemperaturmessung
mittels Anlegethermoelemente besonders groß, [7.28]. Beispielhaft ist sie im Kapitel
7.3.5.9 dargelegt. Bei Einsteckthermoelementen kommt hinsichtlich eines Fehlereinflus-
ses der thermischen Situation an der Fühlereinsteckspitze, d. h. dem Wärmekontakt und
dem inneren Aufbau der Fühlerspitze (s. Abb. 7.18), eine besondere Rolle zu. Die am
häufigsten anzutreffende Montagevariante, die praktisch den Einbau der Thermoelemente (Einbauthermoelemente) in flüssige oder gasförmige Medien betrifft, wird fehlertheo-
retisch nach Einflusskomponenten untergliedert. Diese Fehlerkomponenten stellen sich
wie folgt dar:

- Einbaufehler bei dominierendem konvektivem Wärmeübergang
- Einbaufehler bei dominierender Wärmestrahlung (Strahlungsmessfehler)
- Fehler bei stärkeren Medienströmungen (Staudruckfehler bzw. Recovery-Effekt)

Dabei ist eine Online-Korrektur dieser Einbaufehler in bestimmten Grenzen möglich.

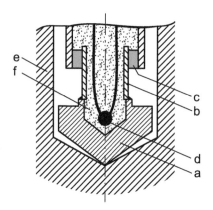

a - Wärmeleitspitze aus Silber
b - Fühlerschaft aus Edelstahl
c - Glaseinschmelzung
d - Thermoknoten
e - Festkörper mit Sackbohrung
f - Keramikpulver

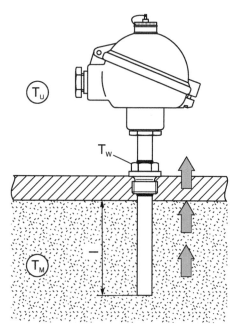

Abb. 7.18: Thermisch entkoppelter Einsteck-
fühler in einer Sackbohrung eines
Festkörpers

Abb. 7.19: Wärmeableitung durch das
Einbauthermoelement für $T_M > T_U$

7.2.3.6.2 Einbaufehler bei Einbauelementen

(A) Einbaufehler bei dominierendem konvektivem Wärmeübergang

Nach VDI/VDE Richtlinie 3511 [7.25] ist beim Einbau von Thermoelementen in Behälter oder in Rohrleitungen ein sogenannter Einbaumessfehler f_{ein} zu beachten. Demgemäß besteht ein Einbaumessfehler $f_{ein} = T_{Th} - T_M$ in folgender Größe (s. Abb. 7.19)

$$T_M - T_{Th} = (T_W - T_M)\frac{1}{\cosh(y \cdot l)} \qquad (7.21)$$

mit T_M ... Medientemperatur

T_{Th} ... gemessene Temperatur der Thermoelemente

T_W ... Temperatur am Prozessanschluss (Wurzeltemperatur)

l ... Einbaulänge

y ... Hilfsgröße, die von d, A, λ und α des Thermoelementschutzrohres abhängt, wobei

d ... Schutzrohrdurchmesser

λ ... Wärmeleitkoeffizient

A ... Rohrdurchschnitt

α ... konvektiver Wärmeübergang[*]

[*] *Anmerkung: Weitere Parameter, die den Wärmeübergang beeinflussen, können additiv dem konvektivem Wärmeübergang zugefügt werden. Erweiterte Meodelle zur mathematischen Darstellung des Einbaufehlers berücksichtigen ein Halsrohr mit Anschlusskopf (nach de Haas [7.29]) sowie Fühler mit einem eingesteckten Messeinsatz (nach Blumröder/Bernhardt)*

Bei Berücksichtigung der thermischen Einkopplung bzw. des Kopplungsfehlers B_{ST} ergibt sich für Einbauthermoelemente:

$$B_{ST} = \frac{(T_M - T_{Th})}{(T_M - T_W)} \qquad (7.22)$$

Gleichung 7.21 zeigt zwei wichtige Abhängigkeiten; erstens sinkt der Einbaufehler mit zunehmender Einbaulänge und zweitens ist der Einbaufehler hinsichtlich des Ertrages und des Vorzeichens nicht fix. Der Fehlerbetrag $T_M - T_{Th}$ wird von vielen, teils prozesstypischen Änderungen folgender Größe beeinflusst:

■ **Medientemperatur T_M**
Der Differenztherm $T_M - T_W$ bzw. $T_M - T_U$ ist die Ursache für eine Wärmeableitung. Je größer die Medientemperatur T_M, desto größer der Differenztherm und damit der Fehler (bei sonst konstanten Bedingungen)

■ **Umgebungstemperatur T_U**
Die Differenz $(T_W - T_M)$ verweist indirekt auf den Einfluss der Umgebungstemperatur T_U auf die Thermometerwurzel bzw. einen Thermometerschlusskopf. Sind Umge-

bungstemperatur und Medientemperatur gleich, wird der Fehler f_{ein} = 0. Wechselt beispielhaft bei kleiner Medientemperatur von 30 °C die Umgebung von +40 °C (Som-
mer) auf –20 °C (Winter), wechselt auch der Einbaufehler das Vorzeichen.

■ **Wärmeübergang α**

Der im y-Term der Gleichung 7.21 integrierte α-Wärmeübertragungskoeffizient
$y = f(α)$ ist keinesfalls konstant, sondern zeigt:

1. Abhängigkeiten von den Schwankungen der Strömungsgeschwindigkeit des Messmediums
2. Abhängigkeiten von Foulingeffekten am Schutzrohr und Beschädigungen, Oxidati-
   onen oder anderen Oberflächenveränderungen des Schutzrohrmaterials
3. Abhängigkeiten von Änderungen der Dichte und Zusammensetzung des Mediums.

Der Einbaufehler kann eine beachtliche Größe erreichen. Wie eine Beispielrechnung
von F. Lieneweg [7.18] zeigt, kann bei einer einfachen Temperaturmessung in einem
großen gasdurchströmten Rohr ein Messfehler in beachtlicher zweistelliger Größe entstehen, wenn die Einsatzbedingungen gemäß Abb. 7.20 vorliegen. Der Hauptgrund für
die extreme Fehlergröße ist das dicke Schutzrohr, das aber bei explosionsfähigen Medien
durchaus erforderlich sein kann.

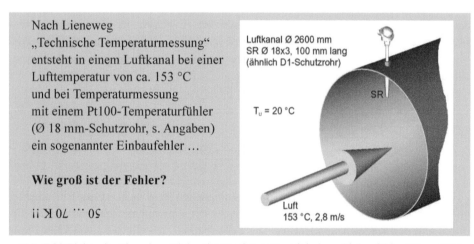

Nach Lieneweg
„Technische Temperaturmessung"
entsteht in einem Luftkanal bei einer
Lufttemperatur von ca. 153 °C
und bei Temperaturmessung
mit einem Pt100-Temperaturfühler
(Ø 18 mm-Schutzrohr, s. Angaben)
ein sogenannter Einbaufehler …

Wie groß ist der Fehler?

50 … 70 K !!

Luftkanal Ø 2600 mm
SR Ø 18x3, 100 mm lang
(ähnlich D1-Schutzrohr)

T_u = 20 °C

SR

Luft
153 °C, 2,8 m/s

Abb. 7.20 Einbausituation eines Einbauthermoelementes mit hohem Einbaufehler (50 … 70K)

(B) Einbaufehler bei dominierender Wärmestrahlung (Strahlungsmessfehler)

Analog dem konvektiven Einbaufehler entsteht beim Temperaturfühler durch Abstrahlung bzw. durch den Strahlungsaustausch zwischen Thermoelementoberfläche A_T und der Umschließungsfläche A_{UF} ein Strahlungsmessfehler ΔT. Durch ihn zeigt das Thermoelement gegenüber z. B. einer zu messenden Gastemperatur T_M eine zu niedrige Temperatur an. Die Herleitung des Strahlungsmessfehlers [7.3] geschieht im stationären Fall durch eine energetische Betrachtung. D. h. der Energieverlust durch die Wärmeabstrahlung muss durch eine Energiezufuhr mittels Wärmekonvektionsstrom kompensiert werden.

Der Strahlungsmessfehler ergibt sich somit wie folgt:

$$\Delta T_{ST} = T_{TE} - T_M$$

$$= \frac{k_B \cdot \xi \left[(T_{TE})^4 - (T_{UF})^4 \right]}{\alpha} \tag{7.23}$$

mit ΔT_{St} … Strahlungsmessfehler
        T_{TE} … Temperaturmesswert des Thermoelementes
        T_M … Temperatur des Gases/Mediums
        T_{UF} … Temperatur der Umschließungsfläche
        k_B … Boltzmann-Konstante
        ξ … Emissionsgrad des Thermoelementes
        α … Wärmeübergangszahl (konvektiv)

(C) Fehler bei stärkerer Medienströmungen (Staudruckfehler bzw. Recovery-Effekt)

Bei stark strömenden Gasen besteht die Möglichkeit, dass ein thermischer Staudruck entsteht (s. Kapitel 7.3.5.7). Staudruckfehlerkomponenten und konvektive Einbaufehlerkomponenten sind gegenläufig von der Strömungsgeschwindigkeit abhängig und können sich daher u. U. aufheben [7.31].

7.2.3.6.3 Online-Korrekturvarianten zum Einbaufehler nach (A)

■ **Korrektur mittels Tandemsensor** (s. Abb. 7.21a)

In Anlehnung an die angeführte VDI/VDE-Richtlinie 3511 [7.25] kann man bei Einbauthermoelementen das Messergebnis korrigieren. Insbesondere wenn die Medienparameter nicht stark schwanken, lassen sich elektronische Korrekturen über ein zusätzlich im Schutzrohr angebrachtes Korrekturelement (s. Tandemsensor, Abb. 7.21a) durchführen. Es ergibt sich die korrigierte Messtemperatur T_M^* mittels eines bestimmten Korrekturfaktors K^* wie folgt:

$$T_M^* = T_{Th} + K^* (T_{Th} - T_K) \tag{7.24}$$

mit K^* … Korrekturfaktor
        T_{Th} … Messwert des vorderen Thermoknotens
        T_K … Messwert eines zweiten (Korrektur-)Thermoknotens

Wenn die Differenz $(T_{Th} - T_K)$ zu null wird, besteht kein Wärmeab- oder -zufluss durch den Fühler und es entfällt eine Korrektur.

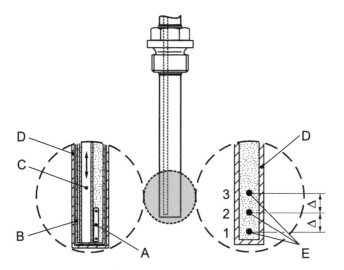

A zwei Thermoknoten des Tandemsensors
B Messeinsatz mit Prüfrohr (ppr-System, s. Kap. 7.3.5.3)
C Prüfrohr
D Schutzrohr
E Dreifach-Thermoknoten (Knoten 1, 2, 3)

Abb. 7.21 Einbauthermoelement mit möglichem Korrektursystem
      a) ppr-Temperaturfühler mit Tandemsensor
      b) Einfaches Schutzrohr mit Dreifach-Thermoknoten

Der modellhaft eingeführte Korrekturfehler K^* hängt von verschiedenen Faktoren ab:

- vom Thermoelementmaterial,
- von der Fühlergeometrie,
- vom Wärmeübergangsverhalten des Mediums

Für eine bekannte Applikation kann man zwischen dem möglichen maximalen und minimalen Wärmeübergang α optimieren, und so in Verbindung mit den bekannten Material- und Konstruktionsparametern einen optimierten Korrekturfaktor K^* ermitteln, mit dem der Einbaufehler zumindest halbiert werden kann.

Prinzipiell kann man eine Einbaufehlerkorrektur immer mit zwei Thermopaaren in einer Armatur durchführen, wenn deren Thermoknoten längs der Fühlerachse versetzt sind (s. Beispiele in Abb. 7.21). Je genauer die Messbedingungen bzw. Umgebungsbedingungen im Rahmen der Temperaturmessung berücksichtigt werden können, umso genauer ist die Korrektur.

■ **Korrektur nach dem Differenzen-/Quotientenverfahren** (s. Abb 7.21b)

Ordnet man in einem Thermometerschutzrohr drei Thermoelemente in äquidistanten Abständen längs seiner Achse an, ergibt sich die Möglichkeit einer rechentechnischen Korrektur [7.14]. Dieses Verfahren stützt sich auf die von Closterhalfen und Dewes formulierte Gleichung zur Bestimmung des Temperaturverlaufes T(x) längs der Schutzrohrachse (x-Richtung), d. h.:

$$T(x) = (T_W - T_M) \cdot \left[\frac{\cosh(yx)}{\cosh y \cdot l} \right] + T_M \tag{7.25}$$

mit T_W = Temperatur am Prozessanschluss (Rohrwandung)

           T_M = Medientemperatur

           l = Einbaulänge des Schutzrohres

           y = Hilfsgröße (s. Gleichung 7.15)

Für die drei Thermoknoten 1, 2, 3 im Schutzrohr liegen nach Abb. 7.21b folgende Werte vor:

Tabelle 7.2 Temperaturwerte der Thermoknoten

Sensor	Position	Temperatur	Rechenwert
1	$X_1 = 0$	T_1	$T_1 = T_M + (T_W - T_M) / \cosh(y \cdot l)$
2	$X_2 = x_1 + \Delta$	T_2	$T_2 = T_M + (T_W - T_M) \cdot \cosh(x \cdot 1y) / \cosh(y \cdot l)$
3	$X_3 = x_1 + 2\Delta$	T_3	$T_3 = T_M + (T_W - T_M) \cdot \cosh(x2 \cdot y) / \cosh(y \cdot l)$

Die in Anlehnung an [7.14] vorgenommenen Substitutionen und Umrechnungen ergeben eine Formel zur Einbaufehlerkorrektur, die online erfolgen kann:

$$T_{korr} = T_1 - \Delta T_{12} / (2 - 0,5 \, V_{32}) \tag{7.26}$$

wobei $T_{12} = T_1 - T_2$, $T_{13} = T_1 - T_3$ und $V_{32} = (T_1 - T_2) / (T_1 - T_3)$

sowie T_{korr} = korrigierter Temperaturmesswert

Bei sehr kurzen Einbaulängen offenbaren sich nicht berücksichtigte thermische Rückkoppelungen von der Einbaustelle bzw. Rohrwandung. Bei sehr dünnen und dünnwandigen Schutzrohren muss der Wärmeableitungskoeffizient überdacht werden. Die sinnvolle Lösung der Gleichung (7.26) erfordert weiterhin die Bedingung $T_{13} > 4T_{12}$, die bei dynamischen Vorgängen unter Umständen nicht eingehalten werden kann und im Prozess zu Fehlkorrekturen führen.

Der besondere Vorteil des Differenzen-/Quotientenverfahrens liegt darin, dass es ohne Kenntnis der Medienparameter erfolgen kann. Interessanterweise korrigiert es auch entstehende Fouling-Effekte.

7.2.4 Selbstüberwachung bei Thermoelement-Messungen

7.2.4.1 Einleitung und Überblick

Allgemein steigen die Anforderungen an Sicherheit und Zuverlässigkeit in der Prozess-bzw. Verfahrensmesstechnik mit den erhöhten Ansprüchen an die Produktqualität und die Verfahrenseffizienz. Fehlerhafter Sensorbetrieb kann die Produktqualität mindern, bzw. im Worst Case zu einem Produktionsstopp führen. Eine online-Überwachung der Sensoren bzw. das Diagnostizieren von Sensorfehlleistungen ist daher eine anstehende Forderung der Mess- und Regeltechnik, die letztlich zur eigenständigen Rubrik „Sensor-Selbstüberwachung" führte.

Selbstüberwachung von Sensoren beinhaltet die Gewinnung von erweiterten sensor-internen Zustandsinformationen während des laufenden Messprozesses zur Schätzung der aktuellen Messqualität und zur Findung von Sensorfehlfunktionen, sowie eine Bereitstellung der diesen Zuständen zuordenbaren Statussignalen.

Durch entsprechende Statussignale, die den Charakter von Vorwarnsignalen besitzen, kann auf baldige Gefahren bzw. mögliche Grenzwertüberschreitungen aufmerksam gemacht werden. Die Selbstüberwachung ist demgemäß ein Prozesselement der Instandhaltung. Ihr sind die Normen VDE/VDI 2650-1 … 7 gewidmet. Das nachfolgende Blockschaltbild zeigt die normgemäße Struktur des Selbstüberwachungsmanagement (Abb. 7.22). Im Vergleich zu Diagnosemöglichkeiten für standardgemäße Widerstandsthermometern sind diese für Thermoelemente als eingeschränkt und das mögliche Fehlerpotenzial, nicht nur bei Hochtemperaturapplikationen, als erhöht zu betrachten.

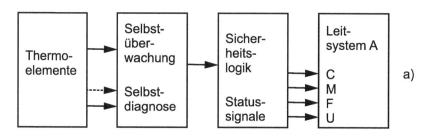

Abb. 7.22 Thermoelement mit Selbstüberwachung

a) Funktionsprinzip, b) Bedeutung der Statussignale

Auch im Sinne der funktionalen Sicherheit wird bei Thermoelementen, wie bei ähnlichen elektrischen Temperaturfühlern auch üblich, die Erkennung von Kurzschlüssen, Messkreistrennungen bzw. Sensorbrüchen sowie von Sensordriften bzw. Isolationseinbrüchen angestrebt.

Messkreistrennungen bzw. Sensorbrüche sind sowohl bei widerstandselektrischen als auch bei thermoelektrischen Fühlern durch die standardgemäße Messelektronik einfach zu erkennen. Dagegen sind die beiden Fehlerkategorien „Drift" und „Kurzschluss" nur sehr schwer erkennbar. Im gravierenden Unterschied zu Widerstandsthermometer bleibt bei Thermoelementen in einfachen Anordnungen ein thermoelektrischer Kurzschlussfehler unbemerkt. Ausfallkritisch sind auch die thermischen und passiven Belastungen der Schutzrohre im Hochtemperaturbereich zu betrachten.

7.2.4.2 Kurzschlussfehler

Eine gegenseitige elektrische Berührung der Thermoschenkel bzw. der Thermodrähte führt zu einem elektrischen Kurzschluss im Sensorkreis. Im Kurzschlussfall wird sich das thermoelektrische Signal zwar verändern, aber nicht zwingend null oder näherungsweise null werden. Dieser Zustand wird durch die Elektronik nicht erkannt. Die schaltungstechnische Signaldarstellung bei einem Kurzschluss im thermoelektrischen Messkreis zeigt Abb. 7.23.

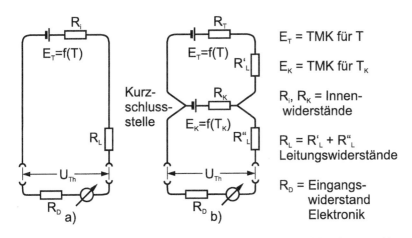

Abb. 7.23 Ersatzschaltbilder zum Thermoelement a) ohne und b) mit Kurzschluss

In dem beispielhaft dargestellten Kurzschlussfall entsprechend obiger Abbildung berechnet sich der Eingangsstrom I_D bzw. die Eingangsspannung U_{Th} wie folgt:

$$I_D = E_T R_K + E_K (R_T + R_L') / (R_T + R_L') \cdot (R_K + R_L'' + R_D) + R_K (R_L'' + R_D) \quad (7.27)$$

Wegen $R_D > R_L, R', R''$ und $U_{TH} = I_D \cdot R_D$ vereinfacht sich:

$$I_D = E_T R_K + E_K (R_T + R_L') / (R_T + R_L') R_D + R_K R_D \text{ bzw.} \quad (7.28)$$

$$U_{TH} = E_T R_K - E_K (R_T + R_L') / (R_T + R_L' + R_K). \quad (7.29)$$

Im Allgemeinen ist R_K sehr klein, d. h. $U_{TH} \approx E_K$.

Durch den Kurzschluss entsteht ein neuer Thermoknoten, der eine zur Temperatur T_K der Kurzschlussstelle relevante Thermospannung E_K liefert. Die Abweichung zur kurzschlussfreien Messung sowie die Möglichkeit einer eventuellen Kurzschlusserkennung richtet sich nach dem Ort der Kurzschlussstelle im Thermoelement (Abb. 7.24) und wird nachfolgend diskutiert:

a) Kurzschlussstelle in der Nähe der Elektronik
b) Kurzschlussstelle am Kabelanschluss/am Prozessanschluss
c) Kurzschlussstelle in der metallischen Armatur bzw. Fühlerspitze

■ **zu Kurzschlussstelle (a) (Abb. 7.24):**
Ein Kurzschluss in der Nähe der Elektronik bedeutet prinzipiell:

$$T_{Mess} \approx T_{Kurz} \approx T_{Vgl}$$

mit T_{Mess} ... Messsignal
     T_{Kurz} ... Temperatur an der Kurzschlussstelle
     T_{Vgl} ... Vergleichsstellentemperatur

Über einen Plausibilitätswert wäre der Kurzschluss erkennbar.

■ **zu Kurzschlussstelle (b) (Abb. 7.24):**
Der Übergangsbereich in der Nähe des Prozessanschlusses, insbesondere aber bei einem metallischen Einzelfühlerrohr (s. Kabelthermoelemente), ist die häufigste Fehlerstelle. Die Temperatur kann hier bei Messungen im mittleren Messbereich zwischen 100 °C und 400 °C liegen. Es ist dann elektronisch nicht erkennbar, ob es die Temperatur der eigentlichen Messstelle im Schutzrohr der Messspitze oder die Kurzschlussstelle ist. Ein zusätzliches Korrekturthermoelement mit dem Thermoknoten im Kurzschlussstellenbereich „b" (Abb. 7.24) würde den hier sehr häufig auftretenden Kurzschlussfehler erkennbar machen; denn so gilt $T_{Mess} \approx T_{Korr}$ (mit T_{Korr} = Temperatur am Korrekturelement), d. h. der Kurzschluss wäre erkennbar. Die Montage eines Korrekturthermoelementes in den Temperaturfühler eröffnet auch die Möglichkeit mit dem Korrektur-Messsignal eine Einbaufehler-Korrektur vorzunehmen (s. Kapitel 7.2.3.5).

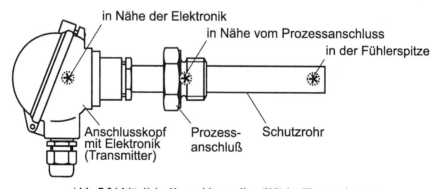

Abb. 7.24 Mögliche Kurzschlussstellen (KS) im Thermoelement

■ **zu Kurzschlussstelle (c) (Abb. 7.24):**
Ein Kurzschluss in der metallischen Messspitze bzw. in der Metallarmatur führt nur zu einer geringen im Gradbereich liegenden Messsignaländerung und ist in keiner Weise erkennbar. Ein Kurzschluss ist hier jedoch sehr selten (s. auch Kapitel 7.3.6.4: Eine Lösung zur Kurzschlusserkennung besteht im Einsatz eines zweiten Thermopaares. Sind die eingesetzten Thermopaare materialmäßig und die Thermodrahtdurchmesser unterschiedlich, kann zusätzlich die Drift überwacht werden!

7.2.4.3 Selbstüberwachung des Thermometerschutzrohres

a) Selbstüberwachung mittels des Differenzen-/Quotientenverfahrens
Das Differenzen-/Quotientenverfahren [7.14] nutzt drei Temperatursignale T_1, T_2, T_3 von drei äquidistant im Schutzrohr angeordneten Temperatursensoren, insbesondere zur Korrektur des Einbaufehlers. Längs des Schutzrohres bildet sich ein Temperaturfunktionsverlauf $T(x)$ (nach vereinfachtem Thermometerschutzrohr-Modell) wie folgt aus:

$$T(x) = (T_W - T_M) \frac{\cosh(yx)}{\cosh(yl)} + T_M \tag{7.30}$$

mit T_W = Wandungstemperatur bzw. Temperatur der Prozessanschlussstelle
  T_M = Mediumstemperatur
  $T_1/T_2/T_3$ = Sensortemperatur (Temperatur des Thermoknotens)
  λ = Wärmeleitfähigkeit des Schutzrohrmaterials
  $d/A/l$ = Durchmesser, Querschnittsfläche, Länge des Schutzrohres
  α = Wärmeübergangskoeffizient
  x = Längskoordinate des Schutzrohres
  Δx = Sensorabstand
  y = Substitutionsgröße gemäß $y = \sqrt{\frac{\pi d \alpha}{\lambda A}}$

Unter Berücksichtigung des Sensorabstandes (Thermoknotenabstand) von Δx finden sich die drei Temperatursignale T_1 ($x = 0$, d. h. am Boden), T_2 Temperatursignal für $x + \Delta x$ und T_3 für $x + 2\Delta x$. Die jeweiligen Signaldifferenzen zwischen T_1 und T_2 (ΔT_{12}) bzw. T_1 und T_3 (ΔT_{13}) können zur Detektion des Wärmeüberganges und damit zur Überwachung der Schutzrohroberfläche herausgezogen werden.

Die Temperaturdifferenzen ergeben sich wie folgt:

$$\Delta T_{12} = \frac{(T_W - T_M)}{(\cosh(yl))} \left[\cosh(y) - \cosh(y\Delta x) \right] \quad und \tag{7.31}$$

$$\Delta T_{13} = \frac{(T_W - T_M)}{(\cosh(yl))} \left[\cosh(y) - \cosh(2y\Delta x) \right] \tag{7.32}$$

Mit der Vereinfachung $\Delta y = y \cdot \Delta x$ ergibt sich das $\Delta T_{13}/T_{12}$-Verhältnis gemäß:

$$\Delta T_{13} / \Delta T_{12} = (1 - \cosh 2\Delta y) / (1 - \cosh \Delta y)$$

$$bzw. \quad \Delta T_{13} / \Delta T_{12} = 2(1 + \cosh \Delta y) \tag{7.33}$$

Unter Nutzung der Potenzreihenentwicklung

$$\cosh \Delta y = 1 + \frac{\Delta y^2}{2} \ldots \tag{7.34}$$

findet sich
$$\Delta T_{13} / \Delta T_{12} = 2 + 2(1 + \Delta y^2 / 2) + \ldots$$
$$= 4 + \Delta y^2$$
$$= 4 + \left[(\pi d) / (\lambda A) \right] \Delta x^2 \cdot \alpha$$
$$= f(\alpha) \tag{7.35}$$

α kennzeichnet den Wärmeübergang zum Schutzrohr. Dieser kann sich in Abhängigkeit von der Applikation verändern, d. h. es zeigen sich Fouling- oder Abrasionseffekte.

Foulingeffekte (s. Kapitel 7.5.2), d. h. die Ausbildung von zusätzlichen Schichten auf dem Rohr, führen zur Verringerung des α-Wertes, da $\Delta T_{13}/\Delta T_{12}$ kleiner wird. Es entstehen Einbaumessfehler gemäß Kapitel 7.2.3.6.

Abrasionseffekte, z. B. durch partikelbelastete Abgasströme, bewirken einen Materialabtrag an der Außenrohrwand bzw. eine Schwächung der Schutzrohrwand und damit zur Schwächung der Schutzrohrfestigkeit. Dies zeigt sich in einer Erhöhung des α-Wertes bzw. des $\Delta T_{13}/\Delta T_{12}$ -Wertes.

Das Differenzen-/Quotientenverfahren kann bei sehr großen Einbaulängen nicht angewendet werden, da dann ΔT_{13} und ΔT_{12} sehr klein werden.

b) Selbstüberwachung mittels Messung des Wärmewiderstandes [7.39]
Der allgemein bei Temperaturfühlern, insbesondere beim Einsatz in Ex-Bereichen, definierte Wärmewiderstand R_W (oder auch R_α) zwischen Prozessmedium und Thermometer, ergibt sich mit $R_W = \Delta T_P / P_{EL}$, wobei P_{EL} die dem Temperaturfühler extern zugeführte elektrische Leistung und ΔT_P – Temperaturänderung infolge der Leistungszuführung ist. Verfahrensgemäß wird unter Nutzung des Peltiereffektes die Messspitze eines Thermoelementes mit einem Kontrollstrom bestromt. Der dabei eingekoppelte elektrische Leistungsumsatz (Peltierleistung) führt entweder zur Anhebung oder Absenkung der

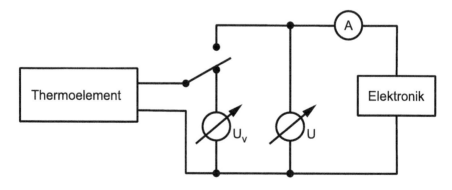

Abb. 7.25 Messschaltung zur Bestimmung des Wärmewiderstandes

Fühlertemperatur. Für die Diagnose des Zustandes der Schutzrohroberfläche spielen die Stromrichtung und die Höhe des Teststromes und die dadurch determinierten Anteile der Peltier- und der Jouleschen Leistung an der Gesamtleistung eine Rolle. Die Messschaltung zeigt Abb. 7.25.

Schutzrohrablagerungen oder Schutzrohrabrasionen beeinflussen die Peltier-Wärmeabgabe vom vorderen Thermoknoten zum Medium und damit auch den Wärmewiderstand R_W. Er kann als Maß für den Zustand der Schutzrohroberfläche benutzt werden. Voraussetzung für die Anwendung sind relativ konstante Medienbedingungen im Arbeitspunkt (Strömung, Mediendichte).

7.2.4.4 Selbstüberwachung der Drift, des Messkreises und der Isolation

Die Messkreisüberwachung (Sensorbruch, Messkreisunterbrechung) ist in den üblichen Auswerteelektroniken bereits standardmäßig integriert. Offene Messleitungen können vielleicht bei elektromagnetischem Feldeinfluss (Antennenwirkung) Potential aufweisen. In solchen möglichen Fällen empfiehlt sich eine separate Durchgangsmessung. Die Isolationsqualität ist in einfacher Weise über eine Widerstandsmessung zwischen Messkreis und metallischer Fühlerarmatur messbar; Ausnahmen bilden keramische Armaturen. Die Drift ist nur sicher mit einer diversitären Kombination von widerstandselektrischen und thermoelektrischen Messkanälen bestimmbar, wobei sich für einige Applikationen auch andere Verfahren unter Nutzung von Thermopaaren mit unterschiedlichen Materialien und Abmessungen oder Messordnungen mit mehreren Vergleichsstellen bzw. Schleifwiderstands-Testverfahren anbieten.

7.3 Technische Ausführungen von Thermoelementen

7.3.1 Einleitung und Begriffe

Die einfachste Form eines Thermoelementes stellt ein einfach verschweißtes und isoliertes Paar von zwei Thermodrähten dar. In Abb. 7.26 sind praktische Ausführungsbeispiele von Thermoelementen und eine korrespondierende Prinzipdarstellung mit den wichtigsten Baugruppen und Bauteilen abgebildet. Darin bedeuten:

Thermopaar – *Zwei miteinander verbundene unterschiedliche Thermomaterialien vorwiegend in Drahtform, die gegeneinander isoliert sind.*

Thermoschenkel (positiv/negativ) – *Ein zum Thermopaar zugehöriger Thermodraht. Die Vorzeichenunterscheidung (positiv/negativ) erfolgt auf der Basis der thermoelektrischen Spannungsreihe (s. Kapitel 5.1.2). Das in der Spannungsreihe höher stehende Material ist immer positiv.*

Thermoknoten – *Verbindungsstelle beider Thermoschenkel, die im Applikationsfall der zu messenden Temperatur ausgesetzt ist (auch Messperle, Thermoperle, Messstelle ...)*

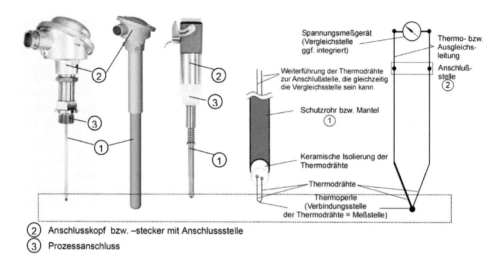

② Anschlusskopf bzw. –stecker mit Anschlussstelle
③ Prozessanschluss

Abb. 7.26 Beispielhafte Ausführungsformen von Thermoelementen und schematische
Darstellung des Thermoelement-Aufbaus

Thermoelektrische Vergleichsstelle – *Offene Endstelle des Thermopaares, die einer bekannten Vergleichstemperatur ausgesetzt ist. Diese Stelle kann in einem Vergleichsstellenthermostat liegen oder an einer bestimmten Messgerätestelle, deren Temperatur mit einer Zusatzmessstelle erfasst wird.*

Thermo- bzw. Ausgleichsleitung – *Elektrische Verlängerungsleitung mit relevanten thermoelektrischen Eigenschaften zur Verbindung des Thermoelements mit der Vergleichsstelle. Die Thermoleitungen bestehen im Unterschied zu den Ausgleichsleitungen aus thermoelektrischen Originalwerkstoffen* (s. Kapitel 7.3.3!)

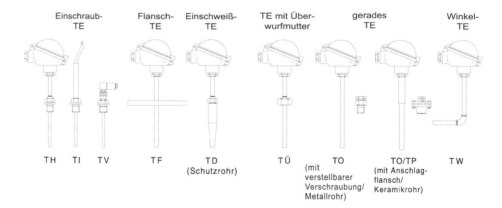

Abb. 7.27 Prinzipielle Standardausführung von Thermoelementen (TE)

Je nach Einsatzzweck können die Thermopaare zusätzlich mit einem Schutzrohr, welches die Beständigkeit gegen chemische, mechanische und andere Belastungen sicherstellt, versehen werden. Die gesamte Anordnung bildet den „Temperaturfühler", welcher aufgrund seines Funktionsprinzips in diesem Fall einfach „Thermoelement" genannt wird. Weitere Komponenten sind beispielsweise feste oder verstellbare, sowie druckdichte bzw. hochtemperaturfeste (jedoch wieder lösbare) Prozessanschlüsse zur Montage des Temperaturfühlers am Messort, sowie ein Anschlusskopf oder ein Anschlussstecker. Letztere werden aber nicht Gegenstand weiterer Betrachtungen sein. Die beiden Komponenten, Thermopaar und Schutzrohr, werden aufgrund ihrer wesentlichen Bedeutung im Kapitel 8 hinsichtlich der Werkstoffauswahl näher betrachtet.

Die Prozessanschlüsse, d. h. die mechanische Verbindung des Temperaturfühlers zu der bestehenden Prozessanlage, sind für Keramik-, bzw. Metallschutzrohr verschieden und teils sehr kompliziert. Da Thermoelemente oft in Hochtemperaturanlagen teils mit hohen Druckbelastungen oder teils in Vakuumanlagen eingesetzt werden, kommt den als Prozessanschluss verwendeten druck-, vakuum,- und temperaturfesten Klemmverschraubungen sehr große Bedeutung zu. Einschraubbefestigungen korrodieren an heißen Einbaustellen, so dass hier Sonderverschraubungen mit pastösen hochtemperaturfesten Gewindefilmen o. ä. eingesetzt werden. Tabelle 7.3 gibt einen Überblick zu gebräuchlichen Prozessanschlüssen. Die Standardvarianten von Thermoelementen stellen sich im Wesentlichen über ihre Prozessanschlüsse dar (s. Abb. 7.27).

Tabelle 7.3 Überblick zu gebräuchlichen Prozessanschlüssen

Prozessanschluss	Applikationen/Belastung
bei Metallschutzrohren	
Flanschanschluss, Gewinde, Überwurfmutter, verstellbare Klemmverschraubung Heliocoil-Gewinde	mittlerer Temperaturbereich und Standardausführung
Druckfeste Hochtemperaturverschraubung mit teilbarer Keramikdichtung (leichte Versinterung)	Temperatur + Druck + Schwingungen Hochtemperaturbereich und Druckbelastung
bei Keramikschutzrohren	
Anschlüsse am oberen Halterohr Anschlag und Gegenflansch (zum weiteren Anschweißen oder Verschrauben	mittlerer Temperaturbereich und Standardausführung Hochtemperaturbereich und Einsatz von Keramikschutzrohren

7.3.2 Klassische und DIN-gemäße Thermoelemente

In Abb. 7.28 sind die wesentlichen Bauteile eines Standard-Einbauthermoelementes mit Keramik- bzw. Metallschutzrohr dargestellt (s. DIN 50112/1995 und DIN 43724/1979). Die dargestellte Bauform ist mit einem auswechselbaren Messeinsatz bestückt [7.6], der im Inneren das isolierte Thermopaar enthält und dessen oberes Anschlussteil entweder aus einem Keramiksockel, oder einem sogenannten Kopftransmitter besteht.

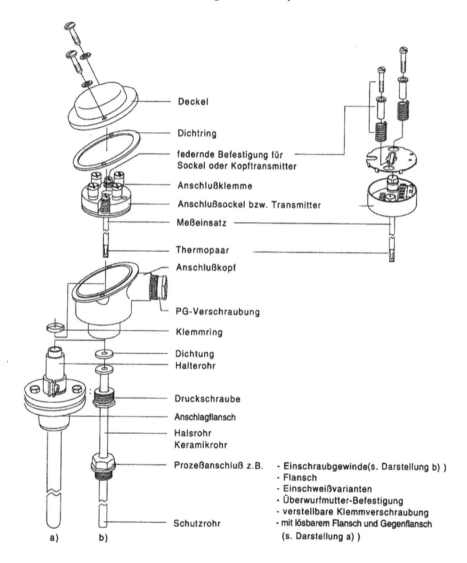

Deckel

Dichtring

federnde Befestigung für
Sockel oder Kopftransmitter

Anschlußklemme

Anschlußsockel bzw. Transmitter

Meßeinsatz

Thermopaar

Anschlußkopf

PG-Verschraubung

Klemmring

Dichtung
Halterohr

Druckschraube

Anschlagflansch

Halsrohr
Keramikrohr

Prozeßanschluß z.B.

- Einschraubgewinde(s. Darstellung b))
- Flansch
- Einschweißvarianten
- Überwurfmutter-Befestigung
- verstellbare Klemmverschraubung
- mit lösbarem Flansch und Gegenflansch
  (s. Darstellung a))

Schutzrohr

a)   b)

Abb. 7.28 Prinzipieller Aufbau eines Thermoelementes
      (a) mit keramischen Schutzrohr (b) mit metallischem Schutzrohr

7.3.3 Kabel-Thermoelemente und thermoelektrische Leitungen

7.3.3.1 Kabelthermoelemente

Thermoleitungen, bei denen die zugehörigen Thermoleiter am Ende zu einem Thermoknoten miteinander verschweißt und die gegen metallische Armaturteile isoliert sind, stellen prinzipiell sogenannte Kabelthermoelemente dar (s. Abb. 7.29).

Abb. **7.29** Kabelthermoelement

Vorrangig im Bereich der Kunststoffmaschinen kommen an den Kabelthermoelementen spezielle Bajonettbefestigungen zum Einsatz (kurz: Bajonettthermoelement). Diese drücken das Kabelthermoelement in federnder Weise in die Messstelle bzw. Bohrung. Dies erfolgt im Allgemeinen über Gewindestegfedern, die mit verstellbaren, d. h. auf der Feder drehbar gelagerten und in einen Einschraubnippel einrastbaren Bajonettkappen versehen sind (s. Abb. 7.30). Der mit dieser Gewindesteigfeder realisierte federnde Einbau in die Messbohrung führt zu reproduzierbaren Wärmeübergangsbedingungen an der Messfühlerspitze.

Abb. **7.30** Bajonett-Einsteckthermoelement

7.3.3.2 Thermo- und Ausgleichsleitungen zum Anschluss von Standardthermoelementen

Thermoleitungen sind thermoelektrische Kabel bzw. thermoelektrische Leitungen, deren inneres Leitermaterial aus dem Originalmaterial des Thermopaares hergestellt ist und das die zulässigen Grenzabweichungen innerhalb des angegebenen Temperaturbereiches nicht überschreitet.

Thermoleitungen weisen ein X als Kennung im Unterschied zur Ausgleichsleitung (Kennung A) auf. *Eine Ausgleichsleitung besitzt Thermoleiter, deren Werkstoffe vom Originalthermomaterial abweichen, aber im zulässigen Temperaturbereich trotzdem die vorgegebenen Grenzwerte einhalten.* Prinzipiell werden zwei Klassen von Grenzabweichungen unterschieden:

Tabelle 7.4 Grenzabweichungen von Thermo- und Ausgleichsleitungen
(s. IEC 60584-3/1989)

Elementart	Klassenbezogene Grenzwerte		Anwendungsbereich (°C)	Grenztemperatur (°C)
	Klasse 1	Klasse 2		
JX	± 85µV/± 1,5 °C	±140 µV/± 2,5 °C	−25 bis +200	500
TX	± 30 µV/± 0,5 °C	± 60 µV/± 1,0 °C	−25 bis +100	300
EX	± 12 µV/± 1,5 °C	±200 µV/± 2,5 °C	−25 bis +200	500
KX	± 60 µV/± 1,5 °C	±100 µV/± 2,5 °C	−25 bis +200	900
NX	± 60 µV/± 1,5 °C	±100 µV/± 2,5 °C	−25 bis +200	900

Da die Verwechslung der „+" und „−" -Drähte der Thermo- und Ausgleichsleitungen ein häufiger Fehler ist, kommt der eindeutigen Farbkennzeichnung eine große Bedeutung zu. Eine äußere Farbkennung an der thermoelektrischen Leitung zeigt den Thermoelement-Typ an! Der Minusleiter des Thermoelementes ist separat gekennzeichnet. Es können ein oder mehrere Thermopaare in verschiedenen Anordnungen in der Metallmantelleitung eingebettet sein, wobei diverse Vorzugsausführungen existieren, angegeben in Tabelle 7.5.

Tabelle 7.5 Farbkennzeichnung von Thermo- und Ausgleichsleitungen

Thermopaar	Farbe des Mantels = Farbe des Plus-Leiter	Minusleiter
T	Braun	Weiß
E	Violett	Weiß
J	Schwarz	Weiß
K	Grün	Weiß
N	Rosa	Orange
B	Grau	Weiß
R/S	Orange	Weiß

7.3.4 MIMS-Thermoelemente (Mantelthermoelemente)

7.3.4.1 Standardausführungen

Thermoelemente aus mineralisolierter Metallmantelleitung werden als *Mantelthermoelemente* oder bevorzugterweise als *MIMS-Thermoelemente* bezeichnet (MIMS: Mineral Insulated Metal Sheathed!).

> *MIMS-Thermoelemente bestehen aus mindestens einem Thermopaar, welches komprimiert in oxid-keramischem, teils nichtoxidischem keramischem Pulver in einem biegbaren Metallrohr eingebettet und (an der Messspitze) bodenverschlossen ist.*

Abb. 7.31 zeigt zwei Ausführungsbeispiele von MIMS-Thermoelementen. Zu den thermoelektrischen Mantelleitungen liegt die IEC 61515 (DIN EN 61515/Entwurf 2014 [7.7] vor. Materialfragen zum Mantelwerkstoff des MIMS-Thermoelements sind in Kapitel 8.5 behandelt. Die generelle Oberflächengüte des Metallmantels ist hinsichtlich der Rauheitswerte erwünscht mit Ra = 3,2 µm nach ISO Skala 8. Aus elektronischer Sicht unterscheidet man zwischen indirekter und direkter MIMS-Ausführung (s. Abb. 7.25). Dem Bodenbereich des MIMS – Thermoelementes kommt eine besondere Bedeutung zu, da er nicht nur die Dynamik, sondern auch die Lebensdauer (insbesondere in Heißgasströmen) beeinflusst. Tabelle 7.7 zeigt verschiedene mögliche Bodenverschlüsse.

Verschiedene MIMS-Varianten sind in Tabelle 7.8 aufgelistet. Es können ein oder mehrere Thermopaare in verschiedenen Anordnungen in den Metallmantelleitungen eingebettet sein, wobei Vorzugsausführungen als Simplex-, Duplex- und Triplex-Thermoelemente existieren. Neben unsymmetrischen Ausführungsvarianten (z. B. Simplex ...) sind sogenannte koaxiale MIMS-Thermoelemente verfügbar. Weiterhin liegen für Hochtemperaturapplikationen > 1200 °C Ausführungen mit Doppelmantelmaterial vor. Der zulässige Isolationswiderstand der MIMS-Thermoelemente und MIMS-Thermoleitungen ist hinsichtlich des Durchmessers und der Temperaturhöhe stark gegliedert (s. Tabelle 7.6).

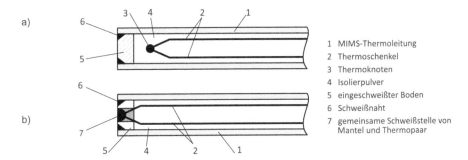

1 MIMS-Thermoleitung
2 Thermoschenkel
3 Thermoknoten
4 Isolierpulver
5 eingeschweißter Boden
6 Schweißnaht
7 gemeinsame Schweißstelle von Mantel und Thermopaar

Abb. 7.31 Längsschnitte durch MIMS-Thermoelemente mit eingeschweißtem Boden
(a) isolierter Thermoknoten (auch indirekte Ausführung)
(b) eingeschweißter Thermoknoten (auch geerdete (direkte) Ausführung)

Tabelle 7.6 Zulässige Isolationswiderstandswerte und erforderliche Prüfspannungen/
Anlehnung an EN DIN 61515:2017

■ **Prüfspannungen bei Raumtemperatur**

Temperatur	Durchmesser D der MIMS-Thermoelementleitung	Prüfspannung V_{DC}
Raumtemperatur	$0,5 \leq D \leq 1,0$	100
	$1,0 < D \leq 1,6$	100
	$1,6 < D$	500

Die Prüfspannungen sind zwischen inneren Thermoleitern und äußerem Metallmantel
anzulegen. Die Prüfspannung richtet sich entsprechend nach dem Außendurchmesser D.

■ **Zulässige Isolationswiderstände bei Raumtemperatur**

Temperatur	Durchmesser D der Mantelleitung	Mindest-Isolationswiderstand $M\Omega$
Raumtemperatur	$0,5 < D \leq 1,0$	1000
	$1,0 < D \leq 1,6$	5000
	$1,6 < D$	10000

Die Isolationswiderstandswerte sind längen- und temperaturabhängig. Allgemein wird
der Isolationswiderstandswert für Mantelthermoelemente in MOhm angegeben, wobei
sich der Wert auf Längen < 1 m bezieht. Bei größeren Längen bezieht man sich auf den
meterbezogenen Wert $M\Omega$ m.

■ **Zulässige Isolationswiderstände bei erhöhten Temperaturen**
Bei Isolationsprüfungen unter erhöhten Temperaturen verringern sich die zulässigen
Isolationswerte und die erforderlichen Prüfspannungen (siehe EN DIN 61515:2017).

… gefertigt mit langjähriger Produktionserfahrung!

SensyMIC ist weltweit einer der erfahrensten Anbieter von mineralisolierten Metallmantelleitungen für die Temperatur-Messtechnik. SensyMIC steht für eine lange Tradition in der Herstellung von Mantelleitungen, für herausragende Qualität der Produkte und moderne Fertigungsverfahren. In den 1960er Jahren von Degussa gegründet, ist dieses Geschäft seit Beginn 2017 Teil der WIKA-Gruppe. Auf der Grundlage dieses Knowhows treiben wir die Weiterentwicklung und Verbesserung unserer Produktpalette für die zuverlässige Temperaturmessung kontinuierlich voran. So sind wir in der Lage, passende Lösungen auch für individuelle Anforderungen anzubieten.

Herausragende Qualitätsmerkmale

Langzeitstabile und reproduzierbare Thermospannungswerte

Durch zusätzliche Temperaturprozesse wird eine Alterung bzw. Stabilisierung der Thermospannungswerte des am häufigsten verwendeten Typs K erreicht. Die im Kalibrier-protokoll zertifizierten EMK-Werte sind bei fachgerechter Behandlung der MIMS-Leitung jederzeit reproduzierbar.

SensyMIC Premium Class

Neben den standardisierten Toleranzklassen der internationalen Normen ergänzen wir unser Lieferprogramm mit der bereits bewährten SensyMIC Premium Class als Ausgangsmaterial für Sensoren, die den Anforderungen der Spezifikationen AMS 2750E oder CQI-9 entsprechen.

Sehr hoher Isolationswiderstand

Das Isoliermaterial aus hoch komprimiertem Magnesium bzw. Aluminiumoxid (Keramik-Kapillaren) zeigt auch bei hohen Temperaturen sehr gute Isolationseigenschaften. Im Auslieferzustand beträgt der Isolationswiderstand aller MIMS-Leitungen > 30 GOhm bei Raumtemperatur.

Weitere Qualitätsmerkmale erläutern wir Ihnen gerne persönlich in einem Gespräch.

SensyMIC GmbH   Tel. +49 9372 132 58007   info@sensymic.com   www.sensymic.com

Tabelle 7.7 Beispiele zu Boden-Verschlussvarianten bei Mantelthermoelementen

Nr.	Bodengestaltung	Bezeichnung	Technologie	Anmerkung
a		Ebener Boden	Pulvernachfüllung, (Einrütteln) Bodenschweißung	Standard-ausführung
b		Gebördelter Rundboden	Bördelschweißung	preisgünstig
c		Bodenkappe	MIMS-Verjüngung, Pulvernachfüllung, (Druckverfüllung) Mantelrand-schweißung	Schweißung des Thermoknotens, visuell prüf- und dokumentierbar
d		Nicht-metallischer Bodenverguß	Anbördelung, Verguß	preisgünstig
e		Angebördelter Sicherheits-boden	Anbördelung, Pulvernachfüllung, (Einrütteln) Bodenschweißung	Ausfallsicherer Boden
f		Zentrierender Wärmeleitboden	Pulvernachfüllung, (Einrütteln) Bodenverlötung	Definiertes Einbauverhältnis bei leichtem Bodenüberstand
g		Hohlboden	zurück gesetzter Thermoknoten und Schutzrohrboden	verbesserte Wärmeübertra-gung im Medium

MTE = Mantelthermoelement,
B = Metallboden, K = Kappe,
V = Verguss, S = Schweißung, TK = Thermoknoten,
WLB = Wärmeleitboden,
P = Nachfüllpulver.

Tabelle 7.8 Querschnitte und Abmessungen von Simplex-, Duplex- und Triplex-Elementen
(DIN EN 61515)

Simplex-Thermoelement	Duplex-Thermoelement	Triplex-Thermoelement

Abmessung (mm)			Abmessung (mm)			Abmessung (mm)		
D	S	C	D	S	C	D	S	C
1,0	0,10	0,15	2,0	0,18	0,22	3,0	0,24	0,27
2,0	0,20	0,30	3,0	0,27	0.33	3,2	0,26	0,29
3,0	0,30	0,45	3,2	0,29	0.35	4,5	0,36	0,41
3,2	0,32	0,48	4,5	0,41	0,50	6,0	0,48	0,54
4,5	0,45	0,68	6,0	0,54	0,66	8,0	0,64	0,72
6,0	0,54	0,66						

D = Außendurchmesser, S = Mindestwandstärke
C = Mindestdurchmesser des Innenleiters e = Abstandsrelation

7.3.4.2 Doppelwandige und konzentrische MIMS-Thermoelemente für Hochtemperaturapplikationen

Zur Erhöhung der mechanischen oder messtechnischen Stabilität werden zunehmend doppelwandige Thermoelemente eingesetzt (s. Abb. 7.32). Bedingt können Manteldoppelwandungen durch MIMS-Standardausführungen kombiniert mit einer Schutzschicht (Coating) ersetzt werden (s. Kapitel 8.4).
Bei den Doppelwandungen kann zwischen Ausführungen mit einer kompakten Doppelwandung, die bereits im Rahmen der „MIMS-Technologie" entsteht (s. Kapitel 7.5.4.2) und MIMS-Standardausführungen mit separat überzogenen Schutzrohren (z. B. Reinst-Ni-Rohr) unterschieden werden. Eine kompakte Doppelschicht kann die thermoelektrische Drift in Abhängigkeit vom gewählten Thermopaar-Typ (K oder N) und der Höhe der Einsatztemperatur (max. 1300 °C) deutlich mindern. Die Variante mit metallischem Zusatzschutzrohr hat den Vorteil, dass in Abhängigkeit von der Applikation zwischen den beiden Metallrohren ein Schutzgas eingefüllt werden kann, welches Korrosionsprobleme mindert.

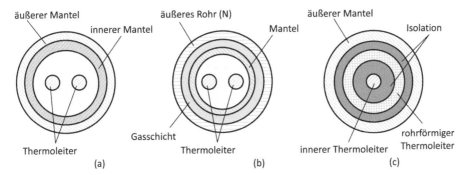

Abb. 7.32 Doppelwandiges (a, b) und koaxiales (c) MIMS-Thermoelement

Bei den konzentrischen MIMS-Anordnungen (Koax-Elemente) liegen vorteilhafter Weise die beiden Thermoleiter (Innendraht, Innenhüllrohr) immer in der Biegelinie. Sie eignen sich besonders für robuste schwingungsbelastete Hochtemperaturapplikationen.

7.3.5 Sonderbauformen von Thermoelementen

7.3.5.1 Flache scheibenförmige Thermoelemente

Eine neue praktische Form von Thermoelementen sind die „Scheibenthermoelemente". Sie bestehen entweder aus zwei nebeneinander angeordneten und miteinander verschweißten Halbscheiben unterschiedlicher Thermomaterialien oder zwei übereinander angeordneten, gegeneinander isolierten und nur im Innenradius verschweißten Scheiben (s. Abb. 7.33). In einer weiteren Ausführungsvariante sind in als Dichtungen ausgebildete Metallscheiben dünne MIMS-Elemente integriert [7.30]. Die Scheibenthermoelemente können von ihrer Scheibenform abweichen und kleine Ausbildungen zum Innenraum in Form von Messnasen oder Messstreifen aufweisen. Die messtechnische Qualität der Scheibenthermoelemente hängt von der Güte der elektrischen und thermischen Isolation der Thermomessscheibe gegenüber der Einbauarmatur ab.

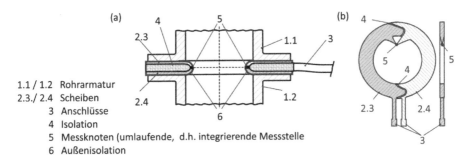

1.1 / 1.2 Rohrarmatur
2.3./ 2.4 Scheiben
       3   Anschlüsse
       4   Isolation
       5   Messknoten (umlaufende, d.h. integrierende Messstelle)
       6   Außenisolation

Abb. 7.33 Prinzipvarianten scheibenförmiger Thermoelemente (vgl. DE 10 2007 026 667 B4)
(a) Variante mit übereinanderliegenden Scheibenringen
(b) Variante mit zwei Halbscheiben [7.17]

Bei elastischen Isolationsschichten oder anderer dichtungsrelevanter Oberflächengestaltung kann die Messscheibe als Dichtungselement verwendet werden. Für eine hohe Messdynamik bieten sich innere Messnasen oder Messstreifen und für teilintegrierte Messungen überlappende Thermoknoten an. In einer weiteren applikationsspezifischen Ausbildung kann die thermoelektrische Scheibenkonstruktion in metallische Hochdruck-Dichtungen für Drücke bis 160 bar und Temperatur bis 400 °C integriert werden. Die dabei in der Dichtung gemessene Temperatur kann sowohl zur Überwachung des thermischen Grenzwertes der Dichtung aber auch in gewissen Fehlergrenzen bzw. bei entsprechenden Korrekturmaßnahmen zur Ermittlung der Medientemperaturen herangezogen werden. Für diese Applikation bevorzugte Ausführungen von Metalldichtungen sind: a) Kammprofilierte Dichtungen bis 160 bar (Abb. 7.34) oder b) Flachdichtungen mit laminarem Aufbau bis 25 bar.

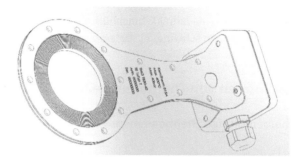

Abb. 7.34 Thermoelektrische Kammdichtung (Ausführung der Firma Kempchen)

7.3.5.2 Selbstfedernde Thermoelemente

In großen und schwingungsbelasteten Anlagen kommen auch lange Thermoelemente mit zwei Prozess-Befestigungspunkten zum Einsatz. Da im Allgemeinen diese Befestigungspunkte zueinander dilatationsbedingt nicht fix sind, ist ein flexibler Grundaufbau des Messfühlers erforderlich, wie zum Beispiel die Anordnung nach Abb. 7.35 sowie Abb. 7.36 zeigt.

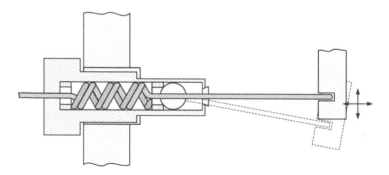

Abb. 7.35 Selbstfederndes Thermoelemente

Zentrales Konstruktionselement ist ein selbstfedernder MIMS-Messeinsatz. Der Messeinsatz besitzt eine MIMS-Thermoleitung, die gewendelt und entsprechend an eine temperaturstabile Druckfeder angepunktet ist. Da die Feder mit einem Nut-Feder-Kugelsystem mit ausreichendem Spiel in einem offenen Rohr untergebracht ist, besitzt der Fühler verschiedene Freiheitsgrade in Bezug auf die Differenzbewegungen der Befestigungspunkte. Vorteilhaft ist die Selbstfederung in Thermoelementen für Gasturbinen einsetzbar.

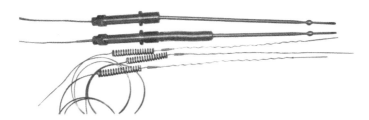

Abb. 7.36 Turbinenfühler mit Wellrohrschutz (Mitte), Gasturbinenthermoelement (oben),
3x Federmesseinsatz (unten) (Werksfoto:. tmg)

7.3.5.3 Prozessprüfbare Thermoelemente

Unter Prozessprüfbarkeit (auch Inline oder in situ Prüfung) versteht man eine Prüfmöglichkeit ohne Beeinträchtigung des technologischen Prozesses; d. h. eine Anlageabschaltung und/oder der Ausbau der zu prüfenden Vorrichtung (wie hier das Thermoelement) entfallen im Prüffall. Die Prozessprüfbarkeit bei Thermoelementen wird durch den Einbau eines Prüfrohres erreicht (Abb. 7.37 und Abb. 7.38). [7.23]

Dieses Rohr muss bis zum Boden des Thermoelementes reichen und die Rohrspitze dabei möglichst die gleichen Wärmeleit- und Wärmeübergangsbedingungen besitzen wie der innere Thermoknoten des Thermoelementes. Zum Beispiel werden zur Driftkontrolle des Thermoelements in dieses Prüfrohr in bestimmten Prüfintervallen Kontrollfühler eingeschoben und so Messwertvergleiche durchgeführt. Dieses prozessprüfbare Thermometersystem ist entsprechend vorliegenden Berichten in Milcherhitzungsanlagen vorteilhaft einsetzbar [7.12]. Das eingesetzte Prüfrohr ist in seiner Funktion als Leerrohr vom Kunden vielfältig nutzbar, z. B. wie folgt:

(1) Einführen eines einfachen Prüffühlers zum Messwertvergleich und damit zur Driftkontrolle

(2) Zeitweiser Einbau eines zusätzlichen Messfühlers zur Übernahme von Sondermessfunktionen

(3) Einführen eines Prüffühlers mit drei versetzten Messstellen zum Messwertvergleich und somit zur Driftkontrolle und Messung des Einbaufehlers, gegebenenfalls zur Foulingüberwachung

Mit einem Dreifachfühler, der längs der Fühlerachse drei äquidistant versetzte Messstellen enthält [7.14] [7.13], kann sowohl der einbaufehlerfreie als auch der einbaufehlerbehaftete Messwert ermittelt werden. Dies ergibt sich aus der mit den drei Sensoren möglichen Temperaturprofilerfassung längs des Messfühlers. (s. Kapitel 7.2.3.6.3) Über Quervergleiche und auch Vergleiche mit zurückliegenden Kontrollwerten können die Drift bzw. die Einhaltung der Fehlergrenzen und Veränderungen der Wärmeübertragungswerte (Foulingeffekte) erkannt werden.

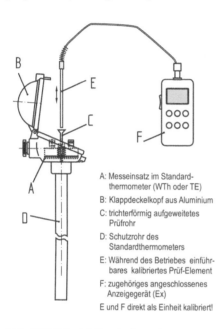

A: Messeinsatz im Standard-
   thermometer (WTh oder TE)

B: Klappdeckelkopf aus Aluminium

C: trichterförmig aufgeweitetes
   Prüfrohr

D: Schutzrohr des
   Standardthermometers

E: Während des Betriebes einführ-
   bares kalibriertes Prüf-Element

F: zugehöriges angeschlossenes
   Anzeigegerät (Ex)

E und F direkt als Einheit kalibriert!

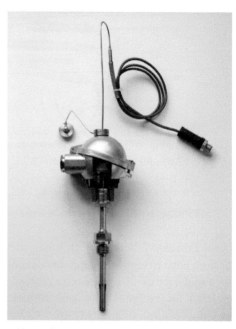

Abb. 7.37 Prinzipieller Aufbau eines
          prozessprüfbaren Thermoelements
          mit Anzeigegerät [7.23]

Abb. 7.38 Prozessprüfbarer Fühler
          (Werksfoto: tmg)

7.3.5.4 Automotive Abgasthermoelemente

Hohe Temperaturwechselbeständigkeit bei gleichzeitiger Hochtemperaturbelastung (z. B. T ≈ 1000 °C, T-Transfer: 900 K/s) tritt insbesondere in Abgassträngen von Antriebsmaschinen und Motoren auf. Dem überdurchschnittlich schnellen Energieeintrag in die Fühler kann mit einem Stützrohreinsatz begegnet werden, der zur Spreizung der Energiestromdichte und damit zur Minderung hoher zeitlicher und örtlicher Gradienten beiträgt.

Verschiedene technologische und materialspezifische Maßnahmen tragen zur inneren Hochtemperaturbeständigkeit der beiden Thermodrähte vom Typ N bei (s. Abb. 7.39a). Insbesondere kommt es darauf an, den Misfit zwischen Thermodrähten und Mantelleitung bzw. Hülsenrohr zu minimieren. Dazu bietet sich an, das Thermopaar Typ N mit dem Mantelwerkstoff Inconel 617 zu kombinieren. In der stark temperaturbelasteten

Zone des Thermoelementes sollen die relativen Bezugspunkte der Dilatation dicht bei-einander liegen. [7.24] [7.15]

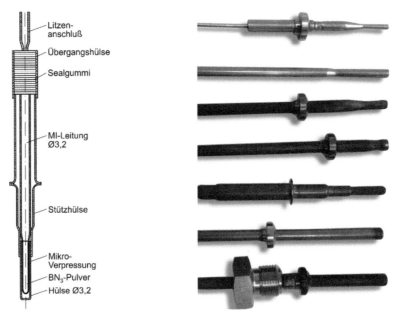

(a) Hochbelastbarer Temperaturfühler für Ab-   (b) Ausführungsvarianten von automotiven
    gaskanäle – prinzipieller Fühleraufbau   Abgasfühlern (Werksfoto: tmg)

Abb. 7.39 Hochbelastbare Fühler

7.3.5.5 Selbstkalibrierende Thermoelemente

Eine Kalibrierung ist eine dokumentierte Feststellung der Messabweichung bei der Messung mit einem Messfühler vom Sollwert des Messmediums bzw. des Messobjektes. Bei den elektrischen Berührungsthermometern werden allgemein folgende Kalibrierungsverfahren unterschieden:

- Fixpunktkalibrierung: Vergleichsmessung
                             z. B. in einem separaten Fixpunktofen
- Vergleichskalibrierung: Vergleichsmessung
                             z. B. in einem separaten Kalibrator
- Selbstkalibrierung: Vergleichsmessung
                             mit einem Prüfelement innerhalb des Messfühlers
- In-Prozeß-Kalibrierung: Vergleichmessung
                             in einem Prüfkanal eines prozeßprüfbaren Fühlers

Bei den zunehmend am Markt verfügbaren selbstkalibrierenden Temperaturfühlern kommen zwei Basisverfahren zur Anwendung:

- **Selbstkalibrierung mit Miniaturfixpunkt-Zelle –**
  Fixpunktthermoelement:
  Bei einem Fixpunktthermoelement ist im Vorderteil des Thermoelementschutzrohres eine miniaturisierte Fixpunktzelle eingebaut. Die zugehörige Elektronik hat die Aufgabe das Temperaturplateau der Schmelz-, oder Erstarrungsphase (= Fixpunkttemperatur) zu signalisieren. Gegebenenfalls können mit zusätzlich eingebauten Mikroheizern zyklisch die erforderlichen Schmelz-und Erstarrungsszenarien eingeleitet werden. Im Allgemeinen haben die Materialien in Miniaturfixpunktzellen eine Reinheit von ca. 99,999 %. Bei einem Thermopaar vom Typ S kommt vorzugsweise Indium oder Gold als Fixpunktmaterial zur Anwendung, wobei auch eutektische Legierungen zum Einsatz kommen. [7.4]

- **Selbstkalibrierung unter Nutzung des Curie-Punktes –**
  Curie-Punkt-Thermoelement:
  Bei einem Curie-Punkt-Thermoelement ist im Vorderteil des Thermoelementschutzrohres in enger thermischer Ankopplung an den Thermoknoten ein magnetisches Werkstoffelement eingebaut. Gemäß Kapitel 4.2.2 wird am Curie-Punkt die Austauschwechselenergie des magnetischen Werkstoffes null. Die eingesetzte Elektronik ermittelt in Abhängigkeit von der Temperaturänderungsrichtung feinfühlig den Magnetfeldverlust. Als magnetische Werkstoffe kommen u. a. Metallkeramiken zum Einsatz. [7.21]

7.3.5.6 Multipunkt-Thermoelemente

Beim Multipunkt-Thermoelement (MP-Thermoelement) sind vorrangig mehrere gleichartige Mantelthermoelemente aus einem gemeinsamen und dicht geschlossenen Prozessanschluss herausgeführt. Die bekannteste Variante eines Multipunkt-Thermoelementes ist das Stufen-Thermoelement (s. Abb. 7.40b).

Das MP-Element kann dabei in gefasster Form, d. h. mit Elementen im geschlossenen Schutzrohr oder mit fixierten Elementen an der äußeren Schutzrohroberfläche bzw. mit frei herausragenden Elementen ausgeführt sein. Entsprechend der Montagevariante kann man die MP-Varianten unterscheiden, z. B. in Kamm-Thermoelement, Stufen-Thermoelement, Zentrierthermoelement, Sternthermoelement (s. Abb. 7.40a).

7.3.5.7 Starkströmungsthermoelemente

Stark strömende Gase führen am zu messenden Thermoelement zu einem thermischen Staueffekt. Wird die Strömung besonders stark, misst man am Thermoelement eine erhöhte von der Gastemperatur abweichende Temperatur, die sogenannte Stautemperatur T_{ST}.

$$T_{ST} - T_M = \Delta T_{ST} \tag{7.36}$$

Die Höhe der staubedingten Abweichungen ΔT_{ST} ist von den Strömungsparametern des Gases abhängig, wobei z. B. nach Popov [7.20] gilt:

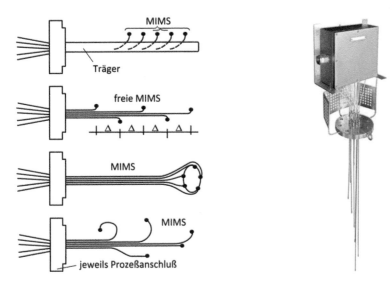

(a) Prinzipbilder zu Ausführungsvarianten   (b) Multipunkt-Thermoelement der Fa. E+H
    von Multipunkt-Thermoelementen   (Werksfoto: ©Endress+Hauser)

Abb. 7.40 Multipunkt-Thermoelemente

$$\Delta T_{ST} = \left(\frac{2 \cdot 10^{-2} K_{Pr}(Pr) \cdot v^2}{C_p} \right) \tag{7.37}$$

mit Pr … Prandtlzahl
K_{Pr} … von Prandtlzahl Pr abhäng.Konstante; für $Pr = 1$ wird $K_{Pr} = 1$
v … Strömungsgeschwindigkeit (m/s)
C_p … spezifische Wärmekapazität des Gases bei konstantem Druck
T_{ST} … Totaltemperatur (Stautemperatur)
T_M … Gas-/Medientemperatur (statische Temperatur)
ΔT_{ST} … Staudruckabweichung

Die Staudruckeffekte werden auch als Recovery-Effekt bezeichnet. Die Medientemperatur T_M in strömenden Gasen wird auch statische Temperatur genannt. Sie stellt die Temperatur des Thermoelementes im Modellfall dar. Temperaturfühler für strömende Gase werden in speziellen Druck- und Strömungssonden eingesetzt, die insbesondere dem Totaldruck, statischen Druck, Strömungswinkel und -geschwindigkeit messen. Da sich mit der Temperatur die Dichte des strömenden Gases ändert, muss diese zwingend auch erfasst werden. Die Staudrucksonden sind in aller Regel winkel- oder hakenförmig bzw. strömungsoptimiert ausgebildet (Abb. 7.41a). In Massenströmungen bzw. dichten Flüssigkeitsströmungen treten keine Staudruckeffekte auf. Es können jedoch reibungsbedingte Erwärmungen an den meist schwertförmigen Masse-Fühlern entstehen (Abb. 7.41b).

(a) Winkelsonde   (b) Schwertförmiges Thermoelement
(Foto: RWTH Aachen)   (Foto: tmg)

Abb. 7.41 Thermoelemente für Starkströmungen

7.3.5.8 Thermoelektrische Eintauchmesslanzen

Die auf der Basis verschiedener Eintauchlanzen erfolgende Temperaturmessung mit Thermopaaren der Typen S, R, B in flüssigen Metallschmelzen stellt trotz einer Vielzahl optischer Messverfahren aktuell die beste Lösung sowohl in preislicher als auch messtechnischer Sicht dar. Die teils abgewinkelten Lanzenformen enthalten verschiedenen Details zum Strahlungsschutz sowie zum praktikablen Eintauchen und können so bis ca. 1800 °C eingesetzt werden.

Das Herzstück der Messlanzen ist ein steckbares Einwegthermoelement (s. Abb. 7.42). Es beinhaltet ein edles Thermoelement-Paar, welches in einem Quarzröhrchen eingeschlossen ist. Der Thermoknoten im Quarzglas liegt direkt unter einer Metallkappe, während die Thermopaar-Enden (mittlere Temperaturlast von 200 °C) über Zwischenkontakte mit Steckanschlüssen verbunden und mit feuerfester Keramik fixiert sind. Diese Einweganordnung wird in einer Pappröhre fixiert, wobei im Inneren der Pappröhre die

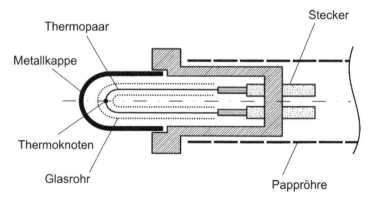

Abb. 7.42 Prinzipieller Aufbau eines thermoelektrischen Eintauchelementes für Messlanzen

Verbindungsleitungen vom Steckanschluss zum Anzeigegerät platziert sind. Nach 60 s Eintauchzeit in der flüssigen Schmelze liegt der Temperaturmesswert vor.

7.3.5.9 Anlegethermoelemente

7.3.5.9.1 Überblick

Anlegethermoelemente sind thermoelektrische Berührungsthermometer zur Messung der Oberflächentemperatur an Festkörperflächen (s. auch [7.43]). Im Unterschied zu den einsteckbaren oder den eintauchbaren Fühlern wird das temperatursensive Teil an das Messobjekt „angelegt". Der Begriff „Anlegung" ist in diesem Fall im erweiterten Sinne zu verstehen und betrifft folgende Befestigungsvarianten:

* direkte (lösbare) Anschraubungen
* unlösbare Anklebungen, Anlötungen und Anschweißungen
* mobile Antastungen
* lösbare Anklemmungen mit Spannelementen oder gefederten Schalenvarianten
* lösbare magnetische Anhaftungen
* lösbare und selbstisolierende Anbindungen mit Klettband o. ä.

Klassischer Weise wird weiterhin unterschieden in Anlegethermoelemente für ebene, gewölbte und bewegte Oberflächen. Die letztere Applikationsvariante ist im Fall optischer Zugänglichkeit zunehmend eine Domäne der berührungslosen Strahlungsthermometrie. Die Temperatur an der Oberfläche eines Festkörpers ist für den Messtechniker sowohl unmittelbar als auch mittelbar von Interesse. Bei der direkten Temperaturmessung stehen in der Mehrzahl der Applikationsfälle sicherheitstechnische Aspekte im Vordergrund. Bei Rohranlegethermometern steht nicht der Temperaturwert der Rohraußenwand im Fokus, sondern es geht um die Bestimmung der Mediumstemperatur im Rohrinneren. Dieses indirekte Verfahren zieht eine Vielzahl von fehlerinduzierenden Einflüssen nach sich. Für den Anwender ist im Weiteren dieses als nichtinvasiv zu bezeichnende Verfahren in vielerlei Hinsicht vorteilhaft. Es kann in der Regel nachträglich installiert werden. Bei lösbaren Fühlern sind turnusmäßige Prüfungen möglich, wobei die Prüfverfahren abzustimmen sind.

Der besondere Vorteil dieser Fühler liegt darin, dass sie das durch die Rohre fließende Medium, insbesondere seine Strömung, nicht beeinflussen und Rohrreinigungen mit Reinigungsmolchen nicht behindern.

7.3.5.9.2 Bauformen [7.38] [7.43]

Die Bauform richtet sich in erster Linie nach der erforderlichen Befestigungsart, wobei im Weiteren konstruktive Details zur Verbesserung des thermischen Kontaktes „Oberfläche – Sensor" und der thermischen Isolation integriert sind. Nachfolgend sind beispielhaft einige einfache Varianten skizziert:

Das Antastelement nach Abb. 7.43a kann sowohl in gefederter als auch ungefederter Ausführung in verschiedenen metallischen Fassungen zur Temperaturmessung an ebenen Festkörperoberflächen eingesetzt werden. In die runden, meist Cu- oder Ag-Antastschei-

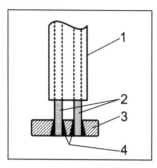
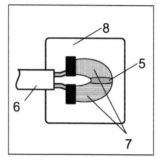
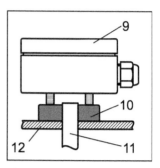

a) Antastelement mit   b) Dünnfilm-   c) Aufspannfühler mit
   Antastscheibe   thermoelement   Anschlusskasten

1 Keramik   8 Folie
2 Thermodrähte   9 Anschlusskasten
3 Antastscheibe (Ag)   10 Anlegeformteil
4 Lötungen   im inneren Thermoelement
5 Thermoknoten   11 Spannband
6 Anschlusskabel   12 Rohrwandung
7 Thermomaterialfilm

Abb. 7.43 Ausgewählte Einfachvarianten von Anlegethermoelementen

ben, sind parallel nebeneinander versetzte Bohrungen die Thermodrähte hart eingelötet.
Dünnfilmthermoelemente nach Abb. 7.43b, bei denen auf eine flexible Folienunterlage
eine thermoelektrische Filmanordnung aufgebracht ist, werden bevorzugt für gewölbte
Flächen eingesetzt.

In der Heizung-, Klima- und Lüftungstechnik werden Temperaturfühler gemäß Abb.
7.43c) eingesetzt. Das sensitive Oberflächenkontaktteil befindet sich direkt unter einem
elektrischen Anschlusskasten, der über Spannbänder an den Rohren befestigt werden
kann. Einfache Anlegefühlerkonstruktionen weisen bei Messtemperaturen über 100 °C
i. d. R. Messabweichungen über 5 K auf. Deutliche Verbesserungen demgegenüber zeigen mit Schalenisolierung ausgestattete Anlegefühler, die allerdings vorwiegend bei
dünnen Rohren Anwendung finden. Umfangreiche Untersuchungen zu verschiedenen
Schalenkonstruktionen unterschiedlicher Hersteller sind von Pufke in [7.28] dargestellt.
Obwohl dabei der Sensor jeweils als Pt 100 ausgeführt ist, sind die Ergebnisse auch auf
Thermoelemente anwendbar. Die Messungen erfolgten an Oberflächen unterschiedlicher
Qualität und im Temperaturbereich bis 150 °C. In Abb. 7.44 zeigt sich der thermischen
Physik entsprechend die Fehlereinkopplung durch die Temperaturdifferenz zwischen
Medium und Messstellenumgebung, d. h. mit der Höhe der Medientemperatur steigt die
Messabweichung.

Die relative Größe der Messabweichungen, zumindest bei glasperlengestrahlten Oberflächen, innerhalb einer Fühlerbauart, verweist auf die Empfindlichkeit der Messqualität in Bezug auf die Fertigungsdetails. Den Messungen gemäß zeigen diesbezügliche

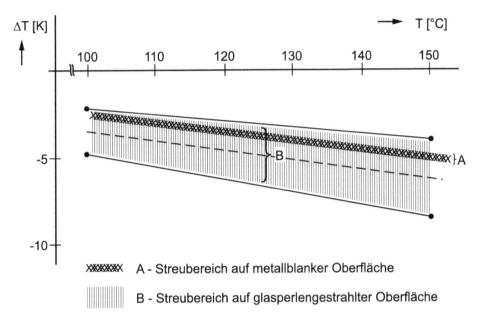

Abb. 7.44 Messabweichungen bei Messungen mit drei Anlegefühlern gleicher Bauart in Abhängigkeit von der Solltemperatur des Mediums bei verschiedenen Qualitäten der Rohroberfläche [7.28]

Untersuchungen zum Einfluss von De- bzw. Montageprozessen den gleichen Fehlereinfluss wie von der Fertigungsqualität. Eine besondere Form der Anlegethermoelemente sind die Multipunkt-Fühler. Hierbei sind mehrere Messstellen bzw. Thermoknoten über dem Rohrumfang bzw. auf der Oberfläche verteilt. Die Messsignale dieser verschalteten Mehrpunktsensoren können einzeln gruppiert oder gemittelt ausgegeben werden.

7.3.5.9.3 Faktoren mit Einfluss auf die Messunsicherheit

Wie im vorangegangenen Kapitel angeführt, bestehen naturgemäß die Abhängigkeiten zur Differenz Medientemperatur – Umgebungstemperatur. Bestehende Abhängigkeiten von der Fühlerbauform beinhalten beachtenswerter Weise auch solche vom jeweiligen Fertigungsstatus und dem Montagestatus. Diesen Einflussfaktoren sind folgende hinzuzurechnen:

- thermischer Kontaktwiderstand zwischen Anlegefühler und Rohroberfläche (s. Abb. 7.44), insbesondere beeinflusst von der Qualität der Rohroberfläche
- Änderungsrichtung (schnell) der Medientemperatur im Rohr, die sich durch Aufheiz- und Kühlprozesse ergibt
- Medienströmung und Medienart
- Isolation des Rohres, insbesondere der Messstelle
- äußere Konfektions- und Bestrahlungseffekte
- Füllgrad des Rohres

Die von Pufke [7.28] ausführlich durchgeführten Untersuchungen verweisen auf eine hohe Signifikanz hinsichtlich des Einflusses des thermischen Kontaktwiderstandes auf die erzielbaren Messabweichungen (s. Tabelle 7.9). Die Anwendung von Wärmeleitpaste und/oder Wärmeleitfolie ist unabdingbar.

Tabelle 7.9 Gemittelte Messabweichungen für drei Anlegetemperaturfühler am metallblankem Rohr, jeweils mit und ohne Hilfsmittel (Wärmeleitfolie und -paste) nach [7.28].

Medien-Temperatur im Rohr (°C)	Gemittelte Messabweichungen von drei Anlagefühlern (K)		
	ohne Hilfsmittel	mit Folie	mit Paste
100 °C	−3,00	−1,70	−1,28
110 °C	−3,35	−1,96	−1,44
120 °C	−3,80	−2,21	−1,64
130 °C	−4,23	−2,47	−1,96
140 °C	−4,68	−2,75	−2,40
150 °C	−4,91	−3,03	−2,72

7.3.6 Sicherheitsrelevante Thermoelemente

7.3.6.1 Allgemeine Fragen

Ein Dauertrend der Temperaturmesstechnik besteht darin, die Temperaturfühler nicht nur genauer, sondern bezogen auf vorliegende Applikationen auch funktionssicherer zu machen. Eine Sicherheitsrelevanz liegt bei den in Tabelle 7.10 aufgeführten Thermoelementgruppen vor.

In fast allen Sicherheitsbetrachtungen sind elektrische Beschaltungen bzw. die elektrischen Auswerte- und Versorgungsgeräte einzuschließen. Die Abschaltung und/oder Messung einer kritischen Temperatur bedeutet in aller Regel auch die Anwendung eines kritischen – d. h. mit diversen Unsicherheiten behafteten Messverfahrens. Vor dem Hintergrund, dass nur eine richtige Temperaturmessung eine ausreichende Prozesssicherheit bietet, sind neben den formalen, auf die Normvorgaben bezogene Betrachtungen, kritische Analysen zur Temperaturmessaufgabe anzustellen. Bei Oberflächentemperaturmessungen sind Fehler zwischen 3–8 % eher die Regel als die Ausnahme. Ändert sich die Luft- bzw. Mediendurchsichtigkeit durch Rauch o. ä. in Öfen oder anderen Anlagen kommt es bei hohen Temperaturen zu großen zweistelligen Strahlungsmessfehlern (s. Kapitel 7.2.3.6). Es ist also insbesondere in der Hochtemperaturmesstechnik festzuhalten, dass Sicherheitsbetrachtungen und Temperaturmessstellenanalysen gleichrangig sind.

Tabelle 7.10 Übersicht über sicherheitsrelevante Thermoelementes

Thermolelement Typengruppen	Kurzbezeichnung	Basisnormen
Explosionsgeschützte Thermoelemente	Ex-Fühler (eigensicher) (druckfest)	EN 60079-0:2018 EN 60079-11:2012 EN 60079-1:2014
Thermoelemente für Zünddurchschlagsicherungen	Flammenfühler	EN ISO 16852:2016
Sicherheitsbegrenzende Thermoelemente	STB-Fühler	DIN EN 14597:2015 (DIN 3440 (alt))
Funktional sichere Thermoelemente	SIL-Fühler	DIN EN 61508-1:2011 DIN EN 61511-1:2019

7.3.6.2 Explosionsgeschützte Thermoelemente

Physikalisch betrachtet sind Thermoelemente aktive Sensorelemente. Da aber selbst bei maximalen Einsatztemperaturen die thermoelektrischen Spannungswerte 1 V nicht überschreiten, können sie aus extechnischer Sicht als passiv bzw. „nichtzündend" angesehen werden. Thermoelemente können daher nach ATEX-Richtlinie als „Einfache Betriebsmittel" im Sinne der Eigensicherheit nach EN 60079-11 verwendet werden. Eine Reihe von Nebenforderungen aus der EN 60079 müssen sie allerdings erfüllen! „Einfache Betriebsmittel" erfordern keine Zertifizierung durch eine „benannte Stelle" (zugelassene Prüfstelle für ATEX-Geräte usw.). Die Verantwortung für die Übereinstimmung mit den relevanten Teilen der Norm trägt dann u. U. der Lieferant oder der Betreiber des Gerätes. Der Einsatz der „Einfachen Betriebsmittel", wenn auch kaum praktiziert, ist theoretisch in der Zone = 0 (d. h. Zone mit der höchsten Zündgefahr – s. Tabelle 7.11) möglich.

Tabelle 7.11 Zoneneinteilung und Zündwahrscheinlichkeit

Zonen- anwendung	Kategorie Spezifikation	Explosive Atmosphäre
Zone 0	1	höchst wahrscheinlich (aufgewirbelter Staub)
Zone 1	2	gelegentlich auftretend (aufgewirbelter Staub)
Zone 2	3	gering wahrscheinlich (abgelagerter Staub)

Anmerkung: G ... bei Gasatmosphäre, D ... bei Staubatmosphäre)

Die in der Praxis bei Thermoelementen sehr häufig angewandten Zündschutzarten sind die „Eigensicherheit i" und die „Druckkapselung d". Eigensichere Thermoelemente sind so aufgebaut bzw. müssen so betrieben werden, dass zündfähige Funken und heiße Oberflächen nicht entstehen. Der elektrische Anschluss muss mit einem „zugehörigen

Betriebsmittel" realisiert werden, dessen elektrische Leistungsparameter eine Zündfunkenbildung ausschließen (s. Abb. 7.45).

Bei der Zündschutzart „Eigensicherheit" unterscheidet man die Kategorien „ia" und „ib".

ia: *Für den Einsatz in Zone 0 bzw. Kategorie 1.*
Die Geräte müssen so konzipiert sein, dass im Falle des Fehlers oder bei jeder möglichen Kombination von zwei Fehlern eine Zündung ausgeschlossen ist

ib: *Für den Einsatz in Zone 1 bzw. Kategorie 2.*
Die Geräte müssen so konzipiert sein, dass im Falle eines Fehlers eine Zündung ausgeschlossen ist.

Bezüglich der heißen Oberflächen besteht eine in Tabelle 7.12 aufgeführte Temperaturklassifizierung. Die Ermittlung der maximalen Oberflächentemperatur des Temperaturfühlers erfolgt in Verbindung mit der maximalen Leistungsausgabe der Spannungsquelle im elektrischen Messkreis und dem thermischen Widerstand des Fühlers zur ruhenden Luftumgebung.

Im Gegensatz zu widerstandselektrischen Temperatursensoren spielen Eigenerwärmung bei Thermoelementen eine untergeordnete Rolle. Nur bei sehr dünnen Thermodrähten könnten im Störfall bei Stromfluss merkliche Stromerwärmungen entstehen. Die Erwärmung liegt im Allgemeinen unter 5 K. Bei dem normgemäßen Sicherheitszuschlag von 5 K könnten sich so Einschränkungen der Grenztemperatur in den jeweiligen Temperaturklassen von nur 10 K bzw. die korrigierten Oberflächentemperaturwerte nach Tabelle 7.12 ergeben.

Tabelle 7.12 Temperaturklassen und vorgegebene bzw. korrigierte Oberflächentemperaturgrenzwerte unter Berücksichtigung der geringen Eigenerwärmung bei dünnen Thermoelementen (beispielhaft angenommener Korrekturwert von 10 K)

Temperatur-klasse nach EN 60079	Vorgegebene Grenz-temperatur	Korrigierter max. Ober-flächentemperaturwert bei Thermoelementen (für Sicherheitskorrektur 10 K)	Beispiele für Zündtemperaturen von Gasen
T1	450 °C	440	Wasserstoff 560 °C
T2	300 °C	290	Acetylen 305 °C
T3	200 °C	190	Benzin 220 °C
T4	135 °C	125	Diethylen 170 °C
T5	100 °C	90	–
T6	85 °C	75	Schwefelkohlen-wasserstoff 95 °C

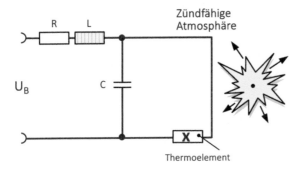

Abb. 7.45 Prinzipbild der Eigensicherheit (R, L, C = Widerstände, Kapazitäten und Induktivitäten im elektrischen Messkreis)

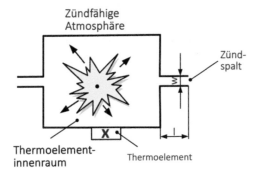

Abb. 7.46 Prinzipbild der druckfesten Kapselung (w = Spaltweite, l = Spaltlänge, TE = Thermoelement-Armatur

Teils unbeachtet, aber trotzdem zwingend zu berücksichtigen sind die nichtmetallischen Schutzschichten der Thermoelement-Schutzrohre. Bei der Möglichkeit einer elektrischen Aufladung dieser Schichten sind auf der Basis der Analyse von elektrischer Leitfähigkeit, Schichtdicke und Flächengröße Einsatzbeschränkungen oder auch ein Einsatzverbot angezeigt. Eine Einsatzbeschränkung in dieser Hinsicht kann durch eine Änderung der Einstufung der Explosionsgruppe erfolgen; z. B. von IIC auf IIB (IIA). Mit einer Umstufung schließt man Zündgemische mit niedriger Zündenergie aus.

Bei der Druckkapselung sind die Elemente, die eine Zündung auslösen können, in einem druckfesten Gehäuse (z. B. Anschlusskopf, Schutzrohr …) eingebaut. Bei Zündung im Inneren wird die Druckentwicklung langsam über Spalte nach Außen gegeben (s. Abb. 7.46). Bei druckgekapselten Thermoelementen kann das Ex-Bauteil „Anschlusskopf" entscheidend die Einsatzgrenze bestimmen. Wenn z. B. mit der Schutzrohrmontage keine unzulässige Erweiterung des *Druckraumes* des Anschlusskopfes vorgenommen wird, kann die Zulassung zum Kopf auf den Fühler zumindest teilweise übertragen werden.

Oft werden Ex-Thermoelemente in hochgradigen Prozessen eingesetzt, wobei die Fühler dabei nur im Prozessanlauf d. h. im Anfangstemperaturbereich 20 °C … 450 °C explosionsfähigen Atmosphären ausgesetzt sind. Dies ist genau dann zulässig, wenn im ex-unschädlichen Hochtemperaturbereich (> 450 °C) keine Veränderungen der Konstruktions- und Materialparameter entstehen. Gibt es bei der Hochtemperaturbelastung Veränderungen am Fühler, verliert dieser seine Eigenschaft „ex-fähig" bzw. „ex-geschützt".

Beim Einsatz der Thermoelemente in der Zone 0 ergibt sich eine ausreichende Sicherheit bei Inanspruchnahme zweier unabhängiger Schutzmaßnahmen. Dies kann u. a. nach EN 50258 erreicht werden durch:

- eine Kombination zweier Schutzprinzipien (z. B. „i" und „d") oder
- die Anwendung einer Zonentrennung (z. B. Zonentrennung durch ein Zusatzschutzrohr)

7.3.6.3 Thermoelemente für Temperaturbegrenzungssysteme

Normkonforme Thermoelemente können in Verbindung mit geprüften elektrischen Temperaturbegrenzungseinrichtungen in wärmeerzeugenden Anlagen eingesetzt werden. Grundlage dafür legt die Norm DIN EN 14597 fest. In ihr werden verschiedene Temperaturbegrenzungssysteme definiert und klassifiziert. Die Klassifikation geschieht nach der Applikation und der Rückstellungsart bei Fehlermeldung und Grenzwertüberschreitung. Insbesondere werden unterschieden:

- STB   Sicherheitstemperaturbegrenzer (Standard).
- ASTB   Sicherheitstemperaturbegrenzer für den Abgasbereich.
- STW   Sicherheitstemperaturwächter und
- Betriebstemperaturbegrenzer.

Die standardgemäßen bzw. klassischen Sicherheitstemperaturbegrenzer (STB) sind normgemäß Schutztemperaturbegrenzer, die auf eine Grenzwertüberschreitung reagieren, wobei der Grenzwert auf spezielle Art fest eingestellt ist und die Rückstellung nur manuell oder mittels Sondermaßnahmen erfolgen kann.

Als Thermoelemente werden Thermopaare nach DIN EN 60584, insbesondere Thermopaare Typ N, eingesetzt. Die zugehörigen Schutzrohre bestehen aus metallischen Nickel-Chrom-Basisstählen bzw. aus keramischen Materialien (Aluminiumoxid, Aluminiumnitrid), wobei sich die Werkstoffauswahl nach den am Messort herrschenden Bedingungen richtet. Zwischen dem Temperaturfühler und dem elektrischen Temperaturbegrenzer wird im Allgemeinen eine thermoelektrische Ausgleichsleitung angeschlossen. Bei Transmittereinsatz kommt eine normale Anschlussleitung zum Einsatz. Obwohl auch einkanalige (d. h. Temperaturfühler mit einem Thermoelement) Lösungen bestehen, werden mehrheitlich STB-Systeme mit zwei thermoelektrischen Sensoren – also mit zwei Kanälen – verwendet (s. Abb. 7.47).

Ein besonderes sicherheitsrelevantes Problem sind Minderungen des thermoelektrischen Signalwertes durch andere als Temperatureinflüsse, insbesondere dann, wenn sie in beiden Kanälen vorzeichen-, und betragsgleich auftreten. Nun ist es durchaus möglich, dass solche Änderungen der Thermospannungen durch Veränderungen des Isolationswiderstandes und innere Korrosion im Messkreis auftreten.

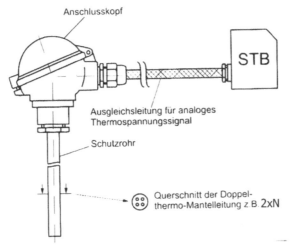

Abb. 7.47 Zweikanaliger STB-Fühler [7.16]

Dieser mögliche Fall tritt bei Korrosionsschäden im Außenmantel von Mantelther-moelementen ein. Er kann weiterhin eintreten bei Feuchtigkeitseinbruch und durch Tau-punkteffekte im Thermometeranschlusskopf, sowie weiterhin durch mechanische und chemische Beschädigungen der Thermoausgleichsleitungen. Dadurch, dass im Allge-meinen Mantelleitungen als Duplexmantelleitungen (also keine zwei separaten MI-Lei-tungen) ausgeführt und auch Doppelmantelthermoleitungen verlegt werden, treten diese Störeffekte jeweils in beiden Messkanälen gleichzeitig auf und können von der nachfol-genden Elektronik nicht als Differenzfehler erkannt werden.

So können schleichende elektronische Effekte nach einer Schutzrohrbeschädigung Messwertänderungen z. B. von 900 °C auf 800 °C bewirken und damit die temperatursi-chere Abschaltung in Frage stellen.

Die relativ großen Verbindungen zwischen Thermometeranschlusskopf und Elektro-nik lassen auch eine Reihe von anderen Störeffekten auf das Analogsignal zu: z. B. „Ein-streuungen", elektrolytische Effekte bei Kabelverletzungen oder andere. Die meisten dieser Fehler würde die STB-Elektronik erkennen, wenn statt eines Duplex-Elementes zwei einzelne Simplexelemente parallel zum Einsatz kommen bzw. wenn von Sensor bis Signalgeber im STB völlig unabhängige Messkanäle existieren.

Zwischen den Prüfwerten der Typprüfungen und den festgelegten Thermoelement-Daten besteht folgende Beziehung:

a) aus Wechselstresstest $T_1 \leftrightarrow T_2$: $T_2 = 0{,}9$ TME
   mit $T_1 \dots T_2$ Transferwechselintervall

b) aus Überlasttest bei $T_{\ddot{U}}$: $T_{\ddot{U}} = 1{,}15$ TME
   mit $T_{\ddot{U}} = $ Überlasttemperatur, TME = Messbereichsendwert

Die festgestellte Drift und die vorliegende Sensortoleranz ergeben als Summe einen Sicherheits-Vorhaltewert der beim Einstellen der Begrenzungswertes zu berücksichtigen

Tabelle 7.13 Übersicht über STB-Anschlussvarianten

(1)	Thermoelement an zugelassene STB-Geräte (nach EN 14597) mit direktem Sensorsignaleingang Optional: Anschluss an eigensichere zugehörige Betriebsmittel mit Thermoelement-Signaleingang
	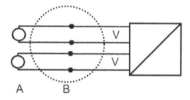 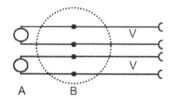
(2)	Jeder Messkreis wird an einem eigensicheren SIL-zugelassenen Kopf-Transmitter (mit Ex-Schutz-Zulassung) angeschlossen. Vom Transmitter werden die Fühlersignale in normgemäße Ausgangssignale (z. B. 4–20 mA) umgewandelt.
	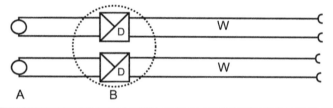
(3)	Zwei Messkreise werden an Sicherheitstemperaturbegrenzer nach EN 14597 sowie mit Ex-Zulassung angeschlossen. Ein weiterer Messkreis steht zum Anschluss an eigensichere zugehörige Betriebsmittel zu Regelungszwecken zur Verfügung.
	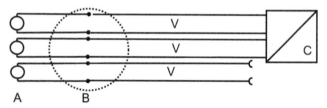
(4)	Zwei Messkreise werden an Sicherheitstemperaturbegrenzer nach EN 14597 sowie mit Ex-Zulassung angeschlossen. Dabei ist auch der Anschluss von STB möglich, die nicht über den Transmittersignaleingang, sondern nur Eingang für Thermoelement-Signale verfügen. Ein weiterer Messkreis wird an einen SIL- und Ex-zugelassenen Transmitter angeschlossen.
	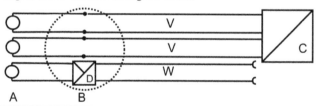

A = Sensor, B = Anschlusskopf, C = STB-Gerät, D = Transmitter
V = Thermoelement-Ausgleichsleitung, W = Cu-Anschlussleitung (für 4 … 20 mA-Signal)

ist. Die Begrenzungssysteme sind turnusmäßig zu überprüfen, wobei Thermoelemente mit Prüfkanal einen großen Vorteil bieten (s. Kapitel 7.3.5.3).

Die STB-Thermoelemente können auch in mehr als zwei, z. B. drei, Kanälen ausgeführt sein [7.16]. Tabelle 7.13 gibt einen Überblick über die vielseitigen Applikationen.

7.3.6.4 Thermoelemente für SIL-Anwendungen

7.3.6.4.1 Normalausführungen

Thermoelementen, die auf der Basis von ISO 9001 o.ä. entwickelt und gefertigt sind, können nicht nur in STB-Systeme (s. Kapitel 7.3.6.3.), sondern allgemein in sogenannte sicherheitstechnische Systeme (kurz SIS) eingesetzt werden. In der Prozessindustrie wird nach SIS-Betrachtungen eine Betriebsart mit niedriger Anforderungsrate, d. h. der „low-Demand-Mode" angenommen, so dass dies im Allgemeinen auch für die Thermoelemente gilt. Innerhalb dieser Betriebsart „low-Demand-Mode" sind sogenannte SIL-Stufen (safety integrated level) wie folgt fixiert:

Tabelle 7.14 Versagenswahrscheinlichkeit im Anforderungsfall SIL-Stufen
(IEC 61508-2, Kapitel 7.4.3)

SIL-Stufe	PVD	Max. Ausfallereignis
SIL 1	$10^{-1} \ldots 10^{-2}$	1 pro 10 Anforderungen
SIL 2	$10^{-2} \ldots 10^{-3}$	1 pro 100 Anforderungen
SIL 3	$10^{-3} \ldots 10^{-4}$	1 pro 1000 Anforderungen
SIL 4	$10^{-4} \ldots 10^{-5}$	1 pro 10000 Anforderungen

Für sicherheitsfunktionale Berechnungen ist die Versagenswahrscheinlichkeit im Anforderungsfall „PVD" wichtig. Die weiteren Betrachtungen fußen dann auf vorliegenden Ausfallzahlen zur Feststellung der Betriebsbewährtheit. Falls keine diesbezüglichen Anhaltspunkte für andere Einschätzungen vorliegen, sind Prüfintervalle von einem Jahr angezeigt. Man kann eine Klassifikation der thermoelektrischen Basisfehler vornehmen, wobei die diesbezüglichen Angaben in den SIL-Dokumenten vieler Hersteller konform sind. [7.40] [7.41]

Unter Vorbehalt klassischer thermoelektrischer Applikationen im mittelbaren Temperaturbereich zeigt sich demgemäß folgendes Fehlerbild:

(1)   Bei Thermoelementen sind Kurzschlüsse insbesondere im medienbelasteten Schutzrohrteil nicht erkennbar (s. Kapitel 7.2.4).

(2)   Eine Drifterkennung ohne Zusatzsensoren ist ebenfalls nicht möglich.

(3)   Einen Drahtbruch können Auswerteelektroniken allerdings sicher leicht erkennen.

Es liegt damit bezüglich der Fehlerkategorisierung folgende Situation bei thermoelektrischen Messungen vor (Fehlerverteilung bei Standardthermoelementen):

- entdeckter Fehleranteil   95 %:   → Drahtbruch (Offener Kreis)
- unentdeckter Fehleranteil   5 %:   → ca. 1 % Kurzschluss
  → ca. 4 % Drift (gilt nur im mittleren
  Temperaturbereich s. Kapitel 7.5)

Auf dieser Basis und der gewählten Redundanzen bzw. Kanalvielfalt sind abschließende Fehlerschätzungen durch den Betreiber möglich.

7.3.6.4.2 Diversität und höhere SIL-Fähigkeit

■ **Diversität durch Thermoelement und Widerstandsthermometer**
Im Gegensatz zum normalen thermoelektrischen Anwendungsbetrieb, bei dem die Annahme eines 4 % Driftausfalls angebracht erscheint, treten bei Hochtemperaturanwendungen Driftvorgänge umfangreich auf (s. Kapitel 7.5). Eine erforderliche Drifterkennung wäre auf der Basis zweier verschiedener Sensorprinzipien, die im Allgemeinen auch verschiedene Driftverhalten aufweisen, möglich. Der Einsatz zweier verschiedener Sensorprinzipien bedeutet aus SIS – Sicht die Anwendung des Diversitätsprinzips, welches eine Höherstufung des Sicherheitsniveaus mit sich bringen kann. Vorteilhaft im Sinne der Diversität ist die Verwendung einer Fühlerkombination aus Thermoelement und Widerstandsthermometer in zweikanaliger Ausführung, d. h. in

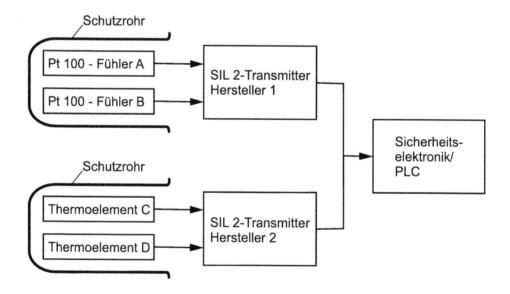

Abb. 7.48 Temperaturfühler mit widerstandselektrischen und thermoelektrischen Sensoren in 1002-Konfiguration

1002-Architektursystem (s. Abb. 7.48). Hierbei können Kurzschlüsse, Unterbrechungen der Messkreise und Drifteffekte schaltungstechnisch erkennbar gemacht werden (s. Tabelle 7.15). Praktischerweise bzw. im Sinne der SIS werden beide Kanäle und SIL2-Temperatur-Transmitter möglichst unterschiedlicher Hersteller bestückt. In dieser Ausführung ist für eine entsprechende Temperaturfühler-Kombination (s. Abb. 7.48) mit SIL2-Transmitter die SIL-Stufe 3 erreichbar.

Tabelle 7.15 Mögliche Fehlererkennbarkeit in einer widerstands- und thermoelektrischen Sensorkombination bei 1002-SIS-Struktur

Fehlerart	Erkennung im SIL2 Transmitter				Erkennung in der Sicherheitslogik ① und ②
	(TE) Hersteller ② Auswirkung	**Fehlersignal**	**(Pt 100) Hersteller ① Auswirkung**	**Fehlersignal**	
Kurzschluss	fehlerhafte Spannung	nein	Signal Null	ja	erkennbar ① und ②
Unter- brechung	Signal offen	ja	Signal offen	ja	erkennbar
material- bedingte Drift	allgemein, bei verschie- denen Materialien	nein / ja	bedingt möglich	nein	erkennbar bei Vorauswahl des Matrerials ① und ②
Drift durch Isolations- defekt	gering	nein	stark	nein	erkennbar ① und ②
Drift durch Fouling	sehr gering	nein	sehr gering	nein	nicht erkennbar (nur bei höhenver- setzten Sensoren)
Fehlerstrom (elektrischer Fehler)	entfällt	nein	Eigen- erwärmung	nein	erkennbar wie materialbedingte Drift ① und ②
Software- fehler	Spannungsmessung		Widerstandsmessung		erkennbar ① und ②
mechanische Zerstörung beider Kanäle	wie Kurzschluss	nein	wie Kurzschluss	ja	erkennbar wie Kurzschluss ① und ②

■ **Quasi-Diversität bei Doppelthermoelementen**

Eine anerkennenswerte Quasi-Diversität erreicht man auch durch parallelen Einsatz zweier völlig unterschiedlicher MIMS-Thermoelemente in Simplex-Ausführung. Die Unterschiedlichkeit muss allumfassend sein, d. h. sie betrifft dabei die Thermopaarung, die Mantelwerkstoffe, die Geometrie und die Technologie, z. B. entsprechend Tabelle 7.16, Kapitel 7.5.3.1.

Als mögliche Kombination differenter Thermopaare bieten sich an:

Tabelle 7.16 Kombinationen differenter Thermopaare

Thermoelement 1	Thermoelement 2
Typ K	Typ N
Typ S	Typ N
Typ S	Typ R(B)

Normalerweise sind in einem Doppelthermoelement (Duplexvariante) beide Thermopaare in einem gemeinsamen Mantelrohr untergebracht. Bei einer Duplexvariante driften im Falle eines Isolationseinbruchs (Aufriss der Mantelleitung) beide Thermopaare gleichermaßen und die Drift ist als Differenzvergleich nicht erkennbar. Dagegen ist eine eventuell eintretende Drift in zwei konstruktiv und werkstofftechnisch differenten MIMS-Elementen in Simplexausführung sehr verschieden und daher auch ein Differenzsignal zwischen beiden Elementen 1 und 2 genau erkennbar. Im Weiteren sollten Elektroniken verschiedener Hersteller verwendet werden. Eine Kurzschlusserkennung ist mit zwei MIMS-Thermoelementen nicht möglich.

■ **Thermische Ungleichheit verknüpfter SIL-Signaleingänge**

In der Praxis werden zur Erlangung des SIL-Niveaus 3 zwei SIL2-Temperaturfühlerelemente (s. Abb. 7.48) in der Sicherheitsarchitektur 1002 verwendet. Unbeachtet bleibt dabei, ob an den Kanaleingängen beider Kanäle die gleichen Eingangsbedingungen vorliegen. Während zwei räumlich versetzte SIL2-Drucktransmitter in einem druckbelasteten Raum gleichgroße Drücke am Sensoreingang vorfinden, ist beispielsweise die Temperatursituation an der Messspitze zweier räumlich versetzten SIL2-Thermoelemente in einem durchströmten Verbrennungsraum nur in Ausnahmefällen gleich. Die Sicherheitskontrolle könnte trotz fehlerfreier Gerätesituation wegen der vorliegenden räumlich bedingten Temperaturdifferenz die vorliegende Signalsituation als driftfehlerhaft einschätzen und mit Abschaltung reagieren. Führt man andererseits beide Kanäle in einer Wärmebrücke direkt zusammen um fehlerhafte thermische Eingangszustände zu vermeiden, kann es im Falle eines Fehlerstromes der Elektronik im Messkreis zu einer Eigenerwärmung des Pt100-Sensors kommen. Die Wärme könnte über die Wärmebrücke die Parallelkanäle thermisch gleichstellen und damit das fehlerstrombedingte Signal wegen Gleichheit in beiden Kanälen unbemerkbar machen.

7.3.6.4.3 SIL-Ausführungen im Explosionsschutz

Grundsätzlich können zunächst alle Zündschutzarten für Thermoelemente mit SIL-Anforderungen benutzt werden. Bei Systemen mit SIL-Anwendungen, für die zusätzlich Ex-Sicherheit beansprucht wird, ist zunächst das kleinste Prüfintervall aus SIL-Vorgaben bzw. Ex-Festlegung zugrunde zu legen, in der Regel ein Jahr. Die Eigensicherheit, insbesondere in Applikationen prozessprüfbarer Thermoelemente (s. Kapitel 7.3.5.3), bietet hier Vorteile in der Praxis.

Gerade bei dieser Kombination von *SIL* und *Ex* benutzt man vorzugsweise *galvanische Trennstufen.* Werden diese eingesetzt, hat man einerseits eine hoch zu bewertende extechnische Lösung, jedoch andererseits ein zusätzlich zu bewertendes Elektronikelement in der Sicherheitskette. Es könnte so zu einer Rückstufung der SIL Stufe X auf X-1 erfolgen.

7.3.6.5 Thermoelemente für Flammendurchschlagsicherung

Der Überwachung des Flammendurchschlags wird allgemein eine besondere Aufmerksamkeit und ihr daher auch die DIN-Norm DIN EN 12874 (Flammendurchschlagsicherungen, Leistungsanforderungen, Prüfverfahren und Einsatzgrenzen) gewidmet. Aus montagetechnischen Gründen wird bei diesen Flammenfühlern, die für Zone 0 bzw. Kategorie 1 klassifiziert sind, oft auf eine Konstruktionsausführung nach Zone 1 mit Zusatzschutzrohr und so auf das Schutzprinzip *Zonentrennung* zurückgegriffen

Die relevante Norm sieht bezüglich der Dynamik bei einen Temperaturhub von 60 K eine Reaktionszeit von 30 Sek vor. Diese gesamtsystemische Forderung ist nicht direkt auf die t50 bzw. t90-Zeit des Thermoelementes umsetzbar. Unbestritten ist ein schnelles Thermoelement mit einem dünnwandigen verjüngten Schutzrohr ein positiver Sicherheitsfaktor in dynamischer Hinsicht. Jedoch insbesondere bei größeren Gasströmungen muss die Schutzrohr-Festigkeit nicht nur nach Dittrich [7.8] sondern parallel nach Murdock überprüft werden; bzw. es sind entsprechende Schutzrohr-Berechnungsprogramme (z. B. ASME PTC 19.3 TW 2016) anzuwenden [7.3].

7.4 Dynamisches Verhalten von Thermoelementen

7.4.1 Begriffsdefinition

Das dynamisch Verhalten von Temperaturfühlern wird in der VDI/VDE Richtlinie 3522 behandelt. Nachfolgende Begriffe zum thermoelektrischen Zeitverhalten sind daran angelehnt.

Dynamisches Verhalten –
zeitlich verzögerte (physikalisch bedingte) Signalreaktion des Thermoelementes durch die auf das Thermoelement einwirkende Temperaturänderung. Das dynamische Verhalten kann auf der Basis regelungstechnischer Betrachtungen im Zeitbereich t durch eine Übergangsfunktion und im Frequenzbereich ω(t) durch eine Übertragungsfunktion beschrieben werden.

Dynamischer Messfehler –
zeitabhängiger thermischer Messfehler, der sich infolge des dynamischen Verhaltens des Thermoelementes einstellt. Er muss applikationsbezogen ermittelt werden.

(Temperatur-)Sprungantwort –
Spannungsänderung des Thermoelementes infolge eines Temperatursprunges

Temperatursprung –
theoretisch angenommene unendlich schnelle Temperaturänderung von einer Temperatur T_{S0} zu einer Temperatur T_S. Die Temperaturdifferenz $T_{S0} - T_S$ heißt diesbezüglich Temperatursprunghöhe.

Zeitkonstante τ –
charakteristischer Kennwert zum dynamischen Verhalten des Thermoelementes, wenn die zuordenbare Übergangsfunktion eine Exponentialfunktion 1. Ordnung ist.

Zeitprozentkennwert t_x –
Die Zeit bis zum Erreichen von x-Prozent des Endwertes der Übergangsfunktion (s. Kapitel 7.4.2.2) nach einem Temperatursprung. Typische Zeitprozentkennwerte sind t_{50}, t_{63}, t_{90}, t_{99}. Die Ermittlung der Zeitprozentkennwerte erfolgt in Messeinrichtungen nach VDI/VDE-Richtlinie 3522 Blatt 2.

7.4.2 Grundlagen

7.4.2.1 Allgemeine Betrachtungen

Für Automatisierungstechniker ist die Kenntnis des dynamischen Verhaltens der Temperaturfühler sehr wichtig.Bei den meisten Betrachtungen geht man von kleinen Temperatursprüngen im unteren bzw. mittleren Temperaturbereich aus. Es können so temperaturabhängige Einflüsse auf die bestimmenden Parameter der Wärmeausgleichsprozesse im Inneren des Thermoelementes vernachlässigt werden und die Konstanten der Übergangsfunktion als fix angenommen werden. Bei Thermoelementen, deren bevorzugtes Einsatzgebiet die Hochtemperaturtechnologie ist und die daher auch hohen Temperatursprüngen ausgesetzt sind, kann dies nicht mehr als gegeben angenommen werden.

Bei großen Temperatursprüngen ändert sich innerhalb des Bereiches des Temperatursprunges die Wärmeleitung in den einzelnen Materialien des Thermoelementes. Auch der Wärmeübergang an der Oberfläche des Thermoelementes ändert sich durch spürbare Einflussnahmen der Temperaturstrahlung. Das heißt, die Wärmeausgleichsvorgänge bestimmenden Parameter des Thermoelementes sind am unteren Ende des Temperatursprunges andere als an dessen oberen Ende. Auch die Oberflächentemperatur der *umschließenden Flächen* der Messstelle ändert sich. Somit muss man zwangsläufig bei Temperatursprüngen mit großer Sprunghöhe (größer 100 K ... 300 K) eine Sprungrichtungsunterscheidung vornehmen bzw. bei Zeitprozentkennwerten (auf) Aufwärtssprung oder Abwärtssprung (ab) angeben.

Bei großen Temperatursprüngen muss weiterhin von Mitkopplungs- bzw. Mitführungseffekten durch die Umgebung ausgegangen werden. Für diese Fälle empfehlen sich gesonderte Betrachtungen und Untersuchungen.

7.4.2.2 Beschreibung des dynamischen Verhaltens

Die Dynamik der Thermoelemente kann auf der Basis regelungstechnischer Betrachtungen beschrieben werden. Danach wird das Thermoelement als Übertragungsglied angesehen, dessen Eingangssignal die Temperatur und das zugehörige Ausgangssignal die thermoelektrische Spannung ist. Daran anknüpfend kann man üblicherweise das dynamische Verhalten von Übertragungsgliedern im Zeitbereich mittels einer Übergangsfunktion h(t) und im Frequenzbereich (auch Laplace-Bereich) mit einer Übertragungsfunktion G(p) beschreiben.

Je nach konstruktivem Aufbau kann man die Thermoelemente im regeltechnischen Sinne in T_1- oder T_2-Glieder unterscheiden. Dünne Thermoelemente lassen sich mit nur einer Zeitkonstante beschreiben, d. h. sie stellen ein T_1-Glied dar. Dickwandige Thermoelemente, die u. U. auch mit Zusatzschutzrohren versehen sind, werden als T_2-Glieder betrachtet und besitzen zwei Trägheitszeitkonstanten in ihrer Übertragungsfunktion.

Dynamik und Kennwertermittlung im Zeitbereich

Wird am Eingang des Übertragungsgliedes ein Temperatursprung realisiert, so findet sich am Ausgang die sogenannte Sprungantwort. Aus der normierten Antwortfunktion lassen sich entsprechend Abb. 7.49 die der dynamischen Charakterisierung relevanten Zeitkennwerte $t_{50} \ldots t_{99}$ ermitteln.

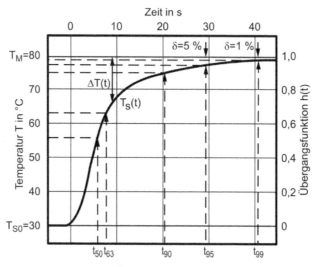

Abb. 7.49 Darstellung der Übergangsfunktion und Kennwerte $t_{50} \ldots t_{99}$

Die Zeitkonstante T eines T_1-Gliedes kann als Subtangente zu der an die Übergangsfunktion gelegte Tangente gefunden werden, wobei insbesondere gilt:

$h(t = T) = 63\,\%h\ (t{\to}\infty)$ bzw. $h(t = 3T) = 95\,\%h\ (t{\to}\infty)$

Dynamik und Kennwertermittlung im Frequenzbereich
Zur applikationsnahen Ermittlung der dynamischen Parameter, d. h. Kennwertermittlung in der originalen Messstelle und unter realen Mediums- und Umgebungsparametern, sind frequenzbasierte Testverfahren vorteilhaft. Meist werden dabei sinusoidale Eingangssignale verwendet.

Die zu den Eingangssignalen zugehörigen Ausgangssignale werden in Form des Amplitudenverhältnisses (d. h. bezogen auf die Amplitude bei der Frequenz Null) logarithmisch d. h. in einem sogenannten Bode-Diagramm aufgezeichnet. Die Zeitkonstanten T_1 und T_2 ergeben sich als sogenannte Eckfrequenzen (s. Abb. 7.50).

7.4.3 Größen mit Einfluss auf die Dynamik

Man kann vier Einflusskomplexe zusammenfassen, die Einfluss auf die Signalreaktion der thermoelektrischen Messfühler besitzen:

a   **Parameter des Mediums (Messobjekte)**
    Der Einfluss des Mediums (Messobjekte) betrifft das Temperaturfeld als solches, insbesondere die Maximaltemperatur. Im Weiteren finden sich Einflüsse durch die Strömungsparameter des Mediums und in den Mediumparametern (z. B. Dichte).

b **Einbaubedingungen, inklusive Umgebungsbedingungen**

Die Einbaubedingungen beeinflussen sowohl die statischen als auch dynamischen, thermischen Messfehler bei der Temperaturmessung. Dies resultiert insbesondere aus der vorliegenden Einbautiefe des Thermoelementes und des Anströmwinkels. Veränderungen der Oberflächentemperatur der Umschliessungsflächen der Messstelle sind ebenfalls bei hohen Temperaturen zu beachten.

c **Konstruktionsparameter des Thermoelementes**

Die konstruktiven Ausführungsdetails der Thermoelemente sowohl bei der äußeren Gestaltung als auch bei der Innenkonstruktion, sowie im Weiteren die gewählten Materialien mit ihren Wärmeleitvermögen und die Wärmekapazität der Thermoelemente insgesamt sind dynamische Einflussfaktoren.

d **Vergleichsstelle (Dynamik der Vergleichsstelle)**

Die Vergleichsstelle beeinflusst die Dynamik genau dann, wenn sie nicht auf konstanter Temperatur gehalten wird. Immer öfter kommen Auswerte-ICs zur Anwendung, die die Temperatur der IC integrierten Vergleichsstelle messen und nachfolgend korrigieren. Diese ICs kommen auch direkt im Prozessfeld zum Einsatz, das u. U. zeitlich stark wechselnden Umgebungsbedingungen unterworfen ist. So entwickelt die Vergleichsstelle eine eigene Dynamik und beeinflusst so das dynamische Verhalten insgesamt.

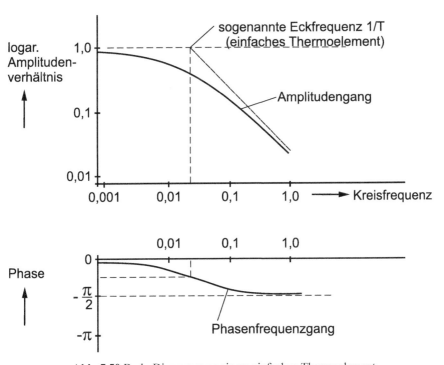

Abb. 7.50 Bode-Diagramm zu einem einfachen Thermoelement

7.4.4 Maßnahmen zur Verbesserung der Dynamik

Gemäß der bestehenden Abhängigkeit $t_{63} = f(C_{TE})$ beeinflusst die Wärmekapazität C_{TE} die dynamischen Konstanten ($t_{63\,...\,95}$) direkt. Über Durchmesserreduzierungen im sensitiven Bereich des Temperaturfühlers, die damit zur Verringerung der thermischen Kapazität führen, gelingt die größte Verbesserung der Dynamik von Thermoelementen. Eine weitere Verbesserung ergibt sich durch die Vergrößerung der Fühleroberfläche.
Eine vergrößerte Fühleroberfläche, z. B. erzielt durch Laserstrukturierungen mit 20 … 80 μm Strukturtiefe oder Mikroverpressungen nach Verfahrensvorschriften der Fa. tmg (wie Abbildung 7.51 zeigt), verbessern den Wärmeübergang und damit die t_x-Zeiten. Eine Verbesserung der Thermoelementdynamik erreicht man auch durch eine Mehrkant-Verpressung des sensitiven Bereiches (s. Abb. 7.52). Durch die Verpressung wird die Pulverfüllung verdichtet. Die Mehrkantoberfläche verbessert den Wärmeübergang.

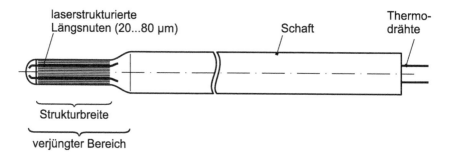

Abb. 7.51 Verjüngte Thermoelementspitze mit Laserstrukturierung

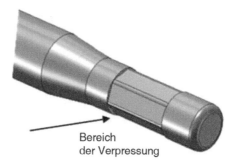

Abb. 7.52 Verjüngte Thermoelementspitze mit Sechskantverpressung
(Werksfoto TMG)

7.4.5 Messvorrichtungen zur Ermittlung des dynamischen Verhaltens und typische Dynamikwerte

Zur Bestimmung der dynamischen Kennwerte der Thermoelemente existieren eine Reihe von Methoden und Versuchsanordnungen, die in der VDI/VDE – Richtlinie 3522 explizit beschrieben sind. Eine klassische und oft angewendete Prüfvorrichtung ist in Abb. 7.53 dargestellt. Anwendungsgemäß wird nur das temperierte Messmedium im runden Kesselgefäß in Rotation versetzt. Über die Rotationsgeschwindigkeit ist die Anströmungsgeschwindigkeit am Prüfort einstellbar.

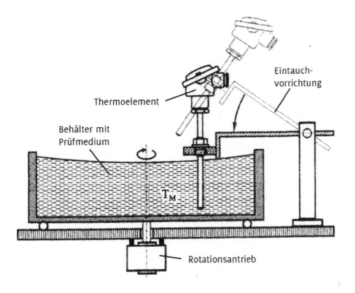

Abb. 7.53 Einfache Sprungvorrichtung nach VDI/VDE Richtlinie 3522

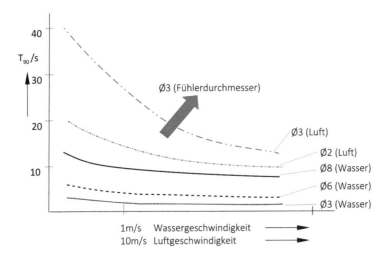

Abb. 7.54 Kurven mit Zeitkonstanten bei verschiedenen Durchmessern

Das zu prüfende Thermoelement wird aus der Ausgangslage bei T_U-Umgebungstemperatur schnell in das Medium mit T_M-Prüftemperatur eingetaucht. Es ergeben sich für Mantelthermoelemente im Durchmesserbereich 1 … 6 mm Richtwerte nach Abb. 7.54, die jedoch im Einzelfall bzw. bei besonderer Konstruktion abweichen können.

7.5 Driftverhalten von Thermoelementen

7.5.1 Ausfallverhalten und Zuverlässigkeit

Die generelle Angabe von Lebensdauerzahlen bzw. Zuverlässigkeitswerten erscheint bei Thermoelementen nicht möglich. Durch die sehr hohe Anzahl von industriellen Applikationen mit teils harten und schwierigen Einsatzbedingungen bedarf es in der Regel einer applikationsbezogenen Ausfallanalyse des Messprozesses. Relativ oft handelt es sich um exponierte Prozessmessstellen in geringer Anzahl, so dass vorliegende Ausfallzahlen in ihrer Gesamtheit zu gering sind, um sie zuverlässigkeitstechnisch bzw. mathematisch bearbeiten zu können.

Im Maschinenbau bzw. der allgemeinen Elektroniktechnik wurde versucht, Klassen von Ausfallraten hinsichtlich prozessnaher Einsatzbedingungen und bestimmter elektrischer Verbindungen zu definieren bzw. ihnen mittlere Ausfallzahlen zuzuordnen [7.40]. Da sich zum Beispiel die Ausfallrate von Thermoelementen in einfachen Warmluftöfen um Größenordnungen gegenüber der Ausfallrate von Thermoelementen in Munitionsverbrennungsöfen mit hohem Schwefelgehalt unterscheidet, liegt letztlich die Fehleranalyse bei dem Anwender oder dem Errichter der Prozessanlage.

Im klassischen Sinne der Funktionssicherheit unterscheidet man bei Thermoelementen drei Basisausfalltypen (s. Kapitel 7.3.6.4):

• Unterbrechung der Signalleitung (Sensorbruch)
• Kurzschluss der Signalleitung (s. Kapitel 7.2.4.2)
• Drift des thermoelektrischen Signals

Unter gewissen Umständen sind Signalunterbrechungen für eine normale thermoelektrische Auswerteelektronik einfach erkennbar. Der Kurzschluss ist nur bei diversitären zweikanaligen Systemen detektierbar. Die im oben genannten Vergleichsbeispiel zu Warmluft- und Munitionsverbrennungsöfen sich ergebenden hohen Differenzen in den Ausfallraten beruhen in erster Linie auf Driftausfällen. Die Drift ist ein kritisches Ausfallelement, welches im Hochtemperaturbereich als gefährlich und im Allgemeinen als unentdeckbar einzustufen ist. Ursache, Erkennungsmöglichkeiten und Bewertung der Drift muss jeweils applikationsbezogen analysiert werden.

7.5.2 Thermoelektrische Drift

7.5.2.1 Driftbeschreibung, Driftkategorien, Driftfehler

Die Drift ist ein stetig verlaufender Fehlereffekt, der nur bei sprunghafter Belastung sprunghafte Veränderung oder Phasen aufweist. Allgemein gilt:

> *Die Drift eines Thermoelementes ist eine Spannungsänderung am Ausgang des Elementes innerhalb eines definierten Zeitraumes bei konstanter Temperaturlast und gleichbleibenden elektrischen Anschlusswerten sowie Umgebungsbedingungen.*

Sie hängt sowohl von den Materialeigenschaften als auch von den Einsatzbedingungen des Thermoelementes ab. Drei grundlegende Abhängigkeiten sind wie folgt angezeigt:

a) Die Drift ist von der Höhe der Temperaturbelastung, tendenziell auch von zeitlichen und örtlichen Temperaturänderungen abhängig. Unterhalb der Raumtemperatur finden sich keine nennenswerten Drifteffekte, insbesondere weil die erforderliche Aktivierungsenergie für thermische Diffusionseffekte im unteren Messbereich nicht gegeben ist.

b) Die Drift hängt vom Thermodrahtdurchmesser ab! Dies gilt insbesondere dann, wenn die Thermodrähte unvollständig geschützt sind.

c) Die Drift kann sich durch bestimmte Atmosphären verstärken oder auch verringern. Bei Vergleichsangaben zu Drifteffekten ist jeweils die genaue Atmosphärenangabe erforderlich oder die Driftuntersuchungen müssen in neutraler Atmosphäre durchgeführt werden. Wasserstoffatmosphären (bei edlen Elementen) und Schwefelgase (bei nickelbasierten Thermopaaren) können zu beachtlichen Driftwerten führen.

Es ist möglich die Driftspezifik im Sinne einer erweiterten Ursachenforschung nach elektro-physikalischen Kategorien zu unterteilen.

Elektrisch bedingte Drift – Sie betrifft die Gesamtheit der Signalveränderung durch elektrische Parameterveränderung im thermoelektrischen Anschlusskreis. Eine Bestromung elektrischer Werkstoffe kann u. U. zur Alterung bzw. zu inneren Ausgleichsvorgängen führen. Im Messbetrieb sind die üblichen Thermoströme viel zu klein, um eine Drift zu bewirken. Neben den Stromparametern führen schleichende Änderungen des Isolationswiderstandes zu Änderungen des thermoelektrischen Spannungssignals.

Mechanisch beeinflusste Drift – Im geringen Maße können Druck- und Zugspannungen oder Dehnungsbehinderungen (Kapitel 7.2.3.4) sowie Verformungen des Thermomaterials zu Veränderungen des thermoelektrischen Spannungssignals führen. Stärkere Dehnungen des Thermodrahtes sind stärker beachtenswert.

Materialtechnisch bedingte Drift – Darunter sind alle Materialänderungen im Thermoelement im betrachteten Driftzeitraum zu verstehen. Von Bedeutung dabei sind Gitterumwandlungen des Atomgitters, Ausgleich von Konzentrationsunterschieden durch Diffusion, Rekristallisation verformter Gefüge, Sintervorgänge, Kriechvorgänge, Korrosion, selektive Oxidation, Kornwachstum, Materialverdampfung [7.33]. Sie führen zur Ausbildung von Inhomogenitäten.

Scheinbare Drift – Bei der Betrachtung des messtechnischen thermoelektrischen Gesamtfehlers sind auch einbautechnische Bedingungen zu berücksichtigen. Sie können, z. B. durch Foulingeffekte [7.14], während längerer Einbauzeiten Signalveränderungen bewirken und so als eine Drift erscheinen. Fouling-Effekte ergeben sich zum Beispiel durch Kristallfouling, Ölbrandfouling, Korrosionsfouling, Biofouling u. a., d. h. durch Ablagerungseffekte am äußeren Schutzrohr. Die Ausbildung entsprechender Ablagerungs- bzw. Ansatzschichten wird als Thermometerfouling bezeichnet. Der Fouling-Effekt lässt sich mit einem thermischen Fouling-Widerstand (R_{foul}) charakterisieren, wobei gilt: $R_\alpha \approx 1/(\alpha \cdot A)$ mit Rohrquerschnitt A. D. h. R_α steht umgekehrt proportional zur foulingbedingten Änderung des Wärmeübergangskoeffizienten (s. Abb. 7.55). Die kontinuierliche Ausbildung einer Fouling-Schicht führt zu sich langsam verschlechternden Wärmeübergangsbedingungen und damit zu einer stetig wachsenden Einbaufehler-Komponente, d. h. zu einer scheinbaren (Fouling-)Drift.

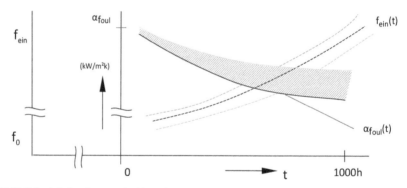

Abb. 7.55 Prinzipielle einsatzzeitabhängige Kurvenverläufe von der Wärmeübergangskomponente α_{foul} und der Einbaufehlerkomponente f_{ein}, die auf Foulingeffekten beruhen

Inhomogenitätsbezogene Drift- und Fehlereffekte – Die Inhomogenität an sich im Ausgangszustand bzw. einkalibrierten Einsatzmodus ist kein Driftfaktor. Kommt es jedoch nach der Kalibrierung zu Änderungen, z. B. a) zu Vergrößerungen der Inhomogenitätsstelle oder b) zu Veränderungen des über einer vorhandenen Inhomogenitätsstelle liegenden Temperaturfeldes, so ist mit thermoelektrischen Signaländerungen zu rechnen.

Im Messprozess können sich die einzelnen Drifteffekte zu einem Gesamtdriftfehler addieren.

Ein Driftfehler liegt vor, wenn die nach einer vorliegenden Einsatzzeit (MBTF) entstandene Temperaturmessabweichung vom thermoelektrischen Kennlinienwert des Einsatzbeginnes einen hinsichtlich Messfehlereinfluss definierten Grenzwert überschreitet.

Im Allgemeinen gilt eine Überschreitung $\Delta T_G(T)$ eines festgelegten Toleranzwertes bei der Temperatur T als driftfehlerhaft. Der Zeitpunkt der Toleranzüberschreitung kennzeichnet das Ereignis des Ausfalls. (down time).

Thermoelemente gelten als nicht instandsetzbare Geräte, für die die mittlere Lebensdauer mit MTTF (mean time to failure) bezeichnet wird. Eine Sondervariante ist die mit $MTTF_D$ bezeichnete Zeit bis zum gefahrbringenden Ausfall.

Bei den thermoelektrischen Temperaturfühlern, die oft Abschlussglühungen und Voralterungen sowie Ausgangsprüfungen unterworfen werden, kann man von einer konstanten Ausfallrate während der Betriebszeit ausgehen, d. h.

$$f(t) = \lambda e^{-\lambda t}$$

(7.38)

mit λ = Ausfallrate (Driftausfallrate)

e = Eulersche Zahl

t = Zeit

$f(t)$ = Wahrscheinlichkeitsdichte

Beim Vorliegen einer mittleren Driftrate einer Thermoelementgattung, kann vereinfachender Weise die Driftausfallrate λ wie folgt ermittelt werden:

λ = (mittlere Driftrate)$/\Delta T_G$ mit ΔT_G = festgelegter Toleranzgrenzwert   (7.39)

Als mittlere Driftraten der Thermoelemente können Werte nach [7.33] und teils nach [7.32] herangezogen werden. Letztere beziehen sich auf internationale Untersuchungen im Zeitraum 1972–2021. Es ergaben sich mit ihnen verschiedene Ausfallraten. Sie sind nur Näherungen und in der Praxis nicht linear. Wie weiterhin die unterschiedlichen Driftangaben verschiedener Literaturstellen zeigen, reicht die Zuordnung der Driftraten zu Thermopaartypen und Messbereichen alleine nicht aus.

Verlässliche Driftausfallraten im Hochtemperaturbereich und die applikationsbezogene Ausfallhäufigkeit müssen im Detail analysiert werden und zeigen das Erfordernis einer praktischen Drifterkennung im Messprozess auf.

7.5.2.2 Applikationsbezogene Driftkurven verschiedener Thermopaare

Gibt man bestimmte konkrete Einsatzbedingungen vor, wie zum Beispiel neutrale Atmosphäre im Ofenraum, so können zu diesen speziellen Einsatzbedingungen bei vorgegebener Temperaturlast charakteristische Driftkurven bestimmt werden, wie in Abbildung 7.56 dargestellt.

Bei Driftangaben in neutraler Atmosphäre wird im Allgemeinen von einem Einsatz in Luft ausgegangen. Liegen Aussagen z. B. zu oxidierender, reduzierender, schwefelhaltiger u. a. Atmosphäre vor, so kann dies nur tendenziell aufgefasst werden.

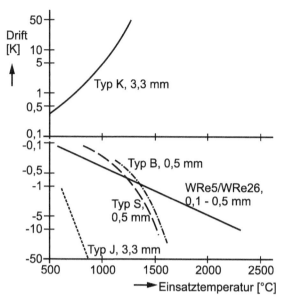

Abb. 7.56 Typische Driftkurven ausgewählter Standardelemente [7.34]

Die obige Abbildung zu Driftmessungen von Dahl bezüglich des Thermopaares K in normaler Luft weist gegenüber negativen Driftkurven anderer Thermopaare eine positive Drift auf. Körtvélyessy [7.33] erklärt diese positive Drift dadurch, dass der Thermodraht an seiner Oberfläche (chrom-)oxidiert und dabei seinen Chromgehalt vermindert. Da die Thermospannung mit fallenden Chromgehalt steigt, ergäbe sich so die positive Drift.

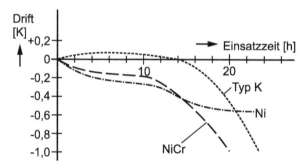

Abb. 7.57 Typische Alterung von NiCr-Ni Thermopaaren [7.9]

Im Gegensatz zu [7.34] weist die Driftkurve nach [7.9] einen negativen Verlauf mit nur leicht positiven Werten im unteren Temperaturbereich auf (s. Abb. 7.57). Zu diesen Erkenntnissen kommt man auch in [7.32]. Hier wird angegeben, dass zunächst zwischen 200 °C und 600 °C die Drift im Wesentlichen leicht positiv und nachfolgend zunehmend negativer und breiter in der Streuung wird.

Eine Uneinheitlichkeit bezüglich des Driftverhaltens in der Literatur zeigt sich auch beim Thermoelement Typ N. In Abbildung 7.58 wurden die in [7.32] recherchierten Driftraten für 1000 °C – 1200 °C gruppiert dargestellt.

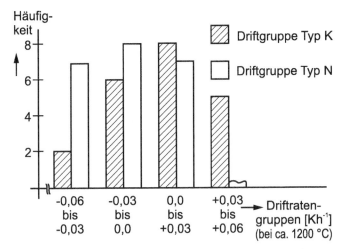

Abb. 7.58 Häufigkeit der ermittelten Driftraten für 1000 °C…1200 °C nach vorgegebenen
Gruppen (sowohl „+", als auch „–")

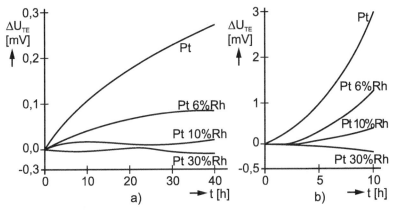

Abb. 7.59 Driftverhalten von Platin-Thermopaaren im SiO_2-haltigen Schutzrohr in
(a) reduzierender und (b) oxydierender Atmosphäre [7.9]

Gleichzeitig gilt, dass die Drift bzw. Lebensdauer edler Thermoelemente auch von
der Materialzusammensetzung und der relevanten Reinheit der Isolationskeramik abhängt (s. Abb. 7.59). Fremdmaterialien (Fremdatome), die in die edlen Thermomaterialien insbesondere in reines Platin eindringen, beeinflussen den thermoelektrischen
Effekt. Sie werden als Platingifte bezeichnet. Typische Platingifte sind Silizium und
Phosphor. Oberhalb von 1000 °C erfolgt die Eindiffusion beschleunigt, wobei die Beschleunigung des Effektes auf der katalytischen Wirkung des Platins beruht. Silizium
legiert das Platin zu einer eutektischen spröden Legierung, die bei 1340 °C schmilzt. Die
Verwendung hochreiner Thermoelement-Schutzrohre und Isolierkapillaren – bevorzugt
Al_2O_3 mit nur geringsten Spuren von Restsilizium – ist zwingend erforderlich. Während
bei Thermoelementen mit freiliegenden Innendrähten die Drift sehr stark vom Drahtdurchmesser des Thermodrahtes abhängt (s. Abb. 7.60), ist diese Abhängigkeit von den

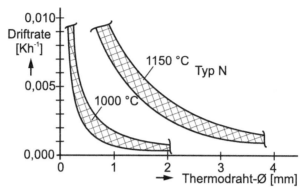

Abb. 7.60 Abhängigkeit der Driftrate vom Drahtdurchmesser des Typs N in Anlehnung an [7.32]

äußeren Manteldrahtdurchmessern bei mineralisolierten Mantelthermoelementen etwas geringer gegeben. Die Darlegung des Driftverhaltens bzw. der Untersuchungsergebnisse in Form von Driftraten (s. z. B. Abb. 7.61) ermöglicht dem Anwender die computergestützte Driftüberwachung und die Berechnung von Ausfallraten. Wie nicht nur die sehr unterschiedlichen Driftraten bei den unedlen Thermopaaren K und N zeigen, ergibt sich u. U. auch eine Driftabhängigkeit von der Technologie und damit eine Einflussnahme des Herstellers mit seinem Herstellungsprozess (siehe Tabelle 7.17).

Tabelle 7.17 Driftbeeinflussende Parameter und Einflussfaktoren

Thermoelement Einflussstelle	Einflussnehmende sekundäre Technologie-Konfektionsparameter
Thermodraht	Drahtdurchmesser Kornstruktur Inhomogenitäten Umfang der Voralterungsprozesse
Isoliermaterial	Materialreinheit Restfeuchtigkeit
Schutzarmatur	Kontaminationsmöglichkeit
Thermoknoten	Schweißtechnologie Schweißparameter

Nicht nur aus letzterem Grund heraus, sondern aufgrund der nur bedingt übertragbaren Driftraten liegt der Hauptnutzen von Labordriftwerten nicht in der allgemeinen industriellen Praxis, sondern in Spezialapplikationen mit zu den Untersuchungsbedingungen vergleichbaren Parametern. In allgemeinen thermischen Prozessen mit wechselnden Einsatzparametern muss die Drift jeweils individuell beobachtet bzw. ermittelt werden. Damit besteht für die thermische Messtechnik nach wie vor die Aufgabe, die Drift von Thermoelementen erkennbar zu machen. Die Wichtigkeit dieser Aufgabe steigt aktuell durch die Zunahme der Hochtemperaturprozesse in der Industrie

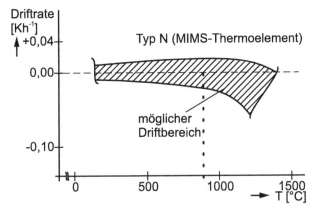

Abb. 7.61 Driftraten des MIMS-TE mit Typ N (Anlehnung an [7.32])

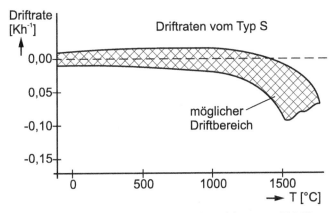

Abb. 7.62 Driftraten edler TE (Typ S) (Anlehnung an [7.32])

Das vorliegende Kapitel widmet sich dieser außerordentlich wichtigen Problematik und betrachtet verschiedene Ansätze zur Drifterkennung.

7.5.3 Methoden der Drifterkennung

7.5.3.1 Driftindikation durch Anzeigedifferenz zwischen zwei materialdifferenten Simplexthermoelementen

Verwendet man an einer Messstelle zwei Thermoelemente verschiedenen Typs, so kann man über Anzeigedifferenzen sich einstellende Driftfehler erkennen. Hierbei setzt man voraus, dass unterschiedliche Materialien unterschiedliche Drifteffekte zeigen. Da das Thermomaterial ursächlich die Driftvorgänge beeinflusst, sind differente Werkstoffe, jedoch möglichst mit gleichen Messbereichsgrenzen, erforderlich. Mit Blick auf sicherheitstechnische Applikationen ist die Erzielung einer Diversität anzustreben. Dabei sind neben dem Material auch weitere Konfektionierungsdetails bzw.-technologien zu berücksichtigen. So sind zu beachten: die Thermopaarung, die Mantel- bzw. Schutzrohrwerkstoffe, die Geometrie und die Technologie des Fühlers, z. B. entsprechend nachfolgender Tabelle 7.18:

Tabelle 7.18 Unterschiedlichkeit zweier Simplex-Thermoelemente
zur Erzielung einer Diversität

Parameter	Thermoelement 1	Thermoelement 2
Durchmesser	3 mm	3,2 mm
Pulver Messspitze	Al_2O_3	BN_3
Thermopaar	K	N
Mantelwerkstoff	Inconel 600	Inconel 617
Bodenverschluss	flacher Boden	Bodenhülse

7.5.3.2 Driftindikation durch Anzeigedifferenz zwischen durchmesser-verschiedenen Thermoelementen

7.5.3.2.1 Erkennungsverfahren bei Mantelthermoelementen

Verwendet man an einer Messstelle zwei Mantelthermoelemente (MIMS-Elemente) gleichen Typs, jedoch mit unterschiedlichem Außendurchmesser, so kann man auch Anzeigedifferenzen bei sich einstellender Drift beobachten. In [7.32] ist diese Abhängigkeit der Driftrate vom Durchmesser der mineralisolierten Mantelleitung als signifikant erwähnt. Dem dünneren mineralisolierten Mantelthermoelement kommt in dieser zweifachen Simplexanordnung die Rolle des „Vorwarners" zu. Das dünne Element reagiert schneller und stärker auf überhöhte Temperaturen oder auftretende schädliche Atmosphären. Bei einer MIMS-Konstellation mit Durchmesser von ø 3,2 mm und ø 1,6 mm beträgt das Differenzverhältnis der Driftraten nach [7.32] ca. 1:5 (s. Abb. 7.63).

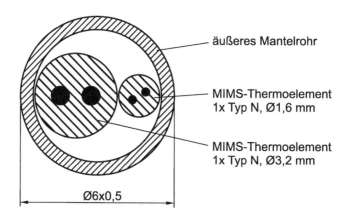

Abb 7.63 Zwei MIMS-Simplexthermoelemente im Schutzrohr ø 6 mm

7.5.3.2.2 Erkennungsverfahren bei Platinthermoelementen

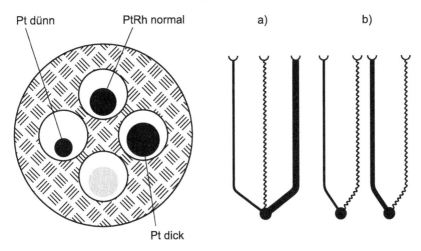

Abb. 7.64 Platinthermoelement Typ S mit Pt-Drähten in verschiedenen Drahtdurchmessern und in unterschiedlicher Verschaltung: (a) mit einem gemeinsamen Thermoknoten und (b) mit zwei Thermopaaren

Nach Körtvelyessy [7.35] setzt sich die Drift edler Thermoelemente (s. z. B. Abb. 7.62) aus den Driftkomponenten beider Thermopaarmaterialien zusammen. Die Driftkomponente des reinen Pt-Drahtes liegt deutlich über der der Rh-legierten Drähte. Dabei zeigen Platindrähte in ihrem Driftverhalten eine starke Abhängigkeit vom Durchmesser. Somit driften Thermoelemente mit dünnen Thermodrähten deutlich stärker, als solche mit dickem Durchmesser. Werden dünne und dicke Thermopaare parallel als Doppelfühler oder verkettet z. B. in einen Ofen eingebaut und thermisch belastet, zeigt sich eine Driftdifferenz zwischen beiden Thermoelementen, die als Driftindikator geeignet ist.

7.5.3.3 Drifterkennung mittels mehrkanaligem Auswertesystem bei unterschiedlichen Vergleichstemperaturen

7.5.3.3.1 Vorbemerkung

Die mathematische Auswertung von in mehreren Kanälen vorliegenden Spannungssignalen mit Bezug auf unterschiedliche Vergleichstemperaturen erfordert die Kenntnis zum Verlauf der Kennlinien, die sich nach der Alterung einstellen. Vorliegende Messergebnisse lassen (nur bedingt) Rückschlüsse auf die sich ergebenden Alterungs-Kennlinien zu, da sie nur einen Teil der möglichen Einflüsse berücksichtigen. Festzuhalten ist jedoch, dass das Driftverhalten mit zunehmender Temperatur zunimmt. Dabei zeigt sich bei einigen Thermopaaren, dass ihre Thermomaterialien bis zu einer gewissen Temperatur T_{BD} (T_{BD} = Temperatur, bei der eine merkliche Drift einsetzt) nur geringfügige Drifteffekte zeigen (s. in [7.32] Driftkurve für N und S), andere Materialien dagegen driften nahezu kontinuierlich (s. Abb. 7.65).

Aus mathematischer Sicht abstrahiert, ergeben sich so zwei Grundvarianten von thermoelektrischen Kennlinien nach der Alterung:

Variante α – *Die Kennlinie zeigt nach der Alterung nahezu von geringen Temperaturen an eine kontinuierliche, driftbeeinflusste Anstiegsveränderung, da sich der relative Seebeckkoeffizient RSC kontinuierlich verändert hat. Daraus ergibt sich, dass die Drift bereits im unteren Temperaturbereich gering merkbar ist.*

Variante β – *Die Kennlinie verändert sich nur im höheren Temperaturbereich. Ab der Temperatur T_{BD} beginnt erst der spürbare Drifteffekt.*

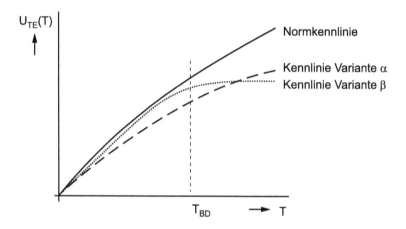

Abb. 7.65 Thermoelektrische Kennlinienverläufe vor und nach der Alterung

7.5.3.3.2 Drifterkennungsverfahren mittels Doppelvergleichsstelle im Schutzrohr

In diesem Verfahren werden der Auswerteelektronik mindestens zwei thermoelektrische Temperaturmesssignale mit Bezug auf mindestens zwei verschiedene Vergleichstemperaturen zugeführt. Grundsätzlich kommt dabei das Cold-Junction-Compensation (CJC)-Verfahren zur Anwendung (s Kapitel 7.2.3.5)

Die nachfolgend beschriebenen „Korrekturverfahren mit Doppelvergleichsstelle" nutzen dieses CJC-Verfahren zweifach, d. h. es wird mit zwei verschiedenen Vergleichsstellentemperaturen gearbeitet. Verfahrensgemäß wird das vom Thermoknoten des Thermoelementes kommende Messsignal an geeigneter Stelle im Schutzrohr in der elektrischen Zuleitung parallel abgezweigt. In der Abbildung 7.66 und Abbildung 7.67 ist das Funktionsprinzip in verschiedenen Varianten dargestellt.

Nach Abbildung 7.66 liegen in einem Kanal A die Vergleichsstelle A mit der Temperatur T_{VA} und entsprechend im anderen Kanal die Vergleichsstelle B mit der Temperatur T_{VB}. Die beiden Vergleichstemperaturen können fest voreingestellt sein, z. B. T_{VA} = 20 °C und T_{VB} = 800 °C. Die Temperatur T_{VB} = 800 °C wird beispielsweise über einen Mikroheizer bereitgestellt und liegt zyklisch, d. h. im Überwachungsmodus an. Die Vergleichsstelle A liegt nahe des Anschlusskopfes in einem driftunkritischen Bereich. Die Temperatur der Vergleichsstelle wird von einem alterungsstabilen Temperatursen-

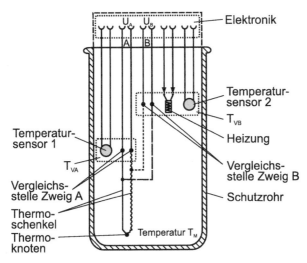

Abb. 7.66 Funktionsprinzip zum Korrekturverfahren mit zwei Vergleichstemperaturen
im Schutzrohr (Alterungskennlinie: Variante α)

sor erfasst. Diesen beiden vorliegenden Vergleichstemperaturen T_{VA} und T_{VB} sind gemäß
der normativen Spannungs-Temperatur-Kennlinie des Thermoelementes zwei normative
Thermospannungswerte U_A und U_B zugeordnet.

In dem hier vorliegenden Drifterkennungsverfahren wird die Spannungsdifferenz U_A
$- U_B = \Delta U_V$ als Driftindikator verwendet. Die beiden zuordenbaren normativen Spannungen der Vergleichstemperaturen T_{VA} und T_{VB} sind frei von Drifteinflüssen. Ihre Temperaturdifferenz ist damit fehlerfrei und die thermoelektrische Spannungsdifferenz U_V
entspricht daher in ihrem Wert dem normativen Sollwert und ist somit auch fehlerfrei.

Die zunächst ohne CJC-Verfahrensprozedur in den beiden Messzweigen anliegenden
Thermospannungen seien mit U_{MA} und U_{MB} benannt. Sie entstehen thermoelektrisch im
Vorderteil des Thermoelementes, der in das Messmedium hineinragt. Ihre Spannungs-
werte entsprechen folgenden Temperaturdifferenzen:

U_{MA}: Temperaturdifferenz $T_M - T_{VA}$
U_{MB}: Temperaturdifferenz $T_M - T_{VB}$

wenn T_M die Messtemperatur ist.

Wird das Thermoelement länger thermisch belastet, können sich in den Thermodrähten, die sich im Bereich des Messmediums befinden, Material- bzw. Gefügeänderungen
vollziehen. Entsprechend stellen sich Kennlinienveränderungen bzw. eine Drift ein. U_{MA}
und U_{MB} entsprechen dann nicht mehr den thermoelektrischen Normwerten. Die Elektronik bildet dabei in kontrollierender Weise die Spannungsdifferenzen der beiden Paral-
lelsignale $U_{MA} - U_{MB} = \Delta U_M$. Nur dann, wenn die thermoelektrischen Eigenschaften des
eingesetzten Thermopaares der normativen Sollkennlinie entsprechen, ist $\Delta U_M = \Delta U_V$.
Eine Ungleichheit beider Werte signalisiert das Eintreten einer Drift.

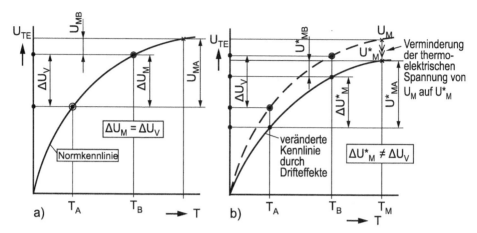

Abb. 7.67 Prinzip der Drifterkennung (a) ungealterte Kurve,
(b) gealterte und ungealterte Thermoelemente

7.5.3.3.3 Drifterkennung mittels zweistufiger Vergleichsstellenheizung

Im Rahmen des Messverfahrens nach Abbildung 7.68 werden zwei Messwerte bei zwei verschiedenen Vergleichstemperaturen an nur einer örtlichen Vergleichsstelle ermittelt. An der Vergleichsstelle können zwei Vergleichstemperaturen aktiv über einen im Schutzrohr angeschlossenen Heizer (z. B. mit zwei Heizströmen) eingestellt werden. Im praktischen Einsatzfall kann dies auch über eine Peltierwärme-Nutzung der thermoelektrischen Anordnung erfolgen (s. Abb. 7.69). Die Heizung erfolgt nur zyklisch, wobei die sich im Heizbetrieb einstellenden Temperaturen T_V (=Vergleichsstellentemperatur) jeweils über der Temperatur T_{BD} liegt. Die Vergleichstemperaturen T_V werden mittels des Hilfskanalthermoelementes gemessen. Da der Knoten ② nur kurzzeitig im Rahmen des

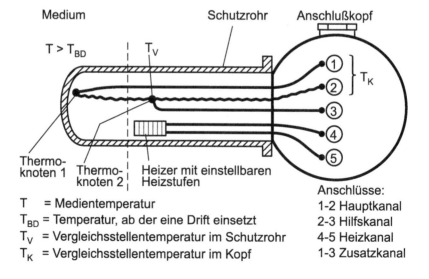

T   = Medientemperatur
T_{BD} = Temperatur, ab der eine Drift einsetzt
T_V = Vergleichsstellentemperatur im Schutzrohr
T_K = Vergleichsstellentemperatur im Kopf

Anschlüsse:
1-2 Hauptkanal
2-3 Hilfskanal
4-5 Heizkanal
1-3 Zusatzkanal

Abb. 7.68 Thermoelement mit Heizer

Heiz-Kontrollzyklus im Driftbereich liegt, kann von seiner vernachlässigbaren Alterung ausgegangen werden. Ohne Heizung liegt die Vergleichsstelle im Temperaturfeld des Schutzrohres jedoch dicht unterhalb T_{BD}.

a) **Messung mit ungealterten Element:**

$$U_{M0} = e\,(T_M - T_V) + U_{V0} \qquad (7.40)$$
$$U_{MV} = e\,(T_M - T_V) \qquad (7.41)$$
$$U_{V0} = e\,(T_V - 0\,°C) \qquad (7.42)$$

$U_{V0} = e\,(T_V - T_0)$ ist von der Drift unbeeinflusst, da TV unter der kritischen Temperatur T_{BD} liegt (T_{BD} = Temperatur, bei der die Drift beginnt)
e $\triangleq$ Thermokraft (bekannt),
T_X, T_Y sind zwei einstellbare Vergleichstemperaturen,
im Sonderfall gilt bei Heizung: $T_V > T_{BD}$ für T_E ① – ③ sowie
T_K = Vergleichstemperatur für T_E ① – ② im Anschlusskopf

Es gilt dann bei einer Driftkontrolle:
Im Falle der beiden Heiztemperaturen $T_V = T_X$ bzw. $T_V = T_Y$ ergeben sich die Spannungswerte:
(1) $\qquad U_{Mx} = e\,(T_M - T_X)$
(2) $\qquad U_{My} = e\,(T_M - T_Y)$
(1) – (2) $\quad \Delta U_{xy} = e\,(T_Y - T_X)$

Da T_Y, T_X und „e" bekannt sind, kann ΔU_{xy} mathematisch bestimmt werden und zeigt keine Abweichung vom Sollwert

b) **Messung mit gealterten (driftbelasteten) Thermoelementen**
 bei zwei Heizstufen x und y:

Durch die Drift verändert sich die Thermokraft „e" zu „$e + \Delta e$" oder zu „$e - \Delta e$".
Die driftbeeinflussten Spannungswerte erhalten die Markierung „~", also z. B. „$\tilde{U}$".
$\tilde{U}_{MV} = (e + \Delta e) \cdot (T_M - T_V)$ bei Messung mit dem T_E ② – ③ nach Abb. 7.68.

Die Vergleichsstelle hat nacheinander zwei Temperaturen: $T_V = T_x$ bzw. $T_V = T_y$!
Die jeweiligen Spannungswerte sind dann im gealterten Fall $\tilde{U}_{Mx}$ und $\tilde{U}_{My}$.

$$\tilde{U}_{Mx} = (e + \Delta e)\,(T_M - T_x)$$
$$= e\,(T_M - Tx) + \Delta e\,T_M - \Delta e\,T_x \qquad (7.43)$$
$$\tilde{U}_{My} = (e + \Delta e)\,(T_M - T_y)$$
$$= e\,(T_M - T_y) + \Delta e\,T_M - \Delta e\,T_y \qquad (7.44)$$
Gleichung 7.43 – 7.44
$$\Delta \tilde{U}_{xy} = e\,[(T_M - T_x) - (T_M - T_y)] - \Delta e\,(T_y - T_x) \qquad (7.45)$$
$$\Delta \tilde{U}_{xy} = e\,(T_y - T_x) - \Delta e\,(T_y - T_x) \qquad (7.46)$$

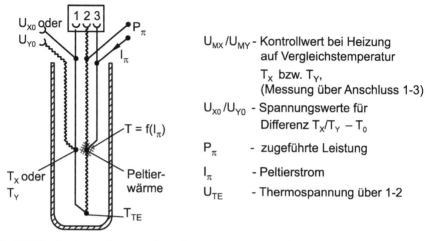

Abb. 7.69 Duplexthermoelement mit zwei zurückgesetzten Hilfsthermoknoten
und Peltierheizung

c) **Vergleich von Messung a) und b),**

d. h. a) – b) = **Driftmaß der Messungen (Drifterkennung)**

$$\Delta \tilde{U}_{xy} - \Delta U_{xy} = \Delta e \, (T_y - T_x) \tag{7.47}$$

Die Werte von $\tilde{U}_{Mx}$ sowie $\tilde{U}_{My}$ liegen durch die beiden Messungen als Messergebnis vor und somit auch die Differenz ΔU_{xy}! Berechnet man über das normgemäße „e" für driftfreie Messungen unter Nutzung der beiden vorliegenden Vergleichswerte T_x bzw. T_y, so kann $\Delta U_{xy} = e \, (T_y - T_x)$ bestimmt und eine eventuelle Drift erkannt werden, gemäß: Driftwert $= \tilde{U}_{Mx} - \tilde{U}_{My} - e \, (T_y - T_x)$.

d) **Korrekturverfahren bei veränderlichem T_M:**

Dieses Drifterkennungsverfahren nutzt den Messwertvergleich bei zwei Vergleichstemperaturen. Da die Vergleichstemperaturen nicht gleichzeitig vorliegen, sondern sich zeitlich nacheinander einstellen, ergibt sich die Wahrscheinlichkeit der Messwertveränderung $\Delta \tilde{U}_{xy}$ zu $\Delta \tilde{U}_{xy}{}^{*}$ zwischen den zwei Heizkampagnen des Heizers durch die Temperaturänderung $T_{My} = T_M + \Delta q$.
Es ergibt sich also:

$$\Delta \tilde{U}_{xy} = e \, [(T_M - T_x) - (T_M - T_y)] - \Delta e \, (T_{My} - T_x) \tag{7.48}$$

$T_{My} = T_M + \Delta q$, wobei Δq die sich einstellende Medientemperaturänderung während der Messkampagne ist.

Somit:

$$\Delta U_{xy}{}^{*} = e \, [(T_M - T_x) - (T_M - T_y + \Delta q)] + \Delta e \, (T_y + \Delta q - T_x) \tag{7.49}$$
$$= e \, (T_y - T_x) - \Delta e \, (T_y - T_x) + \Delta e \, \Delta q + e \, \Delta q$$
$$= \Delta \tilde{U}_{xy} + \Delta y \, (e + \Delta e) \approx \Delta \tilde{U}_{xy} + e \Delta y \tag{7.50}$$

Δe ist im Normalfall klein! (1 % bezogen auf e), so dass $\Delta e \, \Delta q$ vernachlässigbar sind. Falls Δq im Bereich < 20 K bezogen auf T_M > 1000 °C ist, kann für die Korrektur $e + \Delta e \approx e$ angenommen werden. Die Korrektur $e \, \Delta q$ ist dann bestimmbar.

Die Driftkontrolle A – B, die bei gleichbleibenden T_M sich über $\Delta \tilde{U}_{xy} - \Delta U_{xy} = \Delta e \, (T_y - T_x)$ ergibt, geht dann über in:

$$\Delta U_{xy}^{\,*} - \Delta U_{xy} = \Delta e \, (T_y - T_x) - e \, \Delta q \text{ (muss berechnet werden)} \tag{7.51}$$

mit $\Delta q = T_{My} - T_y$

7.5.3.3.4 Drifterkennung mit zwei Vergleichstemperaturen und einem Hilfsfühler

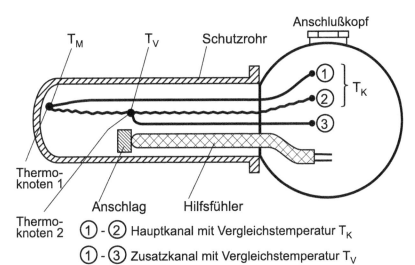

Abb. 7.70 Thermoelement mit Hilfsfühler

Die Drifterkennung erfolgt entsprechend den vorangegangenen Verfahren. Statt der Heizwärme wird passiver Weise die im Schutzrohr aufsteigende Wärme genutzt, deren erzeugte Temperatur in Höhe des 2. Thermoknotens zyklisch mit dem einsteckbaren Hilfsfühler ermittelt wird (s. Abb. 7.70).

Messung mit gealterten (driftbelasteten) Thermoelementen bei einer Heizstufe und unter Nutzung des Hauptkanals (mit T_K = Raumtemperatur):

$$\begin{aligned}
\text{TE } ①-② \; \tilde{U}_{MK} &= (e + \Delta e) \cdot (T_M - T_K) \\
&= e \, T_M - e \, T_K + \Delta e \, T_M - \Delta e \, T_K
\end{aligned} \tag{7.52}$$

$$\begin{aligned}
\text{TE } ①-③ \; \tilde{U}_{MV} &= (e + \Delta e) \cdot (T_M - T_V) \\
&= e \, T_M - e \, T_V + \Delta e \, T_M - \Delta e \, T_V
\end{aligned} \tag{7.53}$$

Gleichung 7.52 – 7.53

$$\Delta \tilde{U}_{KV} = -e \, (T_K - T_V) - \Delta e \, (T_V - T_K) \tag{7.54}$$

Das heißt, die Drifterkennung zeigt sich mit dem Term $\Delta e \, (T_V - T_K)$, da die unbeeinflusste Spannungsdifferenz ΔU_{KV} sich ergibt mit $e \, (T_K - T_V)$.

Bei der praktischen Realisierung des Verfahrens für z. B. PtRh10 vs Pt wird eine Mehrlochkapillare mit großem Mittelloch verwendet, die den Hilfsfühler zyklisch aufnehmen kann. Der Hilfskanal wird über ein seitliches Aufschleifen zweier Kapillarkanäle angelegt. Hier erfolgt das Anschweißen des Hilfsthermodrahtes, so dass eine verkettete Pt-Rh10 + Ph10-Pt-Thermoanordnung entsteht. Grundsätzlich sind auch zwei nebeneinander liegende Pt vs. PtRh10 Anordnungen mit Verschaltung im Anschlusskopf möglich.

7.5.3.3.5 Drifterkennung mittels Widerstandsmessung einer Testschleife

Driftrelevante thermoelektrische Veränderungen in den Thermodrähten zeigen sich neben den Änderungen der Paarthermokräfte PTC auch in Veränderungen der spezifischen elektrischen Widerstandswerte ρ der Drähte. [7.36]

Aus einer Doppelelementanordnung von Thermodrähten kann gemäß Abbildung 7.71 eine verkettete Schaltungsanordnung mit einer Widerstandstestschleife realisiert werden. Die aus den beiden vorderen Thermodrahtstücken bestehende Testschleife befindet sich zwischen den Punkten 6 und 7. Der Widerstandswert kann in Vierleiterschaltung über die Anschlüsse 1 bis 4 ermittelt werden. Es ist dabei der über den Widerstands-Temperaturkoeffizient C_{WT} einwirkende Temperaturmittelwert T_{MI} (mit $T_{MI} = T_K + 0,5 \, (T_E - T_K)$) zu berücksichtigen.

Im driftfreien Ausgangszustand gilt:

$$R_{TS} = R_0 \, (1 + C_{WT} \cdot T_{MI}) \tag{7.55}$$

mit C_{WT} ... gemeinsam wirkender Widerstands-Temperaturkoeffizient
        R_0 ... Widerstandswert der Testschleife bei 0 °C
        R_{TS} ... Widerstandswert der Testschleife bei T_{MI}

Zur Driftfeststellung sind der driftfreie und driftbelastete Widerstandswert bezogen auf einen festen Temperaturwert (z. B. für 0 °C) zu vergleichen.

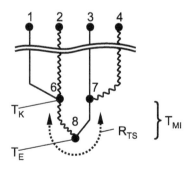

Abb. 7.71 Drifterkennung über Widerstandsmessung

7.5.3.4 Drifterkennung durch kombinierten Einbau thermoelektrischer und widerstandselektrischer Sensorelemente

Werden in einen Temperaturfühler jeweils ein Pt-100 Sensor sowie parallel ein Thermopaar (s. Abb. 7.72) eingebaut, ergibt sich eine erhöhte Form der Drifterkennung. Die Ausbildung beider Driften ist aufgrund der beiden unterschiedlichen sensorischen Effekte, d. h. Widerstandsmessung für Pt-100 und Spannungsmessung für das Thermoelement, signaltechnisch sehr different. Weiterhin wirken sich Veränderungen der Isolationsgüte z. B. infolge eindringender Feuchtigkeit bei Widerstandsthermometern um ein Vielfaches stärker aus als bei Thermoelementen. Sie sind damit als isolationsbedingte Driftdifferenz erkennbar bzw. zeigen sich zusammen mit den anderen Drifteffekten in der zu überwachenden Sensorsignaldifferenz, wie sie in SIL – Transmittern sowie im sicherheitstechnischen System zur Auswertung kommen.

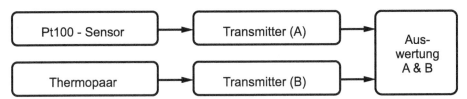

Abb. 7.72 Kombinierte Fühlervariante mit Widerstandsthermometer und Thermoelement

7.5.4 Driftminimierung

7.5.4.1 Pt-Thermopaar mit verschiedenen Schenkeldurchmessern

In [7.35] und [7.33] ist dargestellt, wie mit unterschiedlich dünnen Pt-Thermodrähten die Alterung vermindert werden kann. Der Driftminderungseffekt beruht darauf, dass der PtRh-Draht deutlich weniger als der reine Pt-Draht altert (s. Abb. 7.73). Die Drift des Pt-Drahtes wird nun durch einen größeren Drahtdurchmesser verringert. Mit dieser Maßnahme wird das Diffusionsgeschehen in beiden Schenkeln angeglichen und das driftbedingte Differenzsignal stark vermindert.

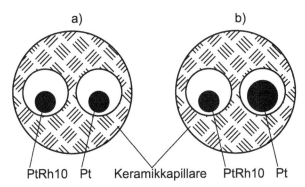

Abb. 7.73 Platindrähte in einer Keramikkapillare (Schnitt) (a) konventionell, gleiche Durchmesser (b) nach [7.35], unterschiedliche Durchmesser

7.5.4.2 MIMS-Thermoelemente mit Doppelwandung

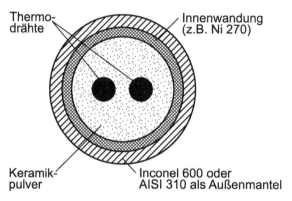

Abb. 7.74 MIMS-Thermoelement mit Doppelwandung

Neben dem Außendurchmesser der MIMS-Thermoelemente hat das verwendete Mantelmaterial großen Einfluss auf die Driftrate. Bei Anwendungen im oberen Temperaturbereich (ab 1100 °C) zeigen Ummantelungen aus den Materialien Nicrosil, Nicrobell bzw. niedrig legierte Ni-Stählen geringe Driften. Besonders niedrige Driftraten wurden nach [7.32] mit Doppelwandungen (s. Abb. 7.74) sowohl für Typ K als auch Typ N erzielt, wobei für Durchmesser größer 1,6 mm Typ N-MIMS-Elemente ab 1250 °C stabiler erschei-

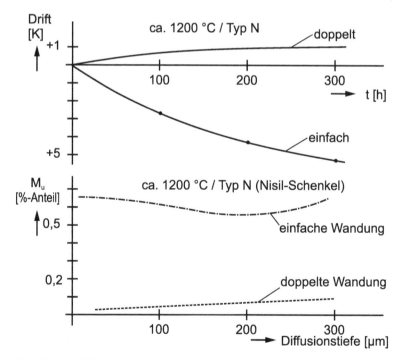

Abb. 7.75 Drift- und Diffusionswerte doppelwandiger MIMS-Thermoelemente in Typ N bei 1200 °C Temperaturlast im Vergleich zu einfachen Elementen

nen. Die Doppelwandungen mit einer Ni270-Innenwandung schränken entsprechend den Untersuchungen die Mn-Diffusion in das Thermomaterial ein (s. Abb. 7.75). Es ergeben sich nach [7.32] Driftverbesserungen um ca. 80 %.

7.5.4.3 Stabilisierungs- und Voralterung von Thermoelementen

Eine Minimierung der Drift, die durch eine Temperaturbelastung entsteht, ist durch eine thermische Voralterung möglich. Nach Arrhenius ist dabei eine Lebensdauerabschätzung (bei vorwiegend thermischer Belastung) gemäß folgender Gleichung möglich:

$$t_x = t_0 \cdot e - \left(\frac{E_A}{k_B}\right) \cdot \frac{T_{\alpha x} - T_0}{T_{\alpha x} \cdot T_0} \tag{7.56}$$

mit t_x … erforderliche Alterungszeit
      t_0 … (konzipierte) Einsatzzeit
      $T_{\alpha x}$ … Alterungstemperatur
      T_0 … mittlere Einsatztemperatur
      E_A … Aktivierungsenergie des Thermomateriales
      k_B … Boltzmann-Konstante

Strebt man mit einem PtRh-Thermoelement eine dreijährige Einsatzzeit bei einer mittleren Einsatztemperatur von 450 °C an, erhält man eine Alterungsvorgabe von 200 Tagen bei 600 °C.

Neben dem thermischen Aktivierungsverfahren nach Arrhenius kommen Stabilisierungsalterungen im Allgemeinen bei einer Temperatur von 80 … 90 % der Endtemperatur zur Anwendung. Zyklisch wird geprüft, ob sich die Drifteffekte beruhigen. Liegt die Veränderungsrate zwischen zwei aufeinanderfolgenden Prüfungen unter einer applikationsgemäß vorgegebenen Grenze, endet die Alterung. Bei Mantelthermoelementen sind thermische Alterungsprozesse sowohl unter Berücksichtigung des Mantelwerkstoffes als auch der Thermodrahtparameter vorzunehmen. Dies geschieht bevorzugt in mehrstufigen Tempereinheiten.

7.6 Inhomogenitäten in Thermomaterialien

7.6.1 Definition und Entstehung

Die vorliegenden Technologien zur Herstellung von thermoelektrischen Werkstoffen, insbesondere Thermodrähten, gewährleisten im Allgemeinen eine hohe Materialhomogenität. Die Homogenitätsgüte ist jedoch von Materialart zu Materialart verschieden und kann sich sowohl im Weiterverarbeitungsprozess als auch im praktischen industriellen Einsatz unter harten Einsatzbedingungen verändern. Eine Veränderung führt zu verminderten, mehr oder weniger spürbaren, Werkstoffeigenschaften. Für den Thermodynamiker sind in diesem Fall vorwiegend die thermoelektrischen Kräfte von Interesse. Allgemein gilt:

Eine thermoelektrische Inhomogenität ist ein lokaler spezifischer Materialzustand in einem thermoelektrischen Werkstoff, der vom mittleren Materialzustand des allgemeinen Materialteiles abweicht und der beim Vorliegen eines Temperaturgradienten über dieser Lokalität eine von der Norm dieses Werkstoffes abweichende Thermokraft aufweist.

Bei einem Thermopaar können äußere thermische und mechanische Einflüsse Inhomogenitäten in beiden Thermoschenkeln erzeugen, die im Weiteren teils zu verschiedenen Änderungen des absoluten Seebeckkoeffizienten in den beiden Schenkeln führen. Für den Temperaturmesstechniker ist bei einer Messung mit einem Thermoelement jedoch der Gesamteffekt, d. h. die Veränderung des relativen Seebeckkoeffizienten bzw. der Paarthermokraft, resultierend als Wirkkomponenten der absoluten Seebeckkoeffizienten der beiden Schenkel, interessant. Inhomogenitäten können unter anderem bei der Herstellung des Thermomaterials durch Eindringen von Verunreinigungen in der Schmelze entstehen. Die Thermospannung reagiert sehr empfindlich auf geringfügige Veränderungen der entsprechenden Legierungszusammensetzung.

Nach [7.9] ergeben sich Einflüsse von Fe, Cr, Mn auf einem hochreinen Platindraht wie folgt:

Tabelle 7.19 Einfluss von Verunreinigungen auf Thermospannung ΔU von Platin [7.9]

Element	ΔU (μV/ppm)
Fe	2,3
Mn	0,32
Cr	4,04

Schädliche Beeinflussungen sind auch während des Herstellungsprozesses möglich, bei denen insbesondere korrekt ausgeführte Temperprozesse erforderlich sind. Große Veränderungen, d. h. eine große Ausbildung von Inhomogenitäten, erfahren Thermodrähte während ihrer Einsatzzeit, wobei vordergründig Diffusionsprozesse bei hohen Temperaturen einwirken (Vergiftungsprozess). Thermodrähte können auch lokal inhomogen werden, wenn zum Beispiel das Thermoelement nur zum Teil in einen Ofen hineinragt und so im Vorderteil Korrosionen bzw. einer selektiven Oxidation ausgesetzt sind.

7.6.2 Einfluss der Inhomogenität auf die Thermospannung

Die Ausbildung von Inhomogenitäten ist sowohl prinzipiell über die Gesamtlänge als auch nur in Teilstücken des Thermoelementes möglich. Letzteres vollzieht sich im praktischen Einsatz in prädestinierten Bereichen wie z. B. im Bereich der Einbaumessstellen. Vergleicht man inhomogenitätsbelastete und homogene Thermopaare fehlertechnisch miteinander, so sind nicht die Temperaturfeldsituationen über dem Thermopaar an sich, sondern die Ausbildung des Temperaturfeldes über dem Bereich der Inhomogenität entscheidend. Die thermoelektrische Fehlerauswirkung ΔU der Inhomogenität ist direkt proportional zur Differenz der Paarthermokräfte PTC zwischen homogenen und inhomogenen Draht. Die thermoelektrische Gesamtwirkung der Inhomogenität setzt sich aus den Wirkanteilen beider Thermoschenkel zusammen. In besonderen Fällen, d. h. bei differenten Vorzeichen der Wirkanteile, kommt es zur Gesamtwirksamkeit null trotz bestehender Inhomogenität in beiden Schenkeln.

In der Regel gilt, dass sich technologiebedingte Inhomogenitätseffekte sowohl als Schaleneffekt um den Drahtkern herum (bei dicken Thermodrähten), sowie auch als lokal begrenzter Drahtabschnittseffekt im Draht herausbilden. Letztere bilden sich jedoch fast immer im praktischen Einbaufall bei starken lokalen Temperaturgradienten oder bei lokal wirkenden mechanischen Spannungen heraus.

Nachfolgend werden in vereinfachter Form die inhomogenitätsbedingten Schalen- und Abschnittseffekte schaltungstechnisch untersucht.

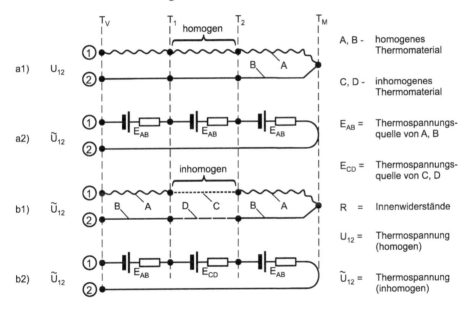

Abb. 7.76 Prinzipdarstellung und Ersatzschaltbild zu einem (a) homogenen und
(b) inhomogenen Thermopaar in einem Drahtabschnitt

■ **Abschnittseffekt:**

Nach Abbildung 7.76 entsteht ein thermoelektrischer Inhomogenitätsfehler ΔU, d. h. eine Spannungsdifferenz zwischen einem homogenen Thermopaar mit U_{12} und einem gleichartigen inhomogenen Thermopaar $\tilde{U}_{12}$, bei einer über der Inhomogenitätsstelle liegender Temperaturdifferenz $\Delta T = (T_1 - T_2)$. Bei einem vorausgesetzten sehr hohen Eigenwiderstand der Elektronikschaltung gilt, dass die von der EMK des homogenen Thermoelementes A, B gelieferte Spannung U_{12} der elektrischen Eingangsspannung der Schaltung entspricht, bzw. es gilt:

$$E_{AB} = U_{12} = PTC_{AB} \, (T_M - T_V) \tag{7.57}$$

mit E_{AB} = Paarthermokraft des Thermopaares A, B und
PTC_{AB} = Paarthermokraftkoeffizient von A, B.

Die inhomogenitätsbedingte Spannungsabweichung ΔU_{12} erhält man einfacherweise mit:

$$\Delta \tilde{U}_{12} = (T_1 - T_2) \cdot (PTC_{AB} - PTC_{CD}) = \Delta T \cdot \Delta PTC, \tag{7.58}$$

mit PTC_{CD} = Paarthermokraftkoeffizient der Inhomogenität C, D
Pauschal gilt also: Inhomogenitätsbedingte Spannungsabweichung = Temperaturdifferenz über der Inhomogenität x Differenz der Paarthermokraftkoeffizienten von homogenen und inhomogenen Drahtmaterial.

■ **Schaleneffekt:**
Nach Abbildung 7.77 ergibt sich eine schalenförmige Ausbildung einer Inhomogenitätsschicht um den Thermodrahtkern herum. Unter der Voraussetzung eines sehr hohen Elektronikeingangswiderstandes der Messelektronik sowie bei Zuordnung des Zwischenwiderstandes zwischen Hüll- und Kern-EMK zu ihren gleich angenommenen Innenwiderständen Ri_1 und $Ri_2 = R$ berechnet sich die Spannungsabweichung $\Delta \tilde{U}_{12}$ wie folgt:

$$\Delta \tilde{U}_{12} = [(E_{AB} \, R_{i2} + E_{CD} \, R_{i1}) \, / \, R_{i1} + R_{i2}] - E_{AB} \tag{7.59}$$

mit E_{AB} = Thermokraft von A, B = $PTC_{AB} \, (T_M - T_X)$
E_{CD} = Thermokraft von C, D = $PTC_{CD} \, (T_M - T_X)$
ΔE = Thermokraftänderung $(PTC_{AB} - PTC_{CD})$

für E_{CD} = $E_{AB} + \Delta E$ und für $R_{i1} = R_{i2} \approx R$
ergibt sich eine inhomogenitätsbedingte Spannungsabweichung $\Delta \tilde{U}_{12}$

$$\Delta \tilde{U}_{12} = \Delta E = (PTC_{AB} - PTC_{CD}) \cdot (T_M - T_X) \tag{7.60}$$

In beiden Inhomogenitätsfällen zeigt sich, dass eine Inhomogenität nur dann als Spannungsfehler $\Delta \tilde{U}$ wirksam wird a) wenn sich die Inhomogenität als Differenz der Paarthermokräfte (Differenz der Thermokräfte der Thermodrähte) zeigt und gleichzeitig b) wenn über der Inhomogenitätsstelle ein Temperaturgradient besteht. In der Praxis tritt auch der Fall auf, dass eine Kalibrierung eines inhomogenitätsbelasteten Thermoelementes unter bestimmten thermischen ($T_1 \neq T_2$, d. h. beim Vorliegen eines Temperaturgradienten!) und materialtechnischen (ΔPTC – d. h. spürbare Thermokraftveränderung!) Bedingungen vorgenommen wird. Der Inhomogenitätseinfluss zeigt sich nach der Kalibrierung nur dann, wenn das Temperaturfeld im nachfolgenden Messeinsatzfall eine andere Ausbildung besitzt bzw. sich ändert.

7.6.3 Erfassung von Inhomogenitäten

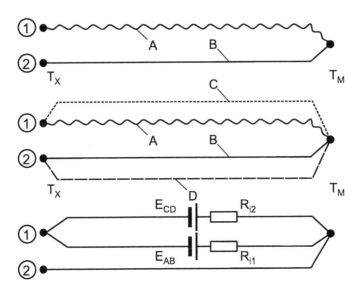

Abb. 7.77 Prinzipdarstellung und Ersatzschaltbild zu einem () homogenen und
(b) inhomogenen Thermopaar mit Hülle (Schaleneffekt)

7.6.3.1 Überblick

Die Erfassung von Inhomogenitäten in Thermodrähten der Thermoelemente erfolgt prinzipiell durch deren thermische Scannungen bei einer vorgegebenen Temperatur. Im Rahmen des Scanverfahrens wird ein schmaler bzw. scharfer Temperaturgradient längs des Thermodrahtes bewegt. Existieren Inhomogenitäten im Thermodraht, so führen diese zu Abweichungen des relativen Seebeck-Koeffizienten vom Sollwert. Bei einer Längsverschiebung einer Gradientenzone entsteht ein relevantes Thermospannungsprofil, das bei Homogenität einem Nullsignal entspricht.

Über den Inhomogenitätsstellen zeigen sich dagegen Thermospannungsänderungen, die ein Maß für den Inhomogenitätsumfang bzw. für die Veränderung des Seebeck-Koeffizienten sind. Je nach Ausbildung des Temperaturgradienten unterscheidet man die Inhomogenitätserfassung im „Ein-Gradienten- bzw. „Zwei-Gradienten-Verfahren". [7.42] [7.37]

7.6.3.2 Ein-Gradienten-Verfahren

Beim Ein-Gradienten-Verfahren taucht man verfahrensgemäß das zu prüfende Thermoelement aus einer kalten Zone kommend in eine heiße homogene Zone bzw. umgekehrt. Die dabei entstehende Thermospannung im Prüfling ergibt sich aus dem Gradienten zwischen den beiden Zonen. Ein scharfer Temperaturgradient ist vorteilhaft für eine hohe lokale Auflösung der Scannung. Ist der Gradientenbereich zu breit, können lokal stark eingegrenzte Inhomogenitätsbereiche nicht erfasst werden.

Die Abbildung 7.78 zeigt die Unterschiede in den gescannten Spannungsverläufen beider Verfahren. Das Ein-Gradienten-Verfahren eignet sich im Gegensatz zum Zwei-Gradienten-Verfahren in einfacher Weise zu direkten Angaben über die lokale Abweichung der relativen Seebeck-Koeffizienten.

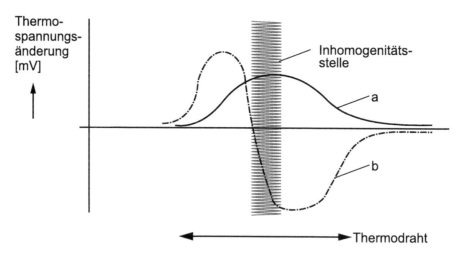

Abb. 7.78 Schematischer Spannungsverlauf
von (a) Ein-Gradienten und (b) Zwei-Gradienten-Verfahren

7.6.3.3 Zwei-Gradienten-Verfahren

Beim Zwei-Gradienten-Verfahren wird ein feststehendes Thermoelement verfahrensgemäß mit einer schmalen bzw. scharf begrenzten Wärmequelle abgefahren, wobei die Quelle zum Beispiel aus einem nach außen isolierten Ringheizer bestehen kann.

Während des Scanprozesses liegen Mess- und Vergleichsstelle auf einer Temperatur, so dass im Fall homogener Drähte das Thermospannungssignal auf null bleibt. Bei inhomogenen Thermodrähten sorgt die bestehende Differenz der Paarthermokräfte bezüglich des homogenen und inhomogenen Materials für eine von null abweichende Thermospannung. Bei einem kontinuierlichen Verlauf des Scan-Prozesses entstehen im Thermoelement zwangsläufig zwei gegenläufige Spannungssignale (s. Abb. 7.79), d. h. es entstehen zwei charakteristische Peaks mit einem Nulldurchgang.

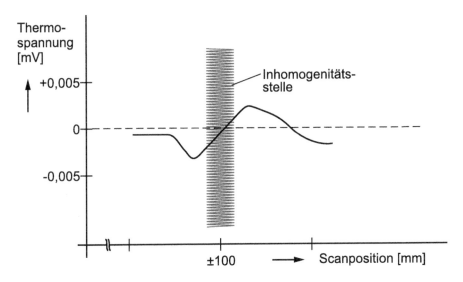

Abb. 7.79 Beispielhafter Spannungsprofilscan eines Thermoelementes Typ S
mit ø 6 mm Keramikrohr im Zwei-Gradienten-Verfahren bei 300 °C Prüftemperatur

7.6.4 Praktische Auswirkungen der Inhomogenitäten

Thermoelemente ohne Inhomogenitätsstellen sind problemfrei kalibrierbar bzw. messtechnisch nutzbar. Beim Vorliegen von Inhomogenitäten ist ohne Kenntnis des Temperaturfeldes an der tatsächlichen Einbaustelle kein messtechnischer Einfluss prognostizierbar. Die Inhomogenität bleibt unbemerkt bzw. ohne Einfluss auf das Messergebnis, wenn sie z. B. außerhalb der Thermometereinbaustelle in temperaturkonstanter Luftumgebung liegt. Erfährt die Inhomogenitätsstelle Temperaturveränderungen durch Verlagerung oder Verschiebung des Thermoelementes bzw. durch starke Schwankungen der Prozesstemperatur, so ergibt sich ein Einfluss auf das Messergebnis, welches jedoch nicht quantifizierbar ist. Wird im Rahmen einer Inhomogenitätsprüfung das Ausmaß der inhomogenitätsbedingten Änderungen der Seebeck-Koeffizienten festgestellt, so ist dies eine wichtige Information für den Messtechniker. Die quantitative Auswirkung auf den Messfehler gelingt dem Messtechniker aber nur dann, wenn der Temperaturgradient über der Inhomogenität in der Messsituation auch bekannt wäre. Dies ist aber nur selten gegeben

Die Lösung der durch die Inhomogenität implizierten Probleme wird nur mit der Anwendung von ppr- bzw insitu-Thermoelementvarianten erreicht (s. Kapitel 7.3.5).

Literaturverzeichnis

[7.1]   Adunka F (2000) Meßunsicherheiten: Theorie und Praxis, 2. Aufl. Vulkan-Verl., Essen

[7.2]   Autorenteam (2009–2011) Entwicklung, Untersuchung und Optimierung von Thermoelementen hochschmelzender Metalllegierungen und geeigneter Schutzrohrmaterialien für Hochtemperaturprozesse. Forschungsberichte zum Forschungsverbundprojekt der Thüringer Aufbaubank

[7.3]   Bernhard F (2004) Technische Temperaturmessung: Physikalische und meßtechnische Grundlagen, Sensoren und Meßverfahren, Meßfehler und Kalibrierung; Handbuch für Forschung und Entwicklung, Anwendungspraxis und Studium. VDI-Buch, Springer, Berlin

[7.4]   Boguhn D, Bernhard F, Lehmann H, Tegler E (1998) Miniaturfixpunktzellen und ihre integration in selbstkalibrierende thermoelemente. In: VDI-Berichte//Temperatur '98, Düsseldorf, VDI-Berichte, Bd. 1379, S. 25–34

[7.5]   Bridgman PW (1931) The physics of high pressure. International text-books of exact science, Bell, London

[7.6]   DIN 43735:2011-06 (2011) Leittechnik – Elektrische Temperaturaufnehmer – Auswechselbare Messeinsätze für Widerstandsthermometer und Thermoelemente. DIN 43735:2011-06, Beuth Verlag GmbH, Berlin, https://doi.org/10.31030/1756595

[7.7]   DIN EN 61515 (2016) Mineralisolierte metallgeschirmte Mantelthermoelementleitung und Mantelthermoelemente (IEC_61515:2016); Deutsche Fassung EN_61515:2016. DIN EN 61515 : 2017-03, Beuth Verlag GmbH, Berlin, DOI 10.31030/2598344

[7.8]   Dittrich P (1976) Die mechanische Beanspruchung von Thermometern. In: Lieneweg F (Hrsg) Handbuch der technischen Temperaturmessung, Vieweg, Braunschweig

[7.9]   Ehinger K, et al (2008) Praxis der industriellen Temperaturmessung: Grundlagen und Praxis – Firmenschrift der Fa. ABB Automation, (03/temp-de rev. c 12.2008) Aufl.

[7.10] Gorski W (1996) Temperaturabhängigkeit der relativen Längenänderung delta l/l bei festen Stoffen. In: Kohlrausch F, Ahlers H, Kose V(Hrsg) Praktische Physik: Tabellen: Zum Gebrauch für Unterricht, Forschung und Technik: Tabellen, 24. Aufl., Tabellen, Teubner, S. 361, online unter: https://www.ptb.de/cms/fileadmin/internet/publikationen/buecher_monographien/der_kohlrausch/band_1/kapitel_3_waerme/Kohlrausch_3_Tabellen_und_Diagramme_Waerme.pdf

[7.11] Henning F (1955) Temperaturmessung, 2. Aufl. J.A.Barth Verlag

[7.12] Institut für Sicherheit und Qualität bei Milch und Fisch (2012) Prüfbericht Nr. M23/10. Kiel

[7.13] Irrgang K (2005) Zur Temperaturmessung elektrischer Berührungsthermometer. Wissenschaftsverlag Ilmenau

[7.14] Irrgang K, Michalowsky L (2004) Temperaturmesspraxis mit Widerstandsthermometern und Thermoelementen, 1. Aufl. Vulkan-Verlag GmbH, Essen

[7.15] Irrgang K, Kaempf H, Schaetzler KD, Heinz A, Beckmann A, Koch D (2008) Patentschrift DE102007026667(A1): Flexibler Temperaturfühler.

[7.16] Irrgang K, Kaempf H, Heinz A, Schaetzler KD, Gerds C, Irrgang B (2013) Patentschrift DE102012103952B3: Messfühler für Anordnungen zur Temperaturüberwachung, insbesondere für Sicherheitstemperaturbegrenzer

[7.17] Irrgang K, Lippmann L, Meiselbach U (2013) Untersuchungen zum Einfluss einer Dehnungsbehinderung auf den ASC von Metallen. AIF Förderkennzeichen: KF 2666 703. DF3, Martinroda

[7.18] Lieneweg F, Lenze B (Hrsg) (1976) Handbuch der technischen Temperaturmessung, Bd. 49. Vieweg, Braunschweig, DOI 10.1002/cite.330490629

[7.19] Nau M (2003) Elektrische Temperaturmessung: Mit Thermoelementen und Widerstandsthermometern: Firmenschrift der M.K. JUCHHEIM GmbH & Co, [nachdr.] Aufl. messen – regeln – registrieren, Juchheim GmbH, Fulda

[7.20] Popov SG, Eulitz H (1958) Strömungstechnisches Messwesen: Eine Einführung. VEB Verlag Technik, Berlin

[7.21] Schalles M, Vrdoljak P (2017) Kalibrierung von Thermometern in situ im Prozess (Dresdner Sensor-Symposium 2017). AMA Service GmbH, Wunstorf, DOI 10.5162/13dss2017/2.2

[7.22] Schatt W (Hrsg) (2003) Werkstoffwissenschaft, 9. Aufl. Wiley-VCH, Weinheim

[7.23] Temperaturmesstechnik Geraberg GmbH (2009) DE202009012292U1: Temperaturfühler mit Prüfkanal (Gebrauchsmusterschrift).

[7.24] Temperaturmeßtechnik Geraberg GmbH (2009) DE202008016201U1: Hochtemperaturthermoelement (Gebrauchsmusterschrift)

[7.25] VDI/VDE-Gesellschaft Mess- und Automatisierungstechnik (1994–11) VDI/VDE 3511 Blatt 5: Technische Temperaturmessungen – Einbau von Thermometern. VDI Verein Deutscher Ingenieure e.V., Düsseldorf

[7.26] Bernhard F u. a.: Handbuch der Technischen Temperaturmessung, 2. Auflage, Kap. 4: E. Kaiser: Temperaturmessung mit Berührungsthermometern an Festkörpern, Springer Vieweg, 2014

[7.27] Bernhard F u. a.: Handbuch der Technischen Temperaturmessung, 2. Auflage, Kap. 5: F. Bernhard: Temperaturmessung mit Berührungsthermometern in Flüssigkeiten und Gasen, Springer Vieweg, 2014

[7.28] Dr. Pufke M: Messtechnische Untersuchung von Rohranlegethermometern, Dissertation, TU Ilmenau, 2019

[7.29] Haas A: Einfluss des Thermometerkopfes auf die statischen und dynamischen Eigenschaften industrieller Thermometer, msr 12, 1969

[7.30] Temperaturmesstechnik Geraberg GmbH: Prozessdichtung mit integrierten Temperaturmessstellen und Verfahren zur Temperaturermittlung und Selbstdiagnose, Patentschrift EP 2021 0171

[7.31] Nath B, Dietrich, H: Einfluss von Temperaturtaschen auf die Genauigkeit strömender Gase in Nieder- und Hochdruckleitungen, Tagung Temperatur '98, VDI-Berichte, Berlin 1998

[7.32] Machin J, Tucker D, Pearce I: A Comprehensive Survey of Reported Thermocouple Drift Rates Since 1972, International Journal of Thermophysics, 2021, Springer

[7.33] Körtvelyessy L: Thermoelementpraxis, 3. Auflage, Vulkan-Verlag, Essen, 1998

[7.34] Bernhard F u. a.: Handbuch der Technischen Temperaturmessung, 2. Auflage, Kap. 10: F. Bernhard: Thermoelement, Springer Vieweg, 2014

[7.35] Körtvelyessy L: Thermoelement aus unterschiedlich dünnen Thermodrähten, Patentanmeldung 1980

[7.36] William C, Schuh: Detecting thermocouple failure using loop resistance, US Patentschrift US 2004/0220775 A1

[7.37] Webster E, White D R: Thermocouple homogeneity scanning, Metrologia 52, 2015

[7.38] ABB-Firmenschrift: TSP 341-N-Hochpräzise nicht-invasive Temperaturmessung, WP/TSP 341-N/101 DE Rev. E

[7.39] Dr. Felk D, Ruser H: Verfahren zur Bestimmung des Verschmutzungsgrades von Thermoelementen im Betrieb, Dresdner Senso-Symposium, 2021

[7.40] WIKA-Datenblatt IN 0019 Funktionale Sicherheit: Sicherheitsrelevante Temperaturmessung nach IEC 61508

[7.41] Exida: Safety Equipment Reliability Handbook, 3rd Edition, 2012, exida.com L.L.C

[7.42] Germanow P: Vergleichende Betrachtung verschiedener Methoden zur Bestimmung der Inhomogenität von Thermoelementen, GMA/ITG Fachtagung Sensoren und Messsysteme, 2019

[7.43] Neuerscheinung VDI-Richtlinie 3520: Oberflächentemperaturmessung mit elektrischen Berührungsthermometern

Kapitel 8
Werkstoffe und Bauteile für Thermoelemente

Zusammenfassung

Das Kapitel 8 betrachtet überblicksmäßig die klassischen und nicht standardgemäßen Werkstoffe, die einerseits für Schutzrohre und andererseits für Thermopaare Verwendung finden. Einen Schwerpunkt bilden dabei die refraktären Materialien. Da nicht nur die Einsatztemperaturgrenzen sich nach oben verschieben, sondern auch die mechanischen Belastungen (z. B. 500 … 800 K/s Temperaturwechsel), wurden eine Reihe von mechanischen Kennwerten bei 1000 °C recherchiert bzw. angegeben.

8.1 Einführung

Ein Thermoelement in seiner einfachsten Form besteht aus dem Thermopaar mit elektrischen Anschlüssen (z. B. freie Drahtenden) und den Isolier- bzw. Schutzmaterialien. So abstrakt gesehen, lassen sich die Thermopaare und die Schutzrohre als die wichtigsten Bauteilkomponenten der beschriebenen Thermoelemente charakterisieren, deren Werkstoffeigenschaften ihre Qualität und Lebensdauer bestimmen. Die nachfolgenden Ausführungen beinhalten große Teile bzw. Auszüge eines kooperativen Forschungskomplexes zu hochschmelzenden Thermomaterialien [8.1] der Ernst-Abbe-Hochschule Jena, Fachbereich Sci Tec und der Fa. tmg, dabei relevante Graduierungsarbeiten eingeschlossen. Die in den Einzelkapiteln aufgeführten thermischen Daten bzw. Materialwerte sind unter dem Aspekt der Vielfalt bestehender Einflussgrößen auf die Materialqualität, insbesondere im Hochtemperaturbereich, nur als Richtwerte anzusehen. Im Sinne der erweiterten Produkthaftung müssen die vorliegenden Produktangaben stets im Einzelfall getestet oder separat beim Hersteller hinterfragt werden.

8.2 Thermopaare auf Basis edler, Ni- und Cu-basierter und refraktärer Werkstoffe

8.2.1 Einleitende Klassifikation

Die Erzeugung bzw. „Nutzung" des thermoelektrischen Seebeck-Effektes ist theoretisch über eine Vielzahl von Metallkombinationen möglich. Im Laufe der Zeit haben sich auf-

© Springer-Verlag GmbH Deutschland, ein Teil von Springer Nature 2023
K. Irrgang, *Altes und Neues zu thermoelektrischen Effekten und Thermoelementen*,
https://doi.org/10.1007/978-3-662-66419-3_8

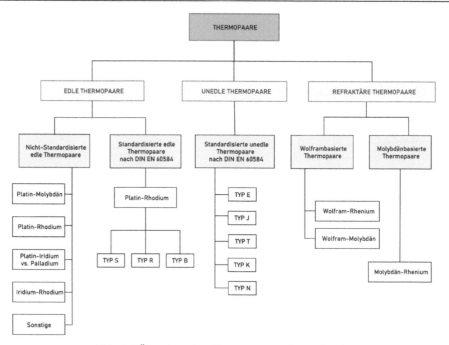

Abb. 8.1 Übersicht über Thermopaare auf Metallbasis

grund anwendungsspezifischer Anforderungen konkrete Metallpaarungen etabliert, die teilweise sowohl national als auch weltweit hinsichtlich ihrer Zusammensetzung und den Grundwerten der Thermospannung (auch: Kennlinie) genormt wurden. In Abbildung 8.1 wird eine Unterteilung von Thermopaaren nach den verwendeten Basiswerkstoffen vorgenommen, wobei hier zu sehen ist, dass neben Thermopaaren auf Basis edler oder unedler Werkstoffe auch sogenannte refraktäre Werkstoffe zur Anwendung kommen können. Bei Letzteren handelt es sich um die Metalle der V. und VI. Hauptgruppe im Periodensystem mit Schmelztemperaturen über 2000 °C.

Am bekanntesten und gebräuchlichsten sind die Thermopaare nach der Norm EN 60584/IEC 584. Die in dieser Norm beschriebenen Thermopaare werden allgemein in zwei Gruppen, d. h. in die Edelmetall-Thermopaare Typ S, R und B und die Unedelmetall-Thermopaare Typ E, J, K, N und T unterteilt. Weitere industrierelevante Typen sind die Thermopaare Kupfer-Konstantan (Cu-CuNi), Kennbuchstabe U und Eisen-Konstantan (Fe-CuNi) Kennbuchstabe L, die in der nicht mehr gültigen DIN 43710 aufgeführt sind. Hinzu kommen die Wolframbasierten Hochtemperaturelemente, die bislang in amerikanischen bzw. russischen Standards unter den Typenbezeichnungen A, C, D und G aufgeführt werden. Neben den standardisierten Thermopaaren existieren eine Reihe nicht standardisierter Typen, die vor allem hinsichtlich der mit ihnen erreichbaren Messbereiche interessant sind. Daneben weisen sie allerdings auch spezifische Nachteile auf, vor allem bezüglich des chemischen Verhaltens und bezüglich der mechanischen Eigenschaften. Daher sind sie für eine breite industrielle Anwendung sowie für eine Standardisierung nicht vorgesehen. Sowohl auf die standardisierten als auch auf die nicht standardisierten Thermoelemente wird im folgenden detaillierter eingegangen.

Die Abbildung 8.2 zeigt im Überblick die Thermospannungskennlinien für die standardisierten Thermopaare nach EN 60584 [8.5] [8.13]. In der Tabelle 8.1 sind Messbereiche und Toleranzgrenzen aufgelistet.

Tabelle 8.1 Toleranzgrenzen standardisierter Thermopaare nach EN 60584

Thermo-paarung	Typ	T_K (*)	Einsatz-grenzen	Absolute Toleranz	Erweiterte Einsatz-grenzen	Relative Toleranz
			Temperatur	ΔT_1	Temperatur	ΔT_2
Cu/CuNi	T	1	–40 ... + 125	±0,5	+125 ... 350	±0,004 |T|
		2	–40 ... + 133	±1,0	+133 ... 350	±0,0075 |T|
		3	–67 ... + 40	±1,0	–200 ... –67	|T|
NiCr/CuNi	E	1	–40 ... + 375	±1,5K	+375 ... +800	±0,004 |T|
		2	–40 ... + 333	±2,5K	+333 ... +900	±0,0075 |T|
		3	–67 ... + 40	±2,5K	–200 ... –167	±0,015 |T|
Fe/CuNi	J	1	–40 ... + 375	±1,5K	+375 ... 750	±0,004 |T|
		2	–40 ... + 333	±2,5K	+333 ... 750	±0,0075 |T|
NiCr/NiAl	K	1	–40 ... + 375	±1,5K	+375 ... 1000	±0,004 |T|
		2	–40 ... + 333	±2,5K	+333 ... 1200	±0,0075 |T|
		3	–167 ... + 40	±2,5K	–200 ... –167	±0,015 |T|
NiCrSi/NiSi	N	1	–40 ... + 375	±1,5K	+375 ... 1000	0,004 |T|
		2	–40 ... + 333	±2,5K	+333 ... 1200	0,0075 |T|
		3	–167 ... + 40	±2,5K	–200 ... 167	±0,015 |T|
Pt30Rh/-Pt6Rh	B	2	600 ... 1700	–	–	±0,0025 |T|
		3	600 ... 800	4K	+800 ... +1700	±0,005 |T|
Pt13Rh/Pt	R	1	0 ... 1100	±1,0K	+1100 ... +1600	± (1K+0,003 (T–1000 °C))
		2	0 ... 600	±1,5K	+600 ... +1600	±0,0025 |T|
Pt10/Rh/Pt	S	1	0 ... 1100	±1,0K	+1100 ... +1600	± (1K + 0,003 (T–1000 °C))
		2	0 ... 600	±1,5K	+600 ... +1600	±0,0025 |T|

(*) TK = Toleranzklasse

8.2.2 Standardisierte edle Thermopaare

8.2.2.1 Allgemeine Werkstoffauswahl für edle Thermopaare

Zu den edlen Thermoelementpaarungen zählen u. a. die Typen S, R und B nach EN 60584. Die Kennlinienverläufe der edlen Thermoelemente zeigt die Abbildung 8.2. Im Hinblick auf die im einleitenden Teil vorgenommene Fokussierung auf die mecha-

nischen und chemischen Eigenschaften bei hohen Temperaturen sind in den nachfolgenden Ausführungen zunächst einige Bemerkungen zu den Basiswerkstoffen der edlen
Thermopaare notwendig. Im Anschluss daran erfolgt eine Betrachtung der mechanischen
und chemischen Eigenschaften sowie der erreichbaren Grenztemperaturen der einzelnen Thermopaare, wobei die Darstellung teils in Tabellenform erfolgt. Den Hauptlegierungsanteil stellt bei allen drei standardisierten Typen das Element Platin dar, welches
aufgrund seines elektrochemischen Potenziales eine starke Neigung zur Aufnahme von
Fremdatomen zeigt. Insbesondere bei hohen Temperaturen ist Platin stark von Verunreinigungen durch eindiffundierende kleinatomige Elemente wie Phosphor und Silizium
(welches oft Bestandteil von Schutzrohren in Hochtemperaturanwendungen ist) bedroht.
Neben den resultierenden Messfehlern können derartige Verunreinigungen u. a. durch
Absenkung der Schmelztemperatur bis hin zum mechanischen Versagen des Thermodrahtes führen [8.10] [8.13].

Platin ist äußerst beständig gegenüber Korrosion durch Säuren und Chemikalien in
oxidierenden oder neutralen Atmosphären. Hingegen ist Platin nicht beständig gegen das
sogenannte Königswasser (Gemisch aus einem Teil konzentrierter Salpetersäure und drei
Teilen konzentrierter Salzsäure) [8.16]. Eine Verbesserung der Korrosionsbeständigkeit

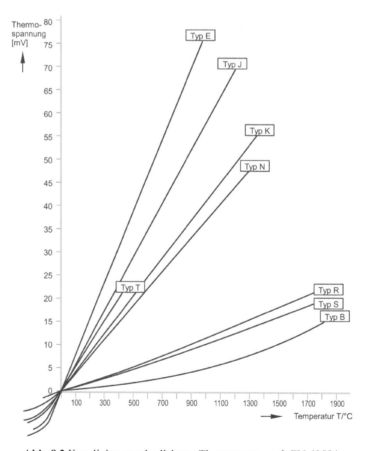

Abb. 8.2 Kennlinien standardisierter Thermopaare nach EN 60584

in reduzierender Atmosphäre und in aggressiven Medien (u. a. auch gegen Königswasser) sowie der Festigkeit und somit der Langzeitstabilität wird durch das Legieren des Platins mit Rhodium erreicht. Dies gilt jedoch nicht für schwefelhaltige Atmosphären.

Tabelle 8.2 Empfohlene Grenztemperaturen für Thermopaartypen S, R und B im Kurzzeit- und Dauereinsatz (Luft) mit Durchmesser 0,5 mm [8.29] [8.5]

Thermopaartyp	Kurzzeitig	Dauereinsatz
Typ S	1700 °C	1300 °C
Typ R	1700 °C	1400 °C
Typ B	1800 °C	1500 °C

8.2.2.2 Typ S

Das Thermopaar Typ S besteht aus den beiden Schenkeln Pt10Rh (SP) und Pt (SN). Dabei sind folgende Schreibweisen gebräuchlich: *Pt10Rh-Pt* oder *Pt10Rh vs. Pt* bzw. *Pt-10Rh vs. Pt*. Diese Schreibweise gilt analog für alle edlen Thermoelemente. Der Messbereich für Typ S beträgt −50 … ca. 1700 °C … 1768 °C. Für den Dauereinsatz gilt die Obergrenze von 1300 °C. (Hierzu sind in der Literatur abweichende Angaben von 1300 … 1400 °C zu finden). Der in Tabelle 8.2 angegebene obere Grenzwert beispielsweise ist aufgeführt in Powell [8.42].

Hinsichtlich des chemischen Verhaltens ist festzustellen, dass sich der Typ S zum Einsatz in sauberer, oxidierender Atmosphäre (bspw. Luft) eignet, jedoch auch kurzzeitig in neutralen (reaktionsträgen), gasförmigen Medien und in Vakuum eingesetzt werden kann. Nicht geeignet ist das Thermopaar zum Betrieb in reduzierenden Atmosphären, metallischen (Blei, Zink) und nichtmetallischen (Arsen, Phosphor, Schwefel) Dämpfen oder in leicht reduzierbaren Oxiden [8.42] [8.29] [8.21].

Insbesondere im Hochtemperaturbereich wird das Thermodrahtmaterial unter reduzierenden Bedingungen (schwefel- und kohlenstoffhaltige Atmosphäre) durch die Aufnahme von Fremdatomen, die aus den Oxiden der Isoliermaterialien (häufig mit Silizium enthalten) stammen, verunreinigt. Begünstigt wird dieser Effekt durch das starke Kornwachstum, welches ab ca. 1400 °C einsetzt und die bereits beschriebenen Spalte bzw. Zwischenräume schafft, in die Fremdatome eindiffundieren können. Dies wirkt sich negativ auf die Langzeitstabilität der Thermoelemente bzw. ihre Kennlinie aus (vgl. [8.20] [8.10, S.5]). Einen Überblick über wichtige mechanische und physikalische Eigenschaften bietet die Tabelle 8.3.

8.2.2.3 Typ R

Thermopaare vom Typ R (Pt-13Rh vs. Pt) haben über den größten Teil des definierten Temperaturbereiches eine um etwa 12 % größere thermoelektrische Signalempfindlichkeit als Thermopaare vom Typ S und sind um ca. das Doppelte langzeitstabiler. Die mechanischen und chemischen Materialeigenschaften sind ebenso wie der Temperatureinsatzbereich weitestgehend identisch mit denen des Typs S. Auch für diesen Typ sind die Daten in Tabelle 8.3 zusammengefasst [8.10] [8.13] [8.42] [8.20]. Die Einsatzgrenzwerte gibt Tabelle 8.2 vor.

Tabelle 8.3 Eigenschaften der Thermopaare Typ S, R und B [8.37] [8.3] [8.42]

		Typ S		**Typ R**		**Typ B**	
Merkmal	**Einheit**	**SP**	**SN**	**RP**	**RN**	**BP**	**BN**
Zusammen-setzung		Pt-10 %Rh	Pt	Pt-13 %Rh	Pt	Pt-30 %Rh	Pt-6 %Rh
Messbereich		0 … 1600 °C		0 … 1600 °C		600 … 1700 °C	
Temperaturgrenze für Dauereinsatz		1300 °C		1400 °C		1500 °C	
Dichte	g/cm^3	19,97	21,45	19,61	21,45	17,6	20,55
Schmelz-punkt	°C	1850	1769	1860	1769	1927	1826
Zugfestigkeit (geglüht) 1000 °C	MPa MPa	310 94	138 28	317	138 28	483	276
thermischer Längenaus-dehnungskoeffizient α 20 … 100 °C 1000 °C	10^{-1}K^{-1}	9,00 9,09	9,00 9,07	9,00 9,09	9,00 9,07		
Wärmeleitfähigkeit bei 100 °C 1000 °C	W/mK	0,090	0,171 0,2132	0,088		0,2123	
Härte hart (geglüht) Vickers Brinell4		165 (90)	95 (40)		95 (40)	238 (132)	
Magnetisierbarkeit		keine	keine	keine	keine	keine	keine

8.2.2.4 Typ B

Eine Anwendung des Typs B (Pt-30Rh vs. Pt-6Rh) ist im Langzeiteinsatz bis zu Temperaturen von 1500 °C möglich (s. Tabelle 8.2). Kurzzeitig kann es sogar bis 1800 °C eingesetzt werden. Die Temperatureinsatzgrenze wird hauptsächlich durch den Schmelzpunkt des Pt6Rh-Drahtes (BN), welcher bei ca. 1820 °C liegt, bestimmt. Ein gewisser Vorteil des Thermoelementes Typ B ist der relativ niedrige Thermoelektrizitätsoutput im Bereich 0 … 100 °C. Somit kommen Fehler bei der Bestimmung oder Nichtbeachtung der Vergleichsstelle bei der Anwendung im Hochtemperaturbereich nicht so stark zum

Tragen wie bei anderen Typen. Ein Dauereinsatz ist gegeben in sauberer, oxidierender Umgebung (z. B. Luft), neutraler Atmosphäre oder im Vakuum. Nicht geeignet ist das Thermopaar zum Betrieb in reduzierenden Atmosphären, metallischen (Blei, Zink) und nichtmetallischen (Arsen, Phosphor, Schwefel) Dämpfen oder in leicht reduzierbaren Oxiden (vgl. [8.42] [8.5] [8.29]).

Zur Auswahl geeigneter Schutzrohr- und Isolationswerkstoffe gilt das Gleiche wie bei Typ S. Entsprechende thermische Eigenschaften des Thermopaares zeigt Tabelle 8.3, insbesondere im gegenseitigen Vergleich von S, R und B.

8.2.3 Nichtstandardisierte edle Thermoelemente

8.2.3.1 Platin-Rhodium-Paarkombinationen

8.2.3.1.1 Übersicht

Sehr frühzeitig haben Untersuchungen zu edlen Thermoelementen gezeigt, dass Thermopaarkombinationen mit PtRh-Legierungen in beiden Schenkeln sehr zuverlässig und stabil im hohen Temperaturbereich, insbesondere gegenüber den Typen R und S, arbeiten. Zu nicht allen PtRh-Kombinationen liegen umfangreiche Untersuchungen und Praxiserfahrungen im Vergleich zu Typ B vor. Einige Typen seien nachfolgend aufgelistet:

- **Pt-40Rh vs. Pt-20Rh**
  Bezüglich der messtechnischen Eigenschaften und im Anwendungsbereich ähnelt dieser Typ der Standardvariante Typ B. Er wird jedoch sehr selten verwendet, da er kostenintensiv und seine Thermospannung gering ist.

- **Pt-13Rh vs. Pt-1Rh**
  Beim Vergleich dieses Typs mit den nahestehenden Standardtypen R und S zeigt sich im Hochtemperaturbereich eine leichte Verbesserung der mechanischen Stabilität sowie ein geringeres Kontaminationsvermögen bezüglich der Platingifte.

- **Pt-20Rh vs. Pt-5Rh**
  Dieser Typ ähnelt in seinen Eigenschaften dem Typ B [8.37] [8.49].

Erwähnt seien noch die Kombinationen Pt-30Rh vs. Pt-1Rh, Pt-18Rh vs. Pt-13Rh sowie Pt-13Rh vs. Pt-5Rh, die Anfang der 60er-Jahre untersucht wurden. Dagegen gelangt die edle Thermopaarkombination Pt-40Rh vs. Pt-6Rh, angestoßen durch europäische Forschungsinitiativen, neu in den Fokus thermoelektrischer Untersuchungen und Analysen [8.51].

8.2.3.1.2 Thermopaar Pt-40Rh vs. Pt-6Rh [8.52]

Nach [8.52] führten Analysen des Pt- und Rh-Oxid-Transportes und entsprechende Langzeituntersuchungen verschiedener PtRh-Legierungen beider Thermoelementschenkel zur Identifizierung des Thermopaares Pt-40Rh vs. Pt-6Rh. Da die Herstellungstechnologie insbesondere die Alterungsregime gewissen Einfluss auf die messtechnischen Eigenschaften nehmen, wurde eine elektrische Alterung der Drähte mit 1300 °C/4 Stunden und eine Stabilisierungsalterung mit 1350 °C fixiert. Die Darstellung der Spannungs-Temperatur-Kennlinie muss mit zwei Polynomen bezogen auf zwei Temperaturbereiche erfolgen:

0 ... 660 °C $U(T)$ – Polynom 6. Ordnung   bzw.
660 °C ... 1769 °C $U(T)$ – Polynom 8. Ordnung.

In Tabelle 8.4 sind diese kennlinienbezogenen Temperatur-Spannungs-Referenzwerte im Vergleich zu den Thermopaaren Pt6Rh vs. Pt30Rh (Typ B) sowie Pt vs. Pd aufgeführt.

Tabelle 8.4 Referenztabelle für Thermopaare Typ B und Thermopaar PtRh6 vs. PtRh40
([1] nach IEC584-1/95; [2] nach [8.52]) bzw. Thermopaar Pt vs. Pd

Temperatur °C	Thermospannung [mV]		
	30/6[1]	40/6[2]	Pt/Pd
0	0	0	0
100	0,033	0,0742	0,57
200	0,178	0,2624	1,21
300	0,431	0,5600	1,93
400	0,787	0,9658	2,78
500	1,242	1,4754	3,79
600	1,792	2,0842	4,97
700	2,431	2,7910	6,35
800	3,154	3,5902	7,92
900	3,957	4,4781	9,66
1000	4,834	5,4603	11,56
1100	5,780	6,5264	13,60
1200	6,786	7,6598	15,77
1300	7,848	8,8514	18,06
1400	8,956	10,1010	20,45
1500	10,090	11,4030	22,93
1600	11,263	12,7313	—

Die Ergebnisse der Langzeituntersuchungen bei 1350 °C (2686 h) und anschließend bei 1400 °C (2758 h) verweisen auf eine außerordentliche thermoelektrische Stabilität dieser Thermopaarung. Abb. 8.3 zeigt das Langzeitverhalten bei einer Alterung im Cu-Erstarrungspunkt.

Die thermoelektrische Inhomogenität bei zyklischer 400 °C-Überprüfung zeigt sich beim Langzeitverhalten relativ konstant bei 2,3 · 10⁻⁴. Das Thermopaar Pt40Rh vs. Pt6Rh ist daher als hochstabil einzustufen. Mit ihm sind erweiterte Messunsicherheiten (k = 2) bei Temperaturen bis 960 °C von ca. 0,5 K und bis 1769 °C von ca. 2 K erreichbar.

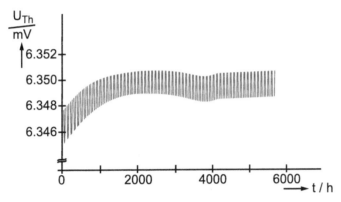

Abb. 8.3 Mittlere unsicherheitsbehaftete Änderungen der Thermospannung bei Langzeitalterung im Cu- Erstarrungspunkt (1084,62 °C)

8.2.3.2 Platin-Palladium

8.2.3.2.1 Reinmetallthermopaar Platin vs. Palladium

Mit Pt vs. Pd-Thermopaaren stehen für Thermoelemente hochgenau messende und driftarme Thermomaterialien zur Verfügung, insbesondere wenn sie einer Abschlussglühung zwischen 850 °C und 900 °C unterzogen wurden. Oxidationserscheinungen am Pd-Thermoschenkel führen zwischen ca. 600 °C … 800 °C zur Verringerung der mechanischen Stabilität bis hin zur Zerbrechlichkeit [8.53], wobei diese durch Glühbehandlung zurückgesetzt werden kann. Bezüglich der Drift zeigen Pt vs. Pd-Thermopaare in den anfänglichen ersten 50 h Einsatzzeit eine merkbare Drift, die sich jedoch nachfolgend stabilisiert. Die Pt-Pd-Kennlinie ist im Vergleich zum Typ B, K und Pt-15Ir vs. Pd in Abb. 8.4 dargestellt.

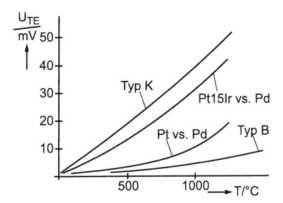

Abb. 8.4 Kennlinie des Thermopaares Pt-15Ir vs. Pd sowie Pt vs. Pd im Vergleich zu den Typen K und B

8.2.3.2.2 Platinlegierung vs. Palladium

Als hochempfindliches Thermoelement kommt die Materialpaarung Pt-15Ir vs. Pd in Frage. Die Kennlinie dieses Thermoelementes zeigt die Abbildung 8.4.

Dieser Typ liefert eine hohe Thermospannung bei geringeren Kosten als normale Edelmetall-Thermoelemente. Die Linearität der Thermospannung nimmt mit steigender Temperatur zu. Solange das Element keinen mechanischen Belastungen wie beispielsweise Vibrationen ausgesetzt wird, ist es funktionsfähig bis hin zum Schmelzpunkt des Palladiums bei ca. 1550 °C. Ein Langzeiteinsatz ist bei Temperaturen bis 1370 °C möglich. In der laufenden Nutzung übertrifft die Platin-Iridium-Legierung die Korrosionsbeständigkeit der Platin-Rhodium-Legierungen. Wird das Element abwechselnd oxidierender und reduzierender Atmosphäre ausgesetzt, tritt der Effekt der Blasenbildung an der Oberfläche ein. Wie bei allen Edelmetallen muss der katalytische Effekt (Beschleunigung der Reaktionen) der Drähte in brennbaren Atmosphären beachtet werden. Das Pt-Ir-Element ist zum Einsatz in neutraler und oxidierender Atmosphäre geeignet (nicht im Langzeiteinsatz über 1000 °), ein Einsatz in Wasserstoffatmosphären (reduzierend) oder Vakuum wird jedoch nicht empfohlen [8.20] [8.18] [8.50] [8.37].

Tabelle 8.5 Eigenschaften des Thermopaares Pt-Ir vs. Pd

Merkmal	Einheit	Pt-Ir vs. Pd	
		Pt-Ir	Pd
Zusammensetzung	%	85Pt 15Ir	100Pd
Dichte	g/cm^3	21,57	12,2
Zugfestigkeit geglüht hart	MPa	515 825	172 324
Härte geglüht hart	HB	160 230	45 (HV) 105 (HV)
Schmelztemperatur	°C	ca. 1700 °C	1550 °C

Die Tabelle 8.5 und die Abbildungen 8.5a und 8.5b geben einen Überblick über die mechanischen Eigenschaften dieses Thermopaares. Sowohl die Zugfestigkeit als auch die Härte der Pt-Ir-Legierungen nehmen mit steigendem Iridiumgehalt (bis ca. 40 %) zu. Der Palladiumdraht besitzt eine vergleichsweise geringere Festigkeit und Härte.

Bei der Abschätzung der Eignung dieses Thermopaares für bestimmte Anwendungsfälle stellt der Palladiumdraht somit das kritische (instabilere) Element dar. Das Pt-Ir vs. Pd-Paar weist zudem eine hohe Beständigkeit gegen Temperaturwechsel auf. Weitere Typen mit Palladium, Iridium- und Platingehalt in einem der Thermodrähte sind beispielsweise:

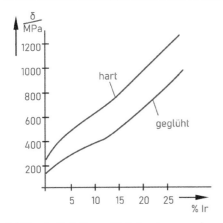

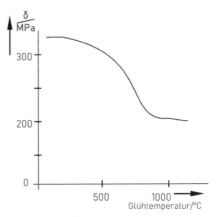

(a) Zugfestigkeit von Pt-Ir-Legierungen in Abhängigkeit vom Ir-Gehalt [8.49] [8.1]

(b) Zugfestigkeit von Pd in Abhängigkeit von der Glühtemperatur [8.48] [8.1]

Abb. 8.5 Zugfestigkeiten von Pt-15Ir vs. Pd-Legierungen

- Iridium-Rhodium vs. Platin-Rhodium,
- Platinel I (65Au-35Pd vs. 83Pd-14Pt-3Au),
- Platinel II (65Au-35Pd vs. 55Pd-31Pd-14Au),
- Pallador I (10Ir-90Pt vs. 40Pd-60Au) sowie
- Pallador II (12,5Pt-87,5Pd vs. 46Pd-54Au).

8.2.3.3 Platin-Molybdän

Die technisch relevante Materialkombination für diese Thermopaar-Kombination ist Pt-5Mo vs. Pt-0,1Mo. Das Pt-Mo-Element verfügt über eine gute Temperaturstabilität bis 1400 °C. Die Thermospannung nimmt mit steigender Temperatur beinahe linear zu (s. Abb. 8.6). Im Unterschied zum Pt-Rh-Element, bei dem sich unter Neutronenbestrahlung das Rhodium langsam zu Palladium umwandelt, kann das Pt-Mo-Element auch in

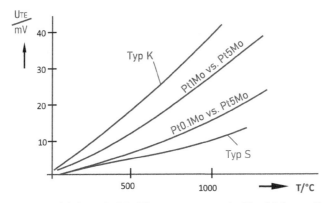

Abb. 8.6 Kennlinien verschiedener Pt-Mo-Thermopaarungen im Vergleich zum Typ S und Typ K [8.43] [8.20] [8.37]

der Helium-Atmosphäre von gasgekühlten Kern-Reaktoren genutzt werden. Generell eignet es sich für den Einsatz in neutraler Helium-Atmosphäre. Für Einsätze in reduzierender, oxidierender sowie Wasserstoffatmosphäre sind die Elemente ebenso wenig wie für den Einsatz im Vakuum geeignet. Das Pt-Mo-Element weist mittelmäßige Hochtemperaturfestigkeitseigenschaften, eine gute Beständigkeit gegen mechanische Belastungen bei niedrigeren Temperaturen und eine gute Beständigkeit bei Temperaturwechselbelastungen auf. Molybdän verfügt über bessere Festigkeitseigenschaften als Platin (vgl. Tabelle 8.3). Somit sind für eine Pt-Mo-Legierung entsprechend bessere Werte als für reines Platin zu erwarten.

8.2.3.4 Iridium-Rhodium

Als mögliche Materialkombinationen für Iridium-Rhodium-Thermopaare kommen die in der Tabelle 8.6 aufgeführten Varianten in Frage, deren Kennlinienverläufe in der Abbildung 8.7 dargestellt sind.

Tabelle 8.6 Thermische Eigenschaften verschiedener Iridium-Rhodium-Thermopaare [8.37] [8.43] [8.1]

Thermopaar	Ir40Rh vs. Ir	Ir50Rh vs. Ir	Ir60Rh vs. Ir
Max. Einsatztemperatur			
(Langzeiteinsatz)	2100 °C	2050 °C	2000 °C
(kurzzeitig)	2190 °C	2140 °C	2090 °C
Schmelztemperatur			
Negativer Draht	2250 °C	2202 °C	2153 °C
Positiver Draht (Ir)	2443 °C	2443 °C	2443 °C

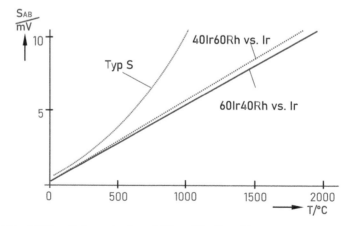

Abb. 8.7 Kennlinienverlauf von Iridium-Rhodium-Elementen [8.37] [8.20]

Thermopaare aus Iridium-Rhodium-Legierungen sind geeignet für den Einsatz bis zu 2000 °C und werden allgemein dort genutzt, wo die Einsatzgrenze der PtRh-Pt-Thermopaare überschritten wird. Sie können in neutraler Atmosphäre sowie im Vakuum, nicht jedoch in reduzierender Atmosphäre verwendet werden. Kurzzeitig ist auch ein Einsatz in oxidierender Umgebung möglich. Die Ir-Rh-Drähte verfügen über eine mäßige Temperaturwechselbeständigkeit und eine schlechte Duktilität (Zähigkeit bzw. Fähigkeit, sich bei Vorliegen einer mechanischen Beanspruchung plastisch zu verformen) [8.37] [8.1]. Im geglühten Zustand ist das Material flexibel. Es bricht jedoch bei Kaltverformung z. B. bei leichtem Mehrfach-Biegen während der Verarbeitung. Das Richten eines verformten Drahtes ist nur bei ständigem Zwischenglühen möglich [8.10].

Durch diese Eigenschaft sind Ir-Rh-Drähte anfällig für mögliche Inhomogenitäten des metallurgischen Status der Drähte, was im ungünstigen Fall zu Messfehlern führt. Wichtige Grenztemperaturen der Ir-Rh-Kombinationen zeigt die Tabelle 8.6. In Tabelle 8.7 sind weiterhin ausgewählte Eigenschaften von Iridium und Rhodium aufgeführt. Für den positiven Schenkel gelten damit die Materialeigenschaften des reinen Iridiums. Die Eigenschaften der Ir-Rh-Legierungen bewegen sich im Rahmen der Werte der reinen Elemente. Zur Sicherheit sind zur Beurteilung der Eignung des Thermopaares für spezifische Anwendungsfälle stets die niedrigeren, also hier die Werte von Rhodium, ausschlaggebend.

Tabelle 8.7 Mechanische Eigenschaften von Iridium und Rhodium [8.10] [8.43] [8.1]

Eigenschaften		Iridium	Rhodium
Zugfestigkeit (MPa)	ungeglüht	2070 – 2480	1379 – 1586
	geglüht	1103 – 1241	827 – 896
Härte HV	ungeglüht	600 – 700	
	geglüht	200 – 240	120 – 140
Elastizitätsmodul (GPa) bei 20 °C	Statische Belastung	517	319
	Dynamische Belastung	527	378
Thermischer Längenausdehnungskoeffizient α (20 °C) $K^{-1} 10^{-6}$		6,8	8,3

8.2.4 Unedle Cu- und Ni-basierte Thermopaare

8.2.4.1 Typ T (Cu/CuNi)

Den typischen Kennlinienverlauf des Thermopaares Typ T zeigt Abbildung 8.2 (s. a. Kapitel 8.2.1). Dieser Typ ist korrosionsbeständig in feuchter Atmosphäre und in Luft bzw. oxidierender Atmosphäre. Er ist anwendbar für Temperaturmessungen unter 0 °C. Der Messbereich reicht aufgrund der Oxidation des enthaltenen Kupfers bis 370 °C, in anderen Atmosphären sind auch höhere Einsatztemperaturen (> 370 °C) erreichbar bzw. möglich. Er ist außerdem anwendbar in reduzierenden oder neutralen Atmosphären und

im Vakuum im Bereich von –200 … 370 °C. Die Tabelle 8.8 zeigt die maximalen Dauereinsatztemperaturen des Thermoelementes Typ T in Luft in Abhängigkeit vom genormten Drahtdurchmesser nach DIN 43712. Aufgrund der oberen Beschränkung des Temperaturbereiches auf unter 400 °C ist der Typ T für den Einsatz im Hochtemperaturbereich
nicht geeignet. Die Anwendbarkeit der Thermopaare in den Toleranzgrenzen +/– 0,5 K
macht sie für den Messtechniker im mittleren Temperaturbereich interessant.

8.2.4.2 Typ J (Fe/CuNi)

Thermoelemente vom Typ J (Kennlinienverlauf s. Abb. 8.2) sind anwendbar in Vakuum,
oxidierender, reduzierender und neutraler Atmosphäre im Bereich 0 … 760 °C. Oberhalb
von 540 °C steigt die Oxidationsrate des Eisen-Elementes rapide an (für längere Lebens-
dauern wird daher ein größerer Draht-Durchmesser empfohlen) [8.5] [8.7] [8.29].

Tabelle 8.8 zeigt die maximalen Dauereinsatztemperaturen des Thermoelementes Typ
J in Luft in Abhängigkeit vom genormten Drahtdurchmesser nach DIN 43712. Typ J sollte oberhalb von 540 °C nicht in schwefelhaltiger Atmosphäre verwendet werden. Auch
ist es ratsam, Typ J nicht ohne Schutzrohr unter 0 °C aufgrund einsetzenden Rostens und
Versprödung des Eisens in feuchter Atmosphäre anzuwenden. Für den Einsatz unter 0 °C
sind keine Grenzabweichungen definiert. Ebenso wie Typ T scheidet der Typ J aufgrund
seines begrenzten Temperaturbereiches für die weiteren Betrachtungen für höhere Einsatztemperaturen aus.

Tabelle 8.8 Maximale Dauereinsatztemperaturen der Typen T, J und E nach DIN 43712

Ø (mm) T_{max} in °C		0,2	0,35	0,5	0,8	1	1,38	1,60	2	3
Typ T	TP	200	200	200	200	300	300	300	400	400
	TN	300	400	400	400	600	600	600	700	700
Typ J	JP	300	400	400	400	600	600	600	700	700
	JN	300	400	400	400	600	600	600	700	700
Typ E	EP	600	700	700	800	800	900	900	1000	1000
	EN	300	400	400	400	600	600	600	700	700

8.2.4.3 Typ E (NiCr/CuNi)

Der Anwendungsbereich dieses Thermopaares (Kennlinie s. Abb. 8.2) umfasst –200 …
900 °C in oxidierender und inerter Atmosphäre. Es ist korrosionsbeständig in feuchter
Atmosphäre und geeignet für Anwendung unter 0 °C. Nicht anwendbar ist es in schwefelhaltiger, reduzierender oder abwechselnd reduzierender und oxidierender Atmosphäre.
Ebenso zu vermeiden sind Anwendungen im Vakuum, da eine Verdampfung des Chroms
aus dem positiven Thermodraht stattfindet und dadurch die Kennlinie verändert wird.
Von den unedlen Typen weist es den größten Seebeck-Koeffizienten auf [8.12] [8.31]
[8.21] [8.29].

Die Tabelle 8.8 zeigt die maximalen Dauereinsatztemperaturen des Thermoelementes Typ E in Luft in Abhängigkeit vom genormten Drahtdurchmesser nach DIN 43712.

8.2.4.4 Typ K

Das Thermopaar Typ K besteht aus den beiden Schenkeln NiAl und NiCr. Den typischen Kennlinienverlauf zeigt ebenfalls Abb. 8.2. Dieser Typ eignet sich für den Einsatz in oxidierender oder neutraler Atmosphäre von −200 … 1260 °C. Es ist wesentlich oxidationsbeständiger als die Typen E, J und T und findet weite Verbreitung für industrielle Anwendungen oberhalb 540 °C. Der Typ K eignet sich auch für Anwendungen unter −250 °C, jedoch ist dort keine Grenzabweichung mehr definiert.

Die Tabelle 8.9 zeigt die maximalen Dauereinsatztemperaturen der Thermopaare Typ K und N in Luft in Abhängigkeit vom genormten Drahtdurchmesser nach DIN 43712.

Tabelle 8.9 Maximale Dauereinsatztemperaturen der Thermopaare Typ K und N nach DIN 43712 [8.5]

Ø (mm)	0,2	0,35	0,5	0,8	1	1,38	1,60	2	3
Typ K	600	700	700	800	800	900	900	1000	1000
Typ N	600	700	700	800	800	900	900	1000	1000

Im Rahmen der Herstellung der Thermopaare vom Typ K ist zu beachten, dass sich im positiven Thermodraht im Temperaturbereich von 400 … 600 °C in Abhängigkeit von vorliegenden Temperaturänderungen Ordnungsumwandlungen im Mischkristall vollziehen (s. Kapitel 7.2.3.3). Je nach erfolgten Aufheiz- und Abkühlphasen können drei Ordnungszustände im Thermomaterial entstehen:

a) *ungeordneter Zustand* bei sehr hohen Temperaturen
b) *überstruktureller Zustand* bei niedrigen Temperaturen
c) *nahgeordneter Zustand* im mittleren Temperaturbereich (abkühlabhängig)

Entstehende Ordnungsänderungen ziehen Messwertverfälschungen nach sich. Dies wird *K-Effekt* genannt. Für Messungen bis 1000 °C ist der Typ K unter den unedlen Thermopaaren gut geeignet. Er besitzt eine sehr gute Kombination aus Kalibriergenauigkeit, Kennlinienstabilität, Oxidationsbeständigkeit, Höhe der Thermospannung und Preis [8.13] [8.35]. Jedoch gelten auch hier, wie bei allen Typen, bestimmte Einsatzgrenzen. So ist Typ K nicht anwendbar in reduzierender bzw. wechselnd reduzierender und oxidierender Atmosphäre, insbesondere nicht

- in schwefelhaltiger Atmosphäre, da der Schwefel beide Thermodrähte angreift und damit eine rapide Versprödung bis hin zum Bruch des Drahtes durch interkristalline Korrosion verursacht,
- im Vakuum, da eine Verdampfung des Chromes aus dem positiven Thermodraht stattfindet und dadurch die Kennlinie verändert wird.

Der sich andernfalls zeigende Effekt wird auch als Grünfäule benannt. Grünfäule resultiert aus Oxidation des Chromes bei niedrigem, aber nicht zu vernachlässigendem Sauerstoffgehalt der Umgebungsatmosphäre und verursacht somit einen erheblichen Kennlinienfehler. Der Effekt tritt verstärkt zwischen 815 … 1040 °C auf. Insbesondere Thermodrähte in langen, unbelüfteten (also geschlossenen) Schutzrohren mit geringem Durchmesser sind von dem Effekt betroffen. Der Grünfäule kann durch eine Verstärkung der Sauerstoffzufuhr unter Nutzung von Schutzrohren mit größerem Durchmesser oder belüfteten Schutzrohren entgegengewirkt werden. Eine weitere Möglichkeit besteht darin, die Oxidation des Chromes durch Zugabe eines „Getters", der den Sauerstoff absorbiert, zu unterbinden. Wichtige Materialdaten zum Typ K sind in der Tabelle 8.10 zusammengefasst.

Tabelle 8.10 Eigenschaften der Thermoelemente Typ K und Typ N [8.37] [8.5] [8.10] [8.9] [8.23] [8.25] [8.24] [8.22]

Merkmal		Einheit	KP (NiCr)	KN (NiAl)	NP (NiCrSi)	NN (NiSi)
Zusammensetzung		%	89 … 90 Ni 9 … 9,5 Cr 0,5 Si, 0,5 Fe Rest: C, Mn, Nb, Co	95 … 96 Ni, 1 … 2,3 Al, 1 … 1,5 Si 1,6 … 3,2 Mg 0,5 Co Rest: Fe, Cu, Pb	84 Ni, 13,7 … 14,7 Cr 1,2 … 1,6 Si Rest: (<0,15) Fe, C, Mg, Co	95 Ni 4,2 … 4,6 Si 0,5 … 1,5 Mg Rest: (<0,3) Fe, Co, Mn, C
Dichte		g/cm^3	8,73	8,6	8,52	8,7
Schmelzpunkt		°C	1427	1399	1420	1330
Biegefestigkeit		MPa	k.A.	k.A.	565	565
Zugfestigkeit (20 °C)		MPa				
	hart		>970	>1050	>1300	>1200
	geglüht		610	630	760	620
Dehngrenze		MPa	k.A.	k.A.	165	165
Bruchdehnung	hart	%	2	<2	<2	<2
	geglüht		30	35	25	35
Thermi- scher Aus- dehnungs- koeffizient	100 °C 750 °C	10^{-6}/K	13,37 16,26	12,25 15,69	14,01 16,59	13,56 15,6
Wärmeleitfähigkeit bei 100 °C		W/mK	0,046	0,071	0,0358	0,0664
Härte	hart	HV 10	>310	>300	400	450
	geglüht		130	100	160	130
Magnetisierbarkeit			keine	moderat	keine	keine

8.2.4.5 Typ N

Der Typ N eignet sich zum Einsatz in sauberer, oxidierender Atmosphäre (bspw. Luft), kann jedoch auch kurzzeitig in reaktionsträgen, gasförmigen Medien und in Vakuum eingesetzt werden. Nicht geeignet ist das Thermopaar zum Betrieb in schwefelhaltigen, reduzierenden oder abwechselnd oxidierend-reduzierenden Atmosphären, insbesondere unter höheren Temperaturen. Hierzu sind dann entsprechende Schutzarmaturen notwendig. Auch die beim Typ K beschriebenen Effekte *Grünfäule* und *Vakuumempfindlichkeit* treten im Typ N – allerdings in wesentlich geringerer Ausprägung – auf, wobei allerdings im Vakuum nicht nur das Chrom, sondern auch das Silizium verdampft [8.37] [8.13].

Das Thermopaar Typ N zeigt eine deutlich höhere thermoelektrische Stabilität als ein Thermopaar Typ K unter gleichen Bedingungen. Untersuchungen [8.9] [8.24]) haben gezeigt, dass im Langzeitgebrauch bei ca. 1250 °C die thermoelektrische Stabilität des Typs N der des edlen Typs R vergleichbar ist. Durch sorgfältige Auswahl des optimalen Gehaltes an den Legierungsbestandteilen Chrom und Silizium konnten Thermospannungsschwankungen infolge atomarer Ordnungseffekte (s. der bei Typ K auftretende *K-Zustand*) minimiert werden. Die Abb. 8.8 stellt den Verlauf der *umordnungsbedingten Thermospannungsänderungen* der Elemente Typ K und Typ N (verschiedene Drahtdurchmesser) über den Temperaturbereich 0 … 1000 °C dar. Die untersuchten Elemente wurden zunächst auf 800 °C aufgeheizt und dann zügig mit Luft abgekühlt. Die Abbildung zeigt sehr deutlich die beschriebene Reaktion der Drähte des Typs K (Übergang in einen ungeordneten Zustand und die damit verbundene Erzeugung einer nicht reproduzierbaren Thermospannung) und demgegenüber die Stabilität des Typs N (s. a. Kapitel 7.2.3.2).

Das Thermoelement Typ N unterscheidet sich vom Typ K durch hohe Anteile Cr und Si im NP-Schenkel sowie Si und Mg im NN-Schenkel. Mit der Zugabe dieser Legierungselemente wird insbesondere im Vergleich zum Typ K eine bessere Oxidationsbeständigkeit bewirkt, da sich beispielsweise durch das Silizium an der Schenkel-Oberfläche eine Siliziumdioxid-Schicht bildet, die das Element vor weiteren Korrosionsangriffen schützt [8.13]. Wichtige Materialeigenschaften der separaten Thermoschenkel zeigt die Tabelle 8.10.

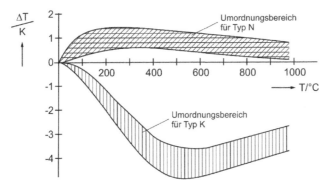

Abb. 8.8 Prinzipielle Funktionsbereiche des Umordnungsfehlers ΔT bei Thermodrähten K und N im Bereich 0 … 1000 °C (Erwärmung auf 800 °C und rascher Kühlung), Werte in Anlehnung an Untersuchungsergebnisse der Fa. Isabellenhütte Dillenburg [8.20] [8.1]. Die jeweiligen Bereiche der Funktionswerte sind technologie- und testbedingt.

8.2.5 Hochtemperatur-Thermopaare

8.2.5.1 Anwendungsgebiete und Eigenschaften

Die Einsatztemperaturen für die nachfolgend betrachteten Werkstoffe liegen weit über denen der bisher betrachteten Thermodrahtmaterialien. Sie werden unter anderem im Flugzeug- und Raketenbau und sowie in der Reaktortechnologie eingesetzt. Eine Vielzahl der für industrielle Anwendungen unter extrem hohen Temperaturen in Frage kommenden Thermopaare aus Refraktärmetallen besitzen einen Schenkel mit Wolfram als Hauptlegierungsanteil. Interessant sind unter anderem die Paarungen Wolfram-Rhenium, Wolfram-Molybdän und Molybdän-Rhenium, die daher in Kapitel 8.2.5.2 ff näher betrachtet werden.

8.2.5.2 Wolfram-Rhenium-Thermopaare

Von technischem Interesse sind hauptsächlich die Paarungen W vs. W-26Re (Typ G), W-3Re vs. W-25Re (Typ D) und W-5Re vs. W-26Re (Typ C). Die letzteren beiden Thermopaare sind standardisiert in der ASTM E696. Ebenfalls Eingang in ein Standardisierungsdokument fand der Typ A (W-5Re vs. W-20Re), welcher beschrieben ist in GOST 8-585. Die Kennlinienverläufe der verschiedenen Wolfram-Rhenium-Thermopaare sind in Abb. 8.9 dargestellt.

Tabelle 8.11 Thermopaarungen und Kennzeichnungen nach GOST und ASTM

Paarung		Kennung
W5Re	-W20Re	A
W5Re	-W26Re	C
W3Re	-W25Re	D
W	-W26Re	G

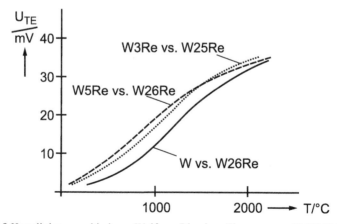

Abb. 8.9 Kennlinien verschiedener Wolfram-Rhenium Thermopaare [8.10] [8.32] [8.20]

Thermodrähte aus W-Re-Legierungen sind einsetzbar für Messungen bis zu 2700 °C. Selbst bei hohen Temperaturen reagiert Wolfram nicht mit Wasserstoff und Stickstoff. Oberhalb von 500 °C sollte es in oxidierenden Atmosphären nicht ohne geeigneten Schutz eingesetzt werden, wobei die Atmosphäre im Schutzrohr dabei sorgfältig gewählt werden muss, da einerseits Reaktionen mit Bestandteilen der Umgebungsatmosphäre und andererseits mit den Bestandteilen der Isolationsmaterialien stattfinden können.

Das Lösungsvermögen für die kleinatomigen Elemente Kohlenstoff, Silizium, Stickstoff und Sauerstoff ist in Wolfram sehr gering, daher haben Verunreinigungen durch gelöste Elemente weniger Einfluss auf die mechanischen Eigenschaften. Sobald jedoch die Löslichkeitsgrenze überschritten ist, wirken sich die Verunreinigungen stark auf die mechanischen Eigenschaften aus. Die W-Re-Paare sind sehr gut geeignet für Applikationen mit häufigen Temperaturwechseln und weisen eine hohe Festigkeit auch bei hohen Temperaturen auf. Bei 2000 °C weist beispielsweise eine W-20Re-Legierung noch eine Festigkeit von ca. 200 MPa und die W-1Re-Legierung eine Festigkeit von ca. 450 MPa auf. Einen wichtigen Grund für die Wahl von Rhenium als Legierungspartner stellt neben der Erhöhung der Härte der Legierungen dessen Fähigkeit dar, seine guten Duktilitätseigenschaften auf Wolfram und Molybdän zu übertragen. [8.10]

Laut Caldwell wurde in Studien festgestellt, dass die thermoelektrischen Werte von Thermoelementpaarungen Mo-Re sowie auch W-Re sehr gut reproduzierbar sind und innerhalb verschiedener Chargen bzw. Hersteller keinen großen Schwankungen unterliegen [8.10].

8.2.5.3 Wolfram-Molybdän-Thermopaare

Wolfram-Molybdän-Thermopaare können für Temperaturen bis zu 2400 °C zum Einsatz kommen. In messtechnischer Hinsicht ist festzuhalten, dass diese Paarung eine geringe Thermospannung und einen Mangel an thermoelektrischer Reproduzierbarkeit (u. a. eine Polaritätsumkehr bei ca. 1250 °C (s. Abb. 8.10) besitzt.

Da Molybdän nicht mit Wasserstoff reagiert, eignen sich W-Mo-Paare zum Einsatz in reduzierenden Atmosphären, sollten jedoch in oxidierenden Atmosphären oberhalb von

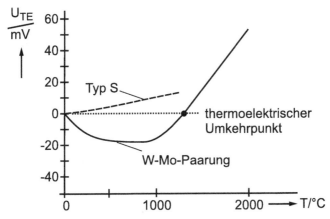

Abb. 8.10 Kennlinie des W-Mo-Thermopaares [8.32] [8.20] [8.10]

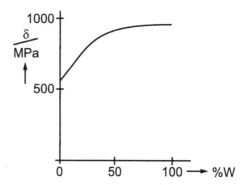

Abb. 8.11: Zugfestigkeit von W-Mo-Legierungen [8.28] [8.27]

500 °C nicht ohne geeigneten Schutz eingesetzt werden. Molybdän bildet oberhalb von 2400 °C durch Reaktion mit Stickstoff Nitride.

Wolfram-Molybdän-Paare weisen neben einer hohen Zugfestigkeit (s. Abb. 8.11) und Härte (auch bei hohen Temperaturen) einen hohen Elastizitätsmodul auf. Dies qualifiziert die Paarung für Anwendungsfälle mit hoher mechanischer Belastung. Nachteile der Wolfram-Molybdän-Thermoelemente bestehen vor allem in ihrer Brüchigkeit bei niedrigen Temperaturen, was sich im Allgemeinen negativ auf die Bearbeitbarkeit auswirkt [8.32] [8.10].

8.2.5.4 Molybdän-Rhenium-Thermopaare

Auch die Materialpaarung Molybdän-Rhenium bietet in den Kombinationen Mo vs Mo41Re und Mo5Re vs Mo41Re Potential als Thermopaar für Thermoelemente. Die Kennlinienverläufe sind in Abb. 8.12 dargestellt, insbesondere im Vergleich zu W3Re vs W25Re und der Sonderpaarung Ir40Rh vs Ir.

Die maximale Einsatztemperatur wird mit ca. 2000 °C angegeben, wobei dieser Wert immer unter Beachtung der Temperaturbeständigkeit der Isolationsmaterialien zu sehen ist. Durch die Eigenschaften des Molybdäns sind Mo-Re-Legierungen nur in reduzierender Atmosphäre oder im Hochvakuum einsetzbar. Sofern das Thermopaar nicht freihängend angebracht ist und sich in einer Schutzarmatur befindet, muss diese wegen der Empfindlichkeit gegenüber Sauerstoff evakuiert oder mit Schutzgas gespült sein [8.31].

Da Rhenium, das sehr gute Festigkeitseigenschaften aufweist, in den Mo-Re-Legierungen in höheren Gehalten vorhanden ist, übertrifft deren mechanische Stabilität die der Wolfram-Rhenium-Legierungen bzw. -Paare.

8.2.6 Vergleich der Hochtemperatur-Thermopaare

Die in den vorangegangenen Kapitel betrachteten Thermopaare weisen jeweils sowohl individuelle Vorteile als auch Nachteile auf. So sind edle platinbasierte Thermopaare nicht zum Einsatz in reduzierenden Atmosphären geeignet, was sich im dann einstellenden Reaktionsverhalten der Edelmetalle begründet. Weiterhin spielt unter anderem der Temperaturbereich des (Dauer-) Betriebes eine entscheidende Rolle.

Thermoelemente vom Typ B zeigen deutliche Vorteile gegenüber den Typen R und S in den Bereichen verbesserter Langzeitstabilität, erhöhter mechanischer Festigkeit und höherer Betriebstemperaturen. Die Verwendung nichtstandardisierter Thermopaare ist insbesondere für Spezialfälle in der Hochtemperaturmesstechnik sinnvoll. Mit Ir-Rh-Thermopaaren sind beispielsweise Messungen in höheren Temperaturbereichen als mit den Typen S, R und B möglich. Nachteile bestehen jedoch hinsichtlich der Duktilität der Drähte (Brüchigkeit bei Raumtemperatur) und damit ihrer schlechten Verarbeitbarkeit im Rahmen normaler Fertigungsbedingungen.

Generell ist die Anwendbarkeit nichtstandardisierter edler Thermopaare aufgrund des Reaktionsverhaltens mit der Atmosphäre ebenso wie bei den standardisierten Typen fast ausschließlich auf neutrale oder oxidierende Atmosphären beschränkt. Somit wäre davon auszugehen, dass eine Anwendung edler Thermopaare in bestimmten Chemie-Bereichen nicht möglich ist. Mit der Verwendung von Schutzrohren verlagert sich das Beständigkeitsproblem gegen die chemischen Einflüsse der Atmosphäre auf die entsprechenden Schutzrohrmaterialien, so dass im Endeffekt neben der Wechselwirkung mit dem Schutzrohrmaterial (fast) nur noch der Messbereich von Interesse ist. Ein Einsatz von edlen Thermopaaren ist von der chemischen Beständigkeit der Elemente her im Bereich der Abgastemperaturmessung denkbar. Jedoch ist eine Verwendung in der Serienherstellung allein aufgrund der Kosten für das Grundmaterial nicht sinnvoll.

Die unedlen standardisierten Typen K und N sind neben niedrigeren Kosten schon allein durch ihre Festigkeitswerte den edlen Typen überlegen. Beispielsweise kann der Temperaturbereich, der im Rahmen der Abgastemperaturmessung abzudecken ist, im Gegensatz zu den geforderten Temperaturen in der Erdölvergasung mit den beiden Thermopaaren problemlos erreicht werden. Da der Typ K einige spezifische Nachteile zeigt (s. Kapitel 2.4.4) ist der Typ N diesem vorzuziehen.

Die Thermopaare aus refraktären Metallen weisen die höchsten Festigkeitswerte auf. Mit ihnen sind zudem weitaus höhere Temperaturen messbar als mit den edlen und unedlen Thermopaaren. Ohne Schutz sind sie für den Einsatz in oxidierenden Atmosphären, wie beispielsweise bei der Abgastemperaturmessung, nicht geeignet. Auch bei diesen Typen ist die Brüchigkeit bei niedrigen Temperaturen zu beachten. Anwendungen, in denen Thermoelemente Betriebsphasen mit sehr hohen Temperaturen (z. B. > 900 °C)

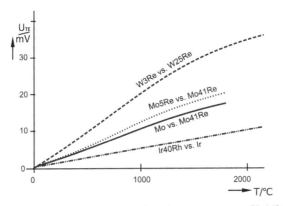

Abb. 8.12: Kennlinienverlauf verschiedener Sonder-Thermopaarungen [8.44] [8.13] [8.21] [8.43]

aber auch Ruhephasen (z. B. Anlagen-Standzeiten) ausgesetzt sind, können zum Problem werden. Die Wahrscheinlichkeit für das Auftreten von Inhomogenitäten wäre sehr hoch. In Tabelle 8.12 sind die Ergebnisse noch einmal im Überblick dargestellt.

Um dennoch einen Einsatz in für den jeweils betrachteten Typ ungeeigneten Medien zu ermöglichen, sollten z. B. die Thermopaare mit geeigneten Schutzrohren (ggf. Spülung mit neutralem Gas wie z. B. Stickstoff) versehen werden. Das Schutzrohr kann bei Sonderanwendungen mit Öffnungen zum Einleiten von Stickstoff versehen werden, um für das Thermopaar eine neutrale Atmosphäre zu schaffen Die verschiedenen Möglichkeiten der Werkstoffauswahl werden in im Kapitel 8.3 diskutiert.

8.2.7 Tieftemperaturthermoelemente

Thermoelemente werden nur begrenzt im Tieftemperaturbereich eingesetzt.

Tabelle 8.12 Vergleich der verschiedenen Thermopaare

Thermopaar (Typ)	Zugfestigkeit in MPa	Härte in HV (geglüht)	α in $(10^{-16}/\,°C)$	Chemische Beständigkeit	Temperatureinsatzgrenze (Dauereinsatz) in °C
Edle platin-basierte Typen S, R, B	138 ... 276 1000 °C: 28	40	9,07	Oxidierende und neutrale Atmosphäre	1300 ... 1700[*] ([*] Tab. 8.2)
Platin-Iridium vs. Palladium (Pt-Ir vs. Pd)	170	45	...	Oxidierende und neutrale Atmosphäre	1370
Platin-Molybdän (Pt-5Mo vs.Pt0,-1Mo)	138 1000 °C: 28	40	9,07	Neutral (Helium)	1400
Iridium-Rhodium (Ir vs. Ir-Rh)	827	120	6,8 8,3	Neutrale Atmosphäre und Vakuum	2100
Typ K Typ N (Nickelbasiert)	1000 °C:610 1000 °C:620	100 130	16,2 6,6	Oxidierende und neutrale Atmosphäre	1000 1250
Wolfram-Rhenium	1400 °C: 1120 ... 850 2000 °C: 450 ... 200	300 ... 420	4,48	Reduzierende Atmosphäre	2700
Wolfram-Molybdän	620 ... 900	220 ... 300	...	Reduzierende Atmosphäre	2400

Bei der Applikation ergeben sich oft Probleme mit der Kaltversprödung und der sinkenden Signalempfindlichkeit. Bei –200 °C sinkt das thermoelektrische Signal der klassischen Thermopaare in die Größenordnung von 6 mV. Immerhin sind die typischen Thermopaare NiCr-Ni, Fe-CuNi, Cu-CuNi und NiCr-CuNi noch bis –200 °C allgemein verwendbar. Bei Applikationen unter –200 °C sollten Spezialthermoelemente zum Einsatz kommen, wobei sich solche mit Au-legierten Thermoschenkeln anbieten. Für Messungen bis nahe an die –270 °C ist die Anwendung der Thermopaare AuFe-NiCr angezeigt. Bis –270 °C wird z. Zt. am häufigsten die Paarung NiCr-CuNi angesetzt, die eine gute Beständigkeit gegen feuchte Atmosphären und den größten relativen Seebeck-Koeffizienten in Tieftemperaturbereich – wie auch bei höheren Temperaturen aufweist [8.32] [8.36].

8.3 Metallschutzrohre für die Hochtemperaturmesstechnik

8.3.1 Anforderungen an Schutzrohrmaterialien im Hochtemperaturbereich

8.3.1.1 Überblick

Verschiedene Thermopaare weisen hinsichtlich ihrer Einsatzfähigkeit im bevorzugten Hochtemperaturbereich unterschiedliche bzw. teils unzureichende Beständigkeiten auf (s. Kapitel 8.2!). Ihre Einsatzfähigkeit gelingt dann nur in Verbindung mit einer Schutzrohrkonfektion. Ein konfektioniertes Schutzrohr umhüllt das Thermopaar und bietet so ein gegen mechanische und chemische Angriffe schützendes Trennelement.

Die eingesetzten Schutzrohr-Werkstoffe müssen auch selbst neben den Temperaturen den schädigenden Effekten der Betriebsatmosphäre standhalten. Sie müssen eine ausreichende Festigkeit bzw. Beständigkeit gegenüber mechanischen und abrasiven Belastungen bieten, wobei hier zusätzlich zur Materialwahl auch Designaspekte (mechanisch-konstruktive Auslegungen) eine Rolle spielen (s. Übersicht zu Mantel-und Schutzrohrwerkstoffen, Tabelle 8.20 und Tabelle 8.13). In der Verfahrenstechnik, d. h. besonders im mittleren und unteren Temperaturbereich werden hinsichtlich der mechanischen Belastbarkeit hohe Anforderungen gestellt, die sich in umfangreichen Normen und Vorschriften wiederspiegeln, wie z. B. in den folgenden:

- **IEC 61520:2000/2017** Bauformen metallischer Schutzrohre
- **DIN EN 50112:1995-08** Metallschutzrohre für Thermoelemente
- **DIN 43720:1990-08** Metallene Schutzrohre für Thermoelemente
- **DIN 43772:2000-03** Schutzrohre zum Einschrauben/Anflanschen/Einschweißen

Für Projektanten messtechnischer Anlagen erweisen sich die auf verschiedene Schutzrohrausführungen bzw. -formen bezogenen *statisch-thermischen Belastungsdiagramme* als Basisinformation besonders vorteilhaft. Das Belastungsdiagramm zeigt Temperatur- und Druckgrenzen bezogen auf jeweils definierte Schutzrohrgeometrien- und formen auf (s. Abb. 8.13) [8.21].

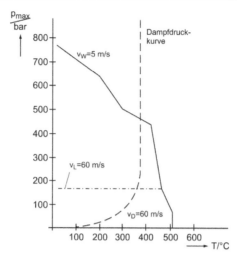

Abb. 8.13 Mechanisch-thermisches Belastungsdiagramm für ein Schutzrohr Form 4 (DIN 43772) (Beispiel für Werkstoff 16 Mo 3, Konus EL = 65 mm Da2 = 18 mm, V = Strömungsgeschwindigkeit, Index: L = Luft, w = Wasser, D = Dampf)

Hinsichtlich der schädigenden Auswirkungen auf die metallurgische Struktur bzw. das Gefüge liegt das Hauptaugenmerk auf der werkstofftechnischen Zusammensetzung. Ausgehend von einer oftmals geforderten Beständigkeit gegen Oxidation und Hochtemperaturkorrosion ist es wenig überraschend, dass in korrosionsbeständigen Stählen, Edelstählen, NiCr-Legierungen und Superlegierungen als Hauptlegierungselement oft Chrom in signifikanten Mengen enthalten ist. Für die Anwendung als Schutzrohrwerkstoffe im betrachteten Temperaturbereich zwischen 700 °C … 2700 °C sind u. a. Superlegierungen auf Fe-, Co- und Ni-Basis und hochschmelzende Legierungen geeignet (s.Kapitel 8.3.2!).

8.3.1.2 Typische Werkstoffe für den Einsatz bei mittleren Temperaturen

Als Schutzrohrwerkstoff kommt am häufigsten ein Edelstahl mit der Werkstoff-Nr. 1.4571 (Handelsbezeichnung auch V4A) zum Einsatz. Relativ hohe Cr- und Ni-Anteile erlauben hohe Einsatztemperaturen bei gleichzeitig günstigen Festigkeitswerten. Durch die Zulegierung von Ti wird eine Beständigkeit gegen interkristalline Korrosion auch im geschweißten Endzustand erreicht. Der Werkstoff-Nr. 1.4571 (Bezeichnung nach DIN X6 CrNiMoTi 17-12-2 [8.35] bzw. nach ASTM(USA) 316 Ti) zeichnet sich durch verschieden Parameter aus, deren Eignung bei höheren Temperaturen (550 °C –700 °C) zu testen sind:

Werkstoff-Nr. 1.4571

Zugfestigkeit:	540 … 690 N/mm^2
Bruchdehnung:	≥ 40
E-Modul:	200 kN/mm^2 (bei 20 °C)
Wärmeleitfähigkeit:	15 W/mK (bei 20 °C)
Wärmedehnung:	$16,5 \times 10^{-6}$ K^{-1} (20 °C … 100 °C)
Temperatureinsatz:	550 °C … 700 °C (Lösungsglühung bis 900 °C)

Tabelle 8.13 Allgemeine Einsatzbedingungen für Schutzrohrmaterialien
[8.29] [8.32] [8.1] [8.35]

Werkstoff	Werkstoff-Nummer	T_{max}	Beständigkeit/Anwendung
Zinnbronze CuSn6 F41	2.1020.26	700 °C	Witterungsfest gegenüber Industrie- und Meer-Atmosphäre, neutrales Wasser und Meerwasser, Wasserdampf, schwefelfreie Kraftstoffe, Alkohole, Freon, Frigen, Lösungsmittel wie Aceton, Terpentin, Toluol
Messing CuZn	2.0321.30	700 °C	Neutrales Wasser, neutrale Luft, Frigen, Freon, Alkohole, Aceton, Toluol
Kupfer SFCu F30	2.0090.30	300 °C	Industrieluft, salzarmes Frisch- und Brauchwasser, neutraler Wasserdampf, Alkohole, Frigen und Freon
Stahl St. 35.8 1	1.0305	570 °C	Wasser in geschlossenen Systemen, neutrale Gase
Reineisen 1 1			Metallschmelzen und Salzschmelzen
Stahl 13 CrMo44	1.7335	600 °C	Wasserdampf, Stickstoff; ähnlich St. 35.8, jedoch höhere mechanische und thermische Beständigkeit
Rost- und Säurebeständiger Stahl X6 CrNiTi810	1.4541	550 °C (700 °C)	Chloridarmes Wasser, Dampf, Nahrungsmittel, Fette, Reinigungsmittel, Seifen, organische Lösungsmittel, Chloroform, Erdölverarbeitung, Petrochemie, Dieselabgase, heißes Kohlendioxid, trocken und feucht
Rost- und Säurebeständiger Stahl V4A X6 CrNiMo-Ti17-12-2	1.4571	550 °C (700 °C)	Ähnlich wie Werkstoff-Nr. 1.4541. Erhöhte Beständigkeit gegen chloridhaltige Lösungen und nicht oxidierende Säuren (Ausnahme: Salzsäure), chemische Dämpfe, außer heißem Schwefelwasserstoff und feuchtem Schwefeldioxid
Hitzebeständiger Stahl X10 CrAl24	1.4762	1150 °C	Schwefelhaltige Gase unter oxidierenden und reduzierenden Bedingungen
Hitzebeständiger Stahl X15 CrNiSi25	1.4841	1150 °C	Stickstoffhaltige Gase, Messing- und Kupferschmelzen, chloridhaltige Salzschmelze
Inconel 600 NiCr15Fe	2.4816	1150 °C 500 °C 590 °C	Reduzierende Atmosphäre, Schwefelhaltige Atmosphäre, Chloridfreier Wasserdampf

In der Lebensmittelindustrie, in der spezielle Zulassungsvorschriften bestehen, werden im Allgemeinen die hochlegierten Stähle 1.4435 bzw. 1.4404 eingesetzt. Einfache Schutzrohrmaterialien, die sich für verschiedenste Applikationen im Industriebereich bewährt haben, sind in Tabelle 8.13 aufgelistet.

8.3.1.3 Beachtenswerte Faktoren bei der Einsatzplanung – Schwingungsstabilität, Fertigungstechnik, Schutzrohrform

Bei der Einsatzplanung von Schutzrohren sind die werkstofftechnischen Eigenschaften der Schutzrohrmaterialien im Hinblick auf die zu erwartenden thermischen Belastungen vorrangig zu berücksichtigen. Im Weiteren müssen jedoch die Schwingungs-und Strömungsverhältnisse am Einsatzort Beachtung finden. Die Gesamtheit der Einsatzbedingungen führt bei Erwartung kritischer Belastungen auch zur Verwendung besonderer Fertigungstechnologien oder zu zusätzlichen Fertigungsschritten bei der Schutzrohrfertigung (z. B. mehrstufige Temperungen). Ebenso kann es auch zum Einsatz spezieller Bauteile und Halbzeuge kommen (z. B. nahtloses Rohr). Letztlich ergeben sich aus den Ergebnissen der Festigkeitsberechnung nicht nur Hinweise auf die Dickenabmessungen und mögliche Eintauchlängen der Schutzrohre, sondern indirekt auch Hinweise auf den Einsatz anderer Schutzrohrformen: Die Klassifizierung der Thermometerschutzrohre ist in mehrfacher Hinsicht möglich. Aus Sicht der funktionalen Sicherheit unterscheidet man:

- einteilig (nahtlos/tiefgezogen oder gedreht/gebohrt) und
- mehrteilig (d. h. geschweißte Ausführungen).

Aus messdynamischer und strömungstechnischer Sicht ergibt sich eine grundlegende Unterteilung der Schutzrohre in 9 Formen, gemäß Tabelle 8.14.

(a) gerades rundes Schutzrohr (Standardvariante)
(b) konisch gedrehtes Schutzrohr (Hochdruckvariante)
(c) stufig verjüngtes Schutzrohr (einfach oder mehrfach abgehämmert; Standard)
(d) Stützrohre (offene Zusatzschutzrohre bei pulsierender Heißgasströmung)
(e) gerades ovales Schutzrohr (Sondervariante)
(f) schwertförmiges Schutzrohr (bei schweren flüssigen Medien, s. Kapitel 7.3.5.7)

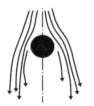

Turbulente Strömung   Karmanscher Wirbel   Totwasserwirbel   Laminare Strömung
Re ≥ 160   40 ≤ Re ≤ 160   4 ≤ Re ≤ 40   0 < Re < 4

Abb. 8.14 Stromverhältnisse am Schutzrohr (SR)

(g) haken- oder winkelförmiges Schutzrohr (bei Heißgasströmungen, s. Kapitel 7.3.5.7)

(h) bogenförmiges Schutzrohr (starke Wasserströmung, s. Kapitel 7.3.5.7)

(i) Schutzrohre mit eingesetzten Meßspitzen

Tabelle 8.14 Übersicht über spezifische Bauformen (Schutzrohrspitze) von Thermometerschutzrohren mit Erläuterungen

Einbau-länge	Bauform-spezifik des Schutzrohres	Anmeldung, Applikations-hinweis	Prinzipdarstellung als Seitenansicht und Bodenansicht
beliebig	Rund, gerade	Allgemeine Industrieapplikation (s. Abb. 7.22/Kap. 7 DIN 43772 Form 2)	a)
	Konisch (gedreht)	Bei höheren Druckbelastungen (DIN 43772 Form 3)	b)
	Rund, gestuft (einfach oder mehrfach)	Für schnelle Messungen	c)
	Rund, bodenoffen	Als Strömungsschutz (Offenes Zusatzschutz-rohr bzw. Stützrohr)	d)
strömungskonform	Oval, gerade	Für mittlere Strömungsbelastung	e)
	Schwertförmig	In Masse- und Starkströmungen (s. Abb. 7.36b/ Kap. 7)	f)
	Bügelförmig	In starken Wasserströmungen (s. a. Abb. 9.1/ Kap. 9)	h)
	Eingesetzte Messspitze (einfach bis dreifach)	Für schnelle Messungen in Gasströmungen (s. Abb. 8.16)	i)
	Hakenförmig	In Heißströmungen (s. Abb. 7.36a/ Kap. 7)	g)

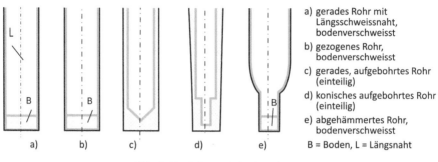

Abb. 8.15: Schutzrohrbasisvarianten

Die Schutzrohre weisen eine differenzierte Einsatzcharakteristik auf. Insbesondere unterscheiden sie sich in der Thermometerdynamik, in der Anström- und Druckfestigkeit, sowie in der Schwingungsstabilität. Wird ein über einen Prozessanschluss eingebauter Temperaturfühler schwingungsmäßig angeregt, können sowohl das medienberührte Schutzrohrteil als auch das Halsrohr/Kopfteil in Schwingung geraten. Wichtig dabei ist, dass die Eigenfrequenz beider Teilschwinger ausreichend frequenten Abstand zur Anregungsfrequenz haben. Anderenfalls wären Brucherscheinungen zu erwarten. Während unter den Bedingungen der allgemeinen Industrieautomation bei äußerer Schwingungsanregung eher der Halsrohr-(Kopf)-schwinger angeregt wird (u. U. Halsrohrverkürzung erforderlich!), kann das Schutzrohr im Medienfluss strömungsangeregten Schwingungen ausgesetzt sein. Ursache der Strömungserregung ist die Ausbildung der Karmannschen Wirbel, die unter bestimmten Strömungsverhältnissen entstehen (s. Abb. 8.14). Berechnungsmodelle zur Überprüfung der Schwingungsstabilität liegen nach Dittrich [8.20] [8.11] gemäß DIN 43772 – und auch Murdock [8.34] sowie nach Beckmann [8.4] vor, wobei diese im relevanten numerischen Berechnungsprogrammen verankert sind. Aktuell sind die Festigkeitsberechnungen nach der ASME PTC 19.3 TW 2010 vorzunehmen. Mit diesem Berechnungsprogramm können bei vorliegenden Medien-, Strömungs-, Temperatur- und Druckbedingungen unter Beachtung der Stabilitätskriterien die Geometrie- und Materialparameter optimiert werden. Die berechneten Einsatzgrenzen werden in Berechnungsprotokollen ausgewiesen. Auf die mechanische Stabilität hat auch eine Reihe fertigungstechnischer Komponenten Einfluss. Zu beachten ist insbesondere die Ausführung des Rohres: längsnahtgeschweißtes bzw. gezogenes oder aus Vollmaterial gebohrtes Rohr. Bei Verformungen des Schutzrohres sind applikationsbezogene Glühprozesse wichtig. Abb. 8.15 zeigt in dieser Hinsicht verschiedene Basisvarianten gefertigter Schutzrohre.

Auch die Ausführung der Schweißnaht am Schutzrohrboden und das entsprechende Schweißverfahren (autogen, WIG, Laser) beeinflussen die Standzeit des Schutzrohres. Herausfallende Böden infolge von Schweißfehlern haben oft gleichrangige Auswirkungen wie Schwingungsbrüche an Schutzrohren oder herumvagabundierende Anschlußköpfe nach deren Abriss. In Abb. 8.16 sind Bodenausführungen zweiteiliger und dreiteiliger Schutzrohre dargestellt.

Die in der Abb. 8.16 aufgeführte Schutzrohrvariante mit eingesetzter Messspitze entspricht im Vorderteil der Abb. 8.17. Die im Schutzrohrboden vorwiegend mit Hochtem-

peraturlot hart eingelöteten Messspitzen bestehen aus Tiefziehhülsen oder den Vordertei-
len von Mantelthermoelementen. Sie sind jeweils kurz ausgeführt und festigkeitsmäßig
auf die Applikation ausgerichtet. Jedoch weisen Sie eine hohe Messdynamik auf. Die
Tiefziehhülsen können im Inneren dünne auswechselbare MIMS-Elemente aufnehmen.

Das Basisschutzrohr – gerade, konisch oder gestuft ausgeführt – kann den Strö-
mungs-und Einsatzverhältnissen entsprechend angepasst bzw. lang sein. Bei ausreichend
stabiler Ausführung des Basisschutzrohres können die schwingungstechnischen Betrachtungen zum Schutzrohr und zur Messspitze nahezu unabhängig voneinander bzw. ent-
koppelt erfolgen. Die Kombination von massivem Schutzrohr und eingesetzter (Mini-)
Messspitze vereinigt so günstig Messdynamik mit hoher mechanischer Stabilität.

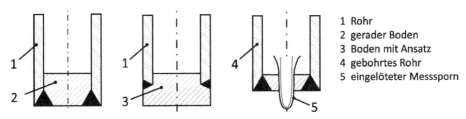

Abb. 8.16: Beispielhafte Ausführung von Schutzrohrböden

Werden drei Messspitzen-Hülsen mit drei verschiedenartigen Duplex-Mantel-
elementen bestückt (s. Kapitel 7.3.6.4.2), so liegen drei unabhängige Messkanäle mit
Doppelelementen und damit die höchste praktikable Form der funktionalen Sicherheit
auf thermoelektrischer Basis vor (s. Abb. 8.17). Eine spezielle Schutzrohrart sind die sogenannten Stützrohre, die im Prinzip Zusatzschutzrohr ohne Boden darstellen. Sie fangen
insbesondere exponierten Strömungsdruck sowie impulsartige Energieeinträge ab und
begrenzen bei entsprechender Tolerierung die Schwingungsamplitude des innenliegenden Temperaturfühlers.

8.3.2 Schutzrohre aus Superlegierungen auf Fe-, Co- und Ni-Basis

8.3.2.1 Eigenschaften und Charakterisierung von Superlegierungen

In der Gruppe der Fe-Co- und Ni-Legierungen existieren die sogenannten Superlegierungen. Bei diesen Legierungen handelt es sich um Werkstoffe für den Betrieb unter erhöhten Temperaturen, basierend auf den Elementen der Gruppe VIII. Sie wurden entwickelt
für die Anwendung in Bereichen, die Stabilität gegen starke mechanische Belastungen
und hohe Oberflächenbeständigkeit (Oberflächenreaktionen, Rissbildung durch mechanische Beanspruchung) erfordern. Die Superlegierungen setzen sich üblicherweise zusammen aus Fe, Ni oder Co als Basis-Elemente mit Zusätzen von beispielsweise Cr, W,
Mo, Ta, Nb, Ti und Al. [8.7]

Ein grundlegendes Merkmal der Superlegierungen ist, dass sie bessere Kriechbestän-
digkeitseigenschaften aufweisen als andere Materialien. Sie haben bessere Kurzzeit-Fes-

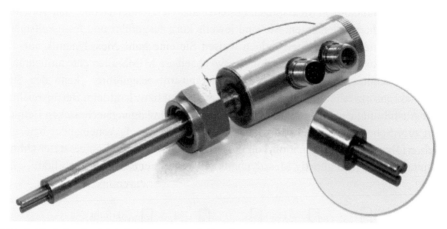

Abb. 8.17: Schneller Mehrfachtemperaturfühler der Firmen TVP und tmg,
im Schutzrohrboden sind Messspitzen eingelötet (Foto Fa. tmg)

tigkeitseigenschaften bei hohen Temperaturen (Zugfestigkeit, Streckgrenze) und bessere Ermüdungseigenschaften (inklusive Beständigkeit gegen Ermüdungsrisswachstum)
[8.12].

Im Vergleich zu anderen Metallsystemen sind die elektrische Leitfähigkeit, Wärmeleitfähigkeit und thermische Längenausdehnung der Superlegierungen gering, was vor allem
auf die Anwesenheit von Refraktärmetallen zurückzuführen ist. Die Korrosionsbeständigkeit hängt hauptsächlich von den Legierungselementen und den Umgebungsbedingungen ab. Eine Kontaminierung der Betriebsatmosphäre mit Fremdstoffen kann uner-
wartet hohe Korrosionsraten vor allem bei hohen Umgebungstemperaturen verursachen.

Superlegierungen bestehen aus einer austenitischen Phasenmatrix mit kfz-Kristall-
struktur (γ-Phase bzw. Primärphase) mit diversen Sekundärphasen. Die wichtigsten Sekundärphasen sind die γ'-orientierten Ni_3 (Al, Ti) und verschiedene MC, $M_{23}C_6$, M_6C
und M_7C_3-Karbide in den Nickel- und Eisen-Nickel-Legierungen. M repräsentiert dabei verschiedene metallische Elemente wie Titan, Zirkonium, Hafnium, Niob, Wolfram,
Molybdän und Chrom. In Kobalt-Basis-Legierungen sind Karbide die prinzipiellen Sekundärphasen [8.12] [8.20].

Die Superlegierungen zeigen, wie bereits erwähnt, sehr gute Festigkeitseigenschaften. Diese Festigkeit kann auf verschiedene Weisen bzw. Verfestigungsprinzipien erreicht
werden. Es kann anhand der unterschiedlichen Verfestigungsprinzipien die folgende Ein-
teilung unter den Superlegierungen vorgenommen werden:

- Mischkristallverfestigte Kobaltbasislegierungen und Nickelbasislegierungen,
- Ausscheidungsgehärtete Nickelbasislegierungen,
- Oxiddispersions-gehärtete (ODS) Nickelbasis- und Eisenbasislegierungen,
- Karbidphasen-gehärtete Kobaltbasislegierungen und komplexe Fe-Ni-Cr-Co-
  Legierungen.

8.3.2.2 Nickel-Basis-Superlegierungen

Nickel-Basis-Superlegierungen sind hinsichtlich der mechanischen, thermischen und korrosiven Eigenschaften für Hochtemperaturanwendungen optimierte Werkstoffe.

Die prinzipielle Charakteristik einer Nickel-Basis-Superlegierung ist die hohe Phasenstabilität der kfz-Nickelmatrix und ihre Fähigkeit, durch verschiedene Mechanismen verfestigt zu werden, wobei Mischkristallverfestigung und Ausscheidungshärtung (Bildungselemente sind vor allem Al, Ti und Nb) die wichtigsten Verfestigungsprinzipien darstellen. Durch die Kombination von Ni mit Cr und/oder Al verfügen die Legierungen über eine enorme Oxidationsbeständigkeit. In Bezug auf die mechanische Festigkeit übertreffen die Nickel-Basis-Superlegierungen bei Temperaturen über 650 °C sogar die Edelstähle.

Mischkristallverfestigte Nickellegierungen werden am häufigsten im weichgeglühten Zustand verwendet. Durch relativ niedrige Glühtemperaturen (ca. 870 … 980 °C) werden höchste Zug- und Dauerfestigkeiten erreicht. Ein Hochtemperatur-Glühen von 1120 … 1200 °C erzeugt optimale Dauer- und Kriechfestigkeitseigenschaften für Temperaturen über 600 °C. Typische Vertreter sind beispielsweise Hastelloy X, Inconell 601, 617 und 625 [8.7].

Ausscheidungsgehärtete Nickellegierungen enthalten unter anderem Al, Ti und Nb, welche die Ausscheidung einer zweiten Phase während der Wärmebehandlung hervorrufen. Die ausgeschiedene Phase bewirkt eine Zunahme der Festigkeit und Härte der Legierung. Als Beispiel seien hier Inconel X-750 und Nimonic 80A genannt, die im Vergleich zu ihren mischkristallverfestigten Versionen Inconel 600 und Nimonic 75 über eine ca. dreimal so große Dehngrenze/Streckgrenze bei 540 °C verfügen [8.7].

Bei Ni-Basis-Legierungen handelt es sich um sehr komplexe Legierungen, die oftmals mehr als zwölf verschiedene Elemente enthalten, deren Gehalt sehr sorgfältig abzustimmen ist, um die gewünschten Eigenschaften zu erzielen [8.44].

Allgemein besteht beispielsweise bei Nickel-Legierungen ein Konflikt zwischen dem Legieren zur Erzielung optimaler Eigenschaften für die Beständigkeit gegenüber Korrosionsangriffen und dem Legieren zum Verleihen einer hohen Festigkeit. Die Korrosionsbeständigkeit wird bei höheren Temperaturen durch Ausbildung von Al_2O_3 oder Cr_3O_2-Filmen erreicht. Das bedeutet, dass die Legierung Chrom und/oder Aluminium enthalten muss. Je höher u. a. der Chrom-Gehalt, umso besser ist die Korrosionsbeständigkeit. Leider wirkt sich ein hoher Chromgehalt ungünstig auf die Festigkeit aus, so dass moderne Legierungen mit geringeren Chromgehalten auskommen müssen [8.44].

8.3.2.3 Kobalt-Basis-Superlegierungen

Kobalt-Basis-Superlegierungen zeichnen sich gegenüber Nickel-Basis-Superlegierungen u. a. durch eine hervorragende Warmfestigkeit bis hin zu 1150 °C aus. Einsatzgebiete dieser Legierungen sind sowohl in Kraftwerken als auch im Flugzeugbau zu finden. Die Legierungen enthalten neben Kobalt signifikante Mengen an Ni, Cr und W sowie geringere Mengen an Mo, Nb, Ta, Ti oder auch Fe. Auch hier begründet sich die sehr gute Korrosions- und Oxidationsbeständigkeit durch den Legierungsbestandteil Chrom.

Kobaltlegierungen sind gekennzeichnet durch eine mischkristallverfestigte austeni-
tische kfz-Matrix, in die Spuren von Karbiden eingebettet sind. Bei Temperaturen über
417 °C liegt die kfz-Matrix-Struktur vor, unterhalb von 417 °C kristallisiert Kobalt in
der hdp-Struktur. Um diese Umwandlung zu unterbinden, werden Co- Basis-Legierun-
gen mit Nickel legiert, um die erwünschte kfz-Struktur zwischen Raumtemperatur und
Schmelzpunkt zu stabilisieren [8.44] [8.3].

Co-Superlegierungen sind im Gegensatz zu den anderen Superlegierungen an Luft
vergießbar, da sie keine der hoch reaktiven Elemente wie Al oder Ti enthalten. Dies
schlägt sich als Vorteil in geringeren Herstellkosten für entsprechende Gussbauteile nie-
der. Einen weiteren Vorteil gegenüber den Nickellegierungen stellt die gute Schweißbarkeit dar, welche denen der austenitischen Stähle gleicht. Aufgrund des sehr hohen Cr-Ge-
haltes weisen Co-Legierungen eine sehr gute Heißgaskorrosionsbeständigkeit auf, was
jedoch – ähnlich wie bei den Nickellegierungen – teilweise zu Lasten der Festigkeit geht.

Keine der Kobalt-Basis-Legierungen ist ein vollständiger Mischkristall, da alle Legierungen sekundäre Karbidphasen oder intermetallische Verbindungen enthalten. Durch
Alterung werden weitere Ausscheidungen begünstigt, wodurch u. a. eine Verminderung
der Zähigkeit bei Raumtemperatur verursacht wird [8.7]. Typische Vertreter sind beispielsweise Stellite 6B, Haynes25 und Haynes188.

8.3.2.4 Eisen-Basis-Superlegierungen

Die Fe-Basis-Superlegierungen entwickelten sich aus austenitischen Stählen und basieren auf der Kombination einer dichtgepackten kfz-Matrix mit (in den meisten Fällen)
Mischkristallverfestigung und ausscheidungsbildenden Elementen (z. B. Verfestigung
durch Karbid-Phasen) [8.44]. Neben den typischen Legierungselementen Chrom und Nickel sind beispielsweise in geringen Mengen Molybdän und Wolfram als Bestandteile
vorhanden. Von Edelstählen, zu denen hitzebeständige, warmfeste und hochwarmfeste
Stähle zählen, unterscheiden sie sich insbesondere im Verhältnis der Nickel- und Chrom-
gehalte. Der Chromanteil bei Edelstählen liegt gewöhnlich zwischen 12 … 15 %, der
Nickelanteil zwischen 0 … 20 %. Die Eisen-Basis-Superlegierungen dagegen enthalten
zwischen 25 … 35 % Nickel, was neben dem Legieren mit Chrom und Mangan eine positive Auswirkung auf die Oxidationsbeständigkeit des Werkstoffes hat. Wirksame Festig-
keitssteigerungen sind beispielsweise durch Zulegieren von Ni, Al, Ti und Nb erreichbar.
Durch Zugabe von Kohlenstoff (ca. 0,5 %) wird die Ausscheidung von Karbiden erzielt.
Generell weisen Fe-Ni-Legierungen gute Festigkeitswerte bis 650 °C auf. Danach lässt
die Festigkeit merklich nach. Dies hängt u. a. mit der Ausbildung anderer Phasenstruktu-
ren in der austenitischen Matrix zusammen. Die durch Karbide und Karbonitride verfes-
tigten Legierungen weisen bis zu 815 °C günstige Festigkeitswerte auf [8.44].

8.3.2.5 Vergleich der Superlegierungen

Die für die Anwendungsbereiche der Thermoelementschutzrohre wichtigsten Eigenschaften sind neben der chemischen Beständigkeit und der oberen Temperatureinsatzgrenze u. a. die Zugfestigkeit, Streckgrenze sowie die Zeitstandsfestigkeit. Ausgehend

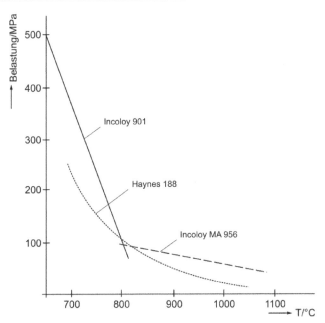

Abb. 8.18 Zeitstandfestigkeit (1000 h) ausgewählter Kobaltbasis- und Eisenbasis-Legierungen [8.44] [8.1] [8.20]

von den innerhalb der Anwendung auftretenden Belastungen ist die jeweils geeignetste Legierung auszuwählen. Es ist zu beachten, dass die Festigkeit der teilchenverfestigten Nickel-Basis-Legierungen wesentlich höher ist, als die der Eisen-Basis-Legierungen, der komplexen Eisen-Nickel-Chrom-Kobalt-Legierungen und der Nickel-Basis-Mischkristall-Legierungen.

Die Abbildung 8.18 zeigt die temperaturabhängigen Verläufe der Zeitstandfestigkeit ausgewählter Superlegierungen. Diese ist für die Werkstoffauswahl für mechanisch belastete Applikationen im Hochtemperaturbereich eher von Interesse als die Kurzzeitfestigkeitswerte (z. B. Zugfestigkeit), da sie als Kennwert für die Langzeitbeständigkeit für einen zuverlässigen Betrieb der Thermoelemente ausschlaggebend ist.

Der im Vergleich zu Fe und Ni höhere Schmelzpunkt des Co ist kein Anhaltspunkt dafür, dass die Co-Legierungen über eine bessere Temperaturbeständigkeit als die Eisen-Nickel-Basis-Superlegierungen verfügen. Das Gegenteil ist der Fall. Nickel-Basis-Superlegierungen haben die beste Temperaturbeständigkeit bei hohen Temperaturen selbst unter mäßigen bis hohen mechanischen Beanspruchungen.

Im Vergleich zu den Kobaltlegierungen zeichnen sich die Eisenbasislegierungen, wie die Abbildung 8.18 zeigt, durch eine höhere Zeitstandfestigkeit bei Temperaturen bis ca. 700 °C aus. Bei Temperaturen über 700 °C ist jedoch lediglich die Eisenbasis-Legierung MA 956 (ODS-Legierung) den Kobaltbasislegierungen wie z. B. L-605, N-155 oder Haynes 188 überlegen, welche im Temperaturbereich bis 1000 °C noch Zeitstandfestigkeiten von 1000 h bei 20 MPa aufweisen.

Die Nickelbasis-Superlegierungen und Edelstähle weisen eine hervorragende Zeitstandfestigkeit auf, insbesondere Inconel 617 und Incoloy 802. Diese Werkstoffe ha-

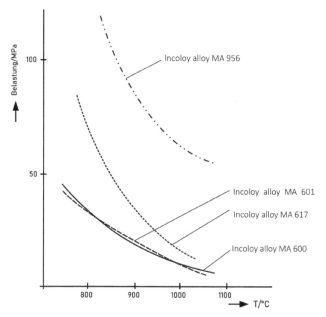

Abb. 8.19 Langzeitstandfestigkeit (10.000 h) ausgewählter Stähle [8.44] [8.8] [8.28]

ben beispielsweise bei einer konstanten Temperatur von 1035 °C 10.000 Stunden lang die konstante Last von ca. 12 MPa (Inconel 617) bzw. ca. 7 MPa (Incoloy 802) ertragen, bevor die Probe gebrochen ist.

Die Nickellegierungen z. B. die ausscheidungsgehärteten Legierungen vertragen bei gleichen Temperaturen und Standzeiten höhere Spannungen und somit eine bessere Zeitstandfestigkeit als die mischkristallverfestigten Inconel 6XX-Legierungen.

Für eine Anwendung im Bereich der Petrochemie kommen die hier vorgestellten Superlegierungen nicht in Frage, da mit ihnen der maximale Temperaturwert von 1600 °C nicht erreicht werden kann. Als Schutzrohrmaterial für Abgastemperaturfühler sind Superlegierungen prinzipiell sehr gut einsetzbar. Für den speziellen Anwendungsfall sind vor allem in Hinsicht auf die Zeitstandfestigkeiten bei Temperaturen >900 °C Inconel 601, 617, Incoloy 802, Haynes 25 (L-605) oder auch Incoloy MA 956 und Udimet 520 geeignet. Diese Legierungen verfügen sowohl über hohe Kurzzeitfestigkeiten (Zugfestigkeit) als auch Langzeitfestigkeitswerte (s. o. Zeitstandfestigkeiten) und sind damit in der Lage, den Zuverlässigkeitsanforderungen der Automobilindustrie zu entsprechen.

8.3.3 Schutzrohre aus hochschmelzenden Legierungen

8.3.3.1 Überblick und Abgrenzung

In Temperaturbereichen, in denen eine Anwendung von Superlegierungen nicht mehr möglich ist, können hochschmelzende Metall-Legierungen zum Einsatz kommen. Hochschmelzende bzw. refraktäre Metalle sind solche mit Schmelztemperaturen über

2000 °C. Hierzu zählen die sogenannten Refraktärmetalle der V. und VI. Hauptgruppe des Periodensystems, wobei aufgrund der industriellen Verfügbarkeit als Basiselemente lediglich Niob, Tantal, Molybdän und Wolfram in Frage kommen. Hf und Re dienen aufgrund ihrer Seltenheit nur als Legierungszusatz beispielsweise in einigen Nickel-Basislegierungen. Bei Rh, Ru und Ir handelt es sich aufgrund ihrer Korrosionsbeständigkeit um Halb-Edelmetalle [8.13].

In den nachfolgenden Ausführungen werden diese Metalle bzw. ihre Legierungen näher hinsichtlich der mechanischen und chemischen Eigenschaften bei hohen Temperaturen betrachtet. Aufgrund der Betrachtung des Hochtemperaturbereiches ist insbesondere die Beständigkeit gegenüber verschiedenen Gasen relevant.

8.3.3.2 Wolfram und Wolframlegierungen

Wolfram besitzt mit ca. 3420 °C einen der höchsten Schmelzpunkt aller Elemente. Der Temperatureinsatzbereich von Wolfram liegt zwischen 1925 … 2480 °C, allerdings ist aufgrund der starken Reaktivität an Luft bzw. in oxidierenden Umgebungen ein Oberflächenschutz unerlässlich [8.26].

Wie bereits erwähnt, hat Wolfram ein geringes Lösungsvermögen für kleinatomige Elemente wie z. B. C, Si, N und O. Der schädigende Einfluss von Verunreinigungen durch Bildung von Karbiden, Oxiden, Siliziden und Nitriden wird damit erst bei hohen Temperaturen und bei Überschreitung der Löslichkeitsgrenze wirksam.

Neben einer hohen Warmfestigkeit und einem hohen E-Modul zeichnet sich Wolfram durch eine hohe Kriechfestigkeit aus. Weitere Eigenschaften sind eine geringe thermische Dehnung, eine hohe Wärmeleitfähigkeit und eine hohe Dichte [8.39]. Wolfram, sowie die anderen VIa-Metalle, sind dadurch gekennzeichnet, dass sie bei Raumtemperatur nur eine geringe Duktilität aufweisen. Darin begründen sich u. a. ihre Festigkeitseigenschaften. Bei einer Temperatur von ca. 200 °C erfolgt ein abrupter Übergang von sprödem zu duktilem Verhalten. Diese spröd-duktile Übergangstemperatur (DBTT) kann durch Verformung und Legieren zu niedrigeren Temperaturen verschoben werden. Verunreinigungen verschieben jedoch die Übergangstemperatur zu höheren Werten [8.39] [8.28].

Wolfram-Legierungen: Wolfram-Rhenium-Legierungen zeichnen sich bei Raumtemperatur durch eine verbesserte Duktilität im Vergleich zu Wolfram bei Raumtemperatur aus. Auch verfügen diese Werkstoffe über eine vergleichsweise höhere Zugfestigkeit. Rheniumzugaben stabilisieren die Kornstruktur, erhöhen die Rekristallisationstemperatur, reduzieren die Versprödungsneigung und verbessern die Schweißbarkeit. Schließlich zeigen W-Re-Legierungen ein exzellentes Korrosionsverhalten im Vergleich zu unlegiertem Wolfram. Der größte Nachteil bei Wolfram-Rhenium-Legierungen ist jedoch der hohe Rheniumpreis. Die wichtigsten W-Re-Legierungen sind die Kombinationen W-(3-5)Re, W-10Re und W-(25-26)Re. An dieser Stelle sei auch noch einmal auf die Ausführungen zu Wolfram-Rhenium-Thermopaaren im Kapitel 8.2.5.2 hingewiesen. Eine Verbesserung der Duktilität der W-Rh-Legierungen mit steigendem Rhenium-Gehalt möglich. Je höher der Rhenium-Gehalt einer Legierung ist, umso geringere Radien sind bei geringeren Temperaturen realisierbar.

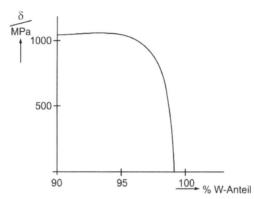

Abb. 8.20 Zugfestigkeit hochdichter Wolfram-Legierungen in Abhängigkeit vom Wolframanteil
[8.31] [8.39]

Weitere nennenswerte Gruppen stellen die teilchenverstärkten Wolfram-Legierungen mit feinst verteilten Oxiden (z. B. W-$0,2ThO_2$; W-$3,6Re$-$1ThO_2$) oder Karbiden (W-$3,6Re$-$0,26HfC$) dar, die im Vergleich zu reinem Wolfram eine erhöhte Rekristallisationstemperatur sowie eine Verbesserung der Hochtemperaturfestigkeit und der Kriechbeständigkeit aufweisen. Durch Zulegieren von Rhenium wird zusätzlich eine Verbesserung der Duktilität erreicht [8.31].

Interessante Legierungen sind die sogenannten hochdichten Wolframlegierungen auf Basis der Systeme Wolfram-Nickel-Eisen, Wolfram- Nickel-Kobalt und Wolfram-Nickel- Kupfer. Der Wolframgehalt beträgt dabei zwischen 90 und 98 %.

8.3.3.3 Molybdän und Molybdänlegierungen

Ebenso wie Wolfram eignet sich **Molybdän** für den Einsatz im Hochtemperaturbereich. Der Schmelzpunkt liegt bei ca. 2620 °C. Die maximale Anwendungstemperatur ist mit ca. 1900 °C etwas geringer als die von Wolfram. Molybdän zeichnet sich u. a. durch eine hohe Korrosionsbeständigkeit gegen Metall- und Glasschmelzen aus. Für den Einsatz in oxidierenden Atmosphären sowie alkalischen Medien eignet sich Molybdän nicht [8.26] [8.48] [8.40].

Molybdän verfügt über eine hohe Warmfestigkeit und geringe thermische Dehnung, hohe Wärmeleitfähigkeit, gute Kriechbeständigkeit, geringe Wärmekapazität und einen hohen Elastizitätsmodus. Im Fall von Molybdänwerkstoffen nehmen die Duktilität und auch die Bruchzähigkeit mit steigendem Rekristallisationsgrad ab (Rekristallisation findet im Temperaturbereich von 800 … 1200 °C statt). Insbesondere die teilchenverfestigten Werkstoffe zeigen einen starken Anstieg der Rekristallisationstemperatur mit zunehmendem Umformgrad, verursacht durch die zunehmende Teilchenfeinung bei der Umformung.

Zugfestigkeit und Härte sinken mit steigender Temperatur kaum, nehmen jedoch mit steigendem Verformungsgrad zu. Die mechanischen Eigenschaften werden durch die Reinheit, die Art und Menge der Legierungsbestandteile und durch die Mikrostruktur beeinflusst [8.40].

Molybdän-Legierungen: Wichtige Molybdän-Legierungen sind beispielsweise die teilchenverstärkten Legierungen TZM (Titan-Zirkon-Molybdän) und MHC (Molybdän-Hafnium-Kohlenstoff). Durch feinst verteilte Karbide und Oxide weisen sie im Vergleich zu reinem Molybdän eine höhere Festigkeit, bessere Kriechfestigkeit sowie eine höhere Rekristallisationstemperatur auf. Die empfohlenen Einsatztemperaturen liegen für TZM bei 1000 – 1400 °C, für MHC bedingt durch die höhere thermische Stabilität der Hafniumkarbide bei ca. 1550 °C [8.38].

Weitere wichtige Legierungspartner sind Lanthanoxid, Wolfram und Rhenium. Die Legierung mit Lanthanoxid bewirkt u. a. eine Stabilisierung der Gefügestruktur, die sich in einer ausgezeichneten Kriechfestigkeit und besserer Raumtemperaturduktilität nach Hochtemperatureinsätzen äußert. Legierungen mit Wolfram zeigen im Vergleich zu reinem Molybdän eine verbesserte Korrosionsbeständigkeit und Hochtemperaturfestigkeit. Einhergehend ist außerdem die Erhöhung der Rekristallisationstemperatur. Mit dem Zulegieren von Rhenium wird die Absenkung der spröd-duktilen Übergangstemperatur erreicht [8.40].

Tabelle 8.15 Maximale Temperaturbeständigkeit von Tantal und Niob gegenüber Gasen [8.41] [8.20]

Gas	Tantal	Niob
Sauerstoff	< 300 °C	< 230 °C Angriff
Luft	wie Sauerstoff	wie Sauerstoff
Wasserdampf	< 200 °C	< 200 °C
Wasserstoff	< 340 °C	< 250 °C
Stickstoff und Ammoniak	< 700 °C	< 300 °C
Kohlenwasserstoffe	800 °C	< 700 °C
Kohlenmonoxid (CO)	1100 °C	< 800 °C
Kohlendioxid (CO_2)	500 °C	< 400 °C
Edelgase	beständig	beständig

8.3.3.4 Tantal und Niob und Tantal bzw. Nioblegierungen

Tantal und Niob bzw. deren Legierungen sind ebenfalls für den Einsatz im Hochtemperaturbereich geeignet, wobei die Legierungen unter anderem in stark korrosiven Medien einsetzbar sind. In der Tabelle 8.15 sind Angaben zur Beständigkeit von Tantal und Niob gegenüber verschiedenen Gasen dargestellt.

Tantal- und Niob-Legierungen: Tantal-Wolfram-Legierungen sind durch die uneingeschränkte Löslichkeit beider Elemente ineinander gekennzeichnet. Diese Legierungen kombinieren die gute Korrosionsbeständigkeit und hohe Elastizität von Tantal mit der besseren Hochtempereturfertigkeit von Wolfram. Typische Legierungen sind u. a. Ta-2,5W, Ta-7,5W und Ta-10W.

Weitere typische Vertreter sind die Tantal-Hafnium-Legierungen zu denen u. a. die Legierungen Ta-8W-2Hf und Ta-10W-2,5Hf-0,01C gehören. Hafnium ist der beste Legierungspartner zur Erzielung einer höheren Festigkeit bei hohen Temperaturen [8.31]. Zu den industriell relevanten Niob-Legierungen gehören beispielsweise die Legierungen C-129Y (80Nb-10W-10Hf-0.1Y), C-103 (89Nb-10Hf-1Ti), Fansteel 80 (Nb-1Zr), Cb-752 (Nb-10W-2.5Zr) oder FS-85 (Nb-28Ta-10W-1Zr). Verschiedene applikationsrelevante Eigenschaften ausgewählter Niob-Legierungen sind in Tabelle 8.16 zu finden.

Tabelle 8.16 Eigenschaften ausgewählter Niob-Legierungen [8.15] [8.41] [8.28]

Bezeichnung (Gehalte)	Zugfestigkeit in MPa	Streckgrenze (MPa)	Längenausdehnungskoeffizient α	Härte HV
C-103 (89Nb-10Hf-1Ti)	725	670	$8,10 \cdot 10^{-6}K^{-1}$	540
C-129Y (80Nb-10W-10Hf-0,1Y)	620	515	$6,88 \cdot 10^{-6}K^{-1}$	220
FS 85 (Nb-28Ta-10W-1Zr)	585 (rekristallisiert) 830 (spannungsfrei geglüht)	475 (rekristallisiert) 730 (spannungsfrei geglüht)	$9,0 \cdot 10^{-6}K^{-1}$	…
Cb-752 (Nb-10W-2,5Zr)	540	400	$7,4 \cdot 10^{-6}K^{-1}$	180 HK

8.3.3.5 Vergleich der refraktären Metalle

Die Schmelzpunkte der refraktären Metalle liegen ca. 1000 °C höher als die der Basismetalle Eisen (Fe), Nickel (Ni), Cobalt (Co). Somit weisen diese Metalle ein höheres Festigkeitsverhalten auf. Sie weisen einen geringen thermischen Ausdehnungskoeffizienten auf, was in Kombination mit der genannten hohen statischen Festigkeit eine sehr gute Thermoschockbeständigkeit bzw. Beständigkeit gegen thermische Ermüdung bewirkt. In den Abb. 8.21 und Abb. 8.22 sind die Zugfestigkeiten und die Elastizitätsmodule der betrachteten Refraktärmetalle noch einmal vergleichend gegenübergestellt.

Dabei ist festzustellen, dass Wolfram die höchsten Festigkeitswerte besitzt. Wie oben bereits erwähnt, weisen Tantal und Niob eine sehr gute Korrosionsbeständigkeit auf. Dies gilt jedoch nicht in Bezug auf die in bestimmten Anwendungsbereichen auftretenden Abgaskomponenten. So ist eine Beständigkeit gegen Kohlenmonoxid bis ca. 1100 °C, Kohlendioxid bis max. 500 °C und Kohlenwasserstoffe bis 800 °C (Ta) bzw. 700 °C (Nb) gegeben. Sowohl Tantal als auch Niob scheiden daher für die Anwendung in Abgas-bzw. Verbrennungsanlagen und petroltechnischen Systemen aus, da die Beständigkeit gegen die Abgaskomponenten bei den geforderten Temperaturen (ca. 1000 °C Automotive, ca. 1600 °C Erdölaufbereitung) nicht gegeben ist. Von einer Anwendung des Molybdäns im

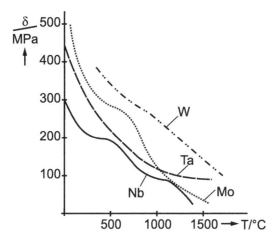

Abb. 8.21 Zugfestigkeit der hochschmelzenden Metalle [8.41] [8.8] [8.40] [8.39] [8.30]

Bereich der Abgastemperaturmessung ist aufgrund seines Oxidationsverhaltens abzusehen. Im Abgas ist zu einem nicht unerheblichen Anteil Wasserdampf enthalten, welcher bei Temperaturen über 700 °C zur Oxidation des Molybdäns führt. Zur Verwendung als Schutzrohrwerkstoff in kritischen Anwendungsbereichen in der Petrochemie eignen sich Molybdän bzw. seine Legierungen aufgrund der Beständigkeit gegen die dort vorherrschende Wasserstoffatmosphäre (problemlos bis zur geforderten Maximaltemperatur) dagegen sehr gut.

Abschließend bleibt festzuhalten, dass die größten Nachteile, die einer Verwendung von refraktären Metallen und Legierungen entgegenstehen, in der schwierigen Verarbeitbarkeit bei Raumtemperatur aufgrund der geringen Duktilität und der sehr schlechten Oxidationsbeständigkeit aller vier Metalle bestehen. Das Einsatzgebiet bleibt damit beschränkt auf nicht-oxidierende Atmosphären [8.7].

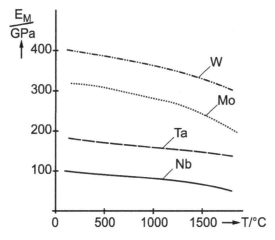

Abb. 8.22 Elastizitätsmodule der reinen refraktären Metalle in Abhängigkeit von der Temperatur
[8.30] [8.8] [8.20] [8.39] [8.40] [8.41]

8.4 Keramische, metallkeramische und keramisch-beschichtete Schutzrohre

8.4.1 Überblick

Die keramischen Schutzrohrwerkstoffe nehmen in der thermoelektrischen Temperatur-messtechnik eine Sonderstellung ein, da mit ihnen die Messung extrem hoher Tempe-raturen gelingt. Neben den bekannten Korrundwerkstoffen kommt es zunehmend zum Einsatz von Karbiden, Nitriden und Boriden. Letztere sind auch deshalb für die Tempera-turmesstechniker interessant, weil sie gegenüber der klassischen Al_2O_3-basierten Werk-stoffen verbesserte mechanische Eigenschaften aufweisen. Weiterhin lassen sich auf der Basis verfeinerter Plasmaspritztechnik bzw. Hochratesputter- und Gasnitriertechnologie eine Reihe thermisch und chemisch belastbarer Keramikschicht-Systeme herstellen, die in vielen Spezialanwendungen Eingang finden.

Grundsätzlich kann man bei keramischbasierten Einsatzfällen die folgenden vier Ba-sislösungen auswählen (Abb. 8.23):

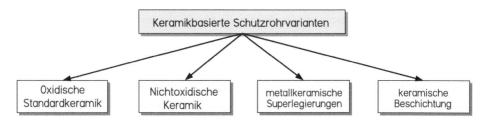

Abb. 8.23 Keramikbasierte und speziell legierte Schutzrohrlösungen

Tabelle 8.16 Al_2O_3-basierte Keramikschutzrohre [8.19] [8.33] [8.5]

Kennwert	Einheit	Alsint 99,7	Pythagoras	Silimantin 60 NG	Silimantin 60
Al_2O_3-Gehalt	%	99,7	60	73–75	73–75
Dichte	G/cm³	>3,8	2,6	2,6	2,3
Biegefesigkeit	MPa	300	120	50	35
E-Modul	GPa	370	110	95	60
Wärmedehnung	10^{-6}/K	7,8	5,4	5,2	5,3
Wärmeleitfähigkeit	W/mK	26	2		
Obere Anwendungs-temperatur	°C	1700	1500	1650	1600
Temperaturwechsel-beständigkeit (TWB)		gut	gut	gut	sehr gut

8.4.2 Schutzrohre aus oxidischer Keramik

Die klassischen Keramikschutzrohre bestehen aus Al_2O_3 in unterschiedlichen Volumenanteilen. Nach Haldenwanger [8.19] findet man entsprechend den Al_2O_3-Volumenanteilen die folgenden Standardwerkstoffe nach Tabelle 8.17. Ebenfalls Anwendung findet ZrO_2, insbesondere da es aufgrund der um ca. 600 °C höheren Schmelztemperatur über die Einsatzgrenze des Al_2O_3-Rohre hinausgeht. Für Hochtemperaturbeanspruchungen mit gleichzeitigem korrosivem Einfluss von Glasschmelzen finden teilweise auch platinbeschichtete Keramikschutzrohre Verwendung.

8.4.3 Schutzrohre aus nichtoxidischer Keramik

Siliciumnitrid (Si3N4)
Das Siliziumnitrid findet man in zwei Kristallmodifikationen, d. h. als α-Si_3N_4 und als β-Si_3N_4, wobei beide Modifikationen eine hexagonale Kristallstruktur aufweisen. Hervorstechende Eigenschaften sind seine relativ geringe Wärmedehnung und eine darauf basierende hohe Thermoschockbeständigkeit. In Verbindung mit verschiedenen Metalloxiden bildet das Silizumnitrid stabile Oxinitride, d. h.
- Simone (Si_3N_4 – Metalloxidverbindungen)
- Sialone (Si_3N_4 – Al_2O_3-Verbindungen)

Letztere finden als Sialonschutzrohre breite Anwendung in der industriellen Messtechnik. Da das Si_3N_2 mit verschiedenen Oxiden Entektika bilden kann, muss der Medieneinsatz darauf abgestimmt sein.

Aluminiumnitrid (AlN)
Der Einsatz von Aluminiumnitridschutzrohren ist da angezeigt, wo eine hohe Wärmeleitfähigkeit (170 … 320 W/mK) bei gleichzeitig hohem elektrischen Widerstand gefordert ist.

Siliziumkarbid (SiC)
Ebenso wie das Siliziumnitrid tritt das SiC in zwei Modifikationen auf, die sich in der Kristallstruktur unterscheiden. Die Einsatztemperaturen reichen bis 1700 °C bei sehr guter Chemikalienbeständigkeit und vergleichsweise guter Thermoschockfestigkeit. Die spezielle Herstellungstechnologie führt zu teilweise anderen Einsatzparametern. Aus Werkstofftechnologie-Sicht wird nach Michalowsky [8.21] [8.33] unterschieden in:

- Silikatsgebundenes SiC,
- Reaktionsgebundenes SiC (RSiC),
- Gesintertes reaktionsgebundenes SiC (SRiC),
- Siliciuminfiltriertes SIC,
- Gesintertes SiC (SSiC),
- Heißgepresstes SiC (HPSiC),
- Heiß isostatisch gepresstes SIC (HIPSiC)

Die Auswahl des Werkstoffes richtet sich nach der Anwendung und ist gegebenenfalls vorab zu testen. Tabelle 8.18 zeigt verschiedene nichtoxidische Werkstoffe im Vergleich.

Tabelle 8.18 Übersicht zu verschiedenen nichtoxididschen Werkstoffen [8.21] [8.33]

Kennwert	Einheit	Si_3N_4	AlN	SiC
Dichte	g/cm³	3,2	3,3 … 3,9	2,4 … 3,0
Biegefestigkeit	Mpa	>300	300	90
Lineare Wärmedehnung	$10^{-6}K^{-1}$	3.2	5.4	4.5
Grenztemperatur	°C	1300	1700	1700
Wärmeleitfähigkeit	W/mK	10 … 40	100 … 320	50 … 250

8.4.4 Metallkeramische und superlegierte Spezial-Schutzrohre

Die in Tabelle 8.19 aufgeführten Schutzrohrwerkstoffe gehen über die Temperaturgrenzwerte der ansonsten eingesetzten Inconel 601/617-Materialen hinaus.

Tabelle 8.19 Metallkeramische und superlegierte bzw. pulvermetallurgische Schutzrohrwerkstoffe [8.38] [8.6] [8.14] [8.33]

Bezeichnung	Werkstoffbasis	Tmax
ODS	Oxid-Dispersionsverfestigte Superlegierung	… 1100 °C
INCOLOY Alloy MA 956	Mechanisch dispersionsgehärteter Fe-Cr-Al-Werkstoff	1300 °C
Kanthal Super	MoSi2 (Refraktärmetallbasierte Legierung)	1700 °C
Cermotherm	Sinterwerkstoff aus 60 % Mo und 40 % ZuO	1600 °C

ODS ist die Kurzbezeichnung für Oxid-Dispersionsverfestigte Superlegierungen (engl. Oxide Dispersion Strengthend). Sie basieren auf pulvermetallurgischer Basis und erreichen hohe Anwendungsgrenzen. Die so hergestellten Schutzrohre zeigen bessere mechanische Eigenschaften als Keramikschutzrohre, ohne jedoch die der Metallschutzrohre zu erreichen. Die Fertigungsmaße und Fertigungstoleranzen ähneln denen der Keramikrohre.

8.4.5 Keramische Beschichtung von Schutzrohren

Zur Beschichtung von Thermoschutzrohren werden verschiedene keramische Schichtsysteme angeboten:
- Zirkoniumdioxid ZrO_2
- Aluminiumoxid Al_2O_3

- Chromdioxid Cr_2O_3
- Titaniumnitrid TiN
- Bornitrid BN
- Siliziumnitrid Si_3N_4
- Siliziumkarbid SiC
- Tetraborkarbid B_4C

Die Härte und Verschleißfestigkeit sind im Allgemeinen sehr hoch. Wichtig für die lange Lebensdauer ist jedoch ein angepasstes System von Metallrohr und Schichtsystem. Eine hohe Thermoschockfestigkeit ist daher vorteilhaft.

Der Vorabtest der Schichtsysteme vor dem Produktionseinsatz ist in jedem Fall angebracht. Einen beachtenswerten Korrosionsschutz bei hohen Temperaturen erzielt man durch die Ausbildung einer Passivierungsschicht durch den Werkstoff selbst. Voraussetzung für eine Selbstpassivierung ist der Einsatz von Materialien mit ausreichend hohen Mengen an Al/Cr/Si (z. B. $NoSi_2$) [8.14].

8.5 Mantelwerkstoffe für Mantelthermoelemente

8.5.1 Überblick zur Verwendung von Mantelthermoelementen

Wie bei normalen Schutzrohren auch, zählen der chemische und mechanische Schutz der Drähte vom Messmedium zu den Aufgaben des Mantelwerkstoffes der Mantelthermoelemente (s. Kapitel 7.3.4; DIN EN 61515). Durch die starke Verdichtung der Pulverbestandteile – wobei beim Füllmaterial eine Verdichtung bis zu ca. 85 % des Volumens eines Feststoffes vorliegt – erlangt das Mantelelement eine bestimmte Biegefestigkeit, und kann daher im Bereich des drei – bis fünffachen Durchmessers der Mantelleitung gebogen werden. Dies wird von den Anwendern neben der Möglichkeit, durch Ziehen, Hämmern oder Walzen sehr geringe Durchmesser zu realisieren, als großer Vorteil geschätzt. Wie im Kapitel 8.2 bereits dargestellt, kann die Stabilität der Kennlinie von Thermoelementen stark durch Verunreinigungen, durch die Atmosphäre, oder durch Rekristallisation in unerwünschter Weise beeinflusst werden. Ein Problem ist beispielsweise die Grünfäule (Oxidation des Cr-Anteils), die insbesondere das Thermoelement Typ K und in geringem Umfang zumindest den NiSi-Schenkel des Typs N in Schutzrohren mit geringem, konstantem Sauerstoffvolumen befällt.

Die Bauform der Mantelthermoelemente bietet hier den Vorteil, dass durch das Verfüllen mit mineralischen Oxiden (MgO oder Al_2O_3) und die nachfolgende Verdichtung das Luftvolumen im Thermoelement minimiert und somit die Gefahr der Grünfäule verringert wird. Ein großes Problem stellt die Empfindlichkeit der Mantelthermoelemente gegenüber Feuchtigkeit dar. Bereits ein geringer Gehalt an Feuchtigkeit im Element wirkt sich durch eine Verringerung des Isolationswiderstandes zwischen Drähten und Mantel negativ auf die Funktionalität aus. Daher muss bereits bei der Fertigung, noch wichtiger aber bei nachfolgenden Lager- und Transportvorgängen, auf eine ausreichend dichte Versiegelung der Mantelelement-Enden geachtet werden.

8.5.2 Werkstoffauswahl für Mantelmaterialien

Bei der Auswahl des Mantelmaterials sind u. a. folgende Kriterien zu beachten:
- Der Werkstoff muss eine ausreichende chemische Beständigkeit gegen das Einsatzmedium (u. a. ist hier auch die Dicke des Mantels wichtig, da ein dünner Mantel eine geringere Lebensdauer als ein dicker Mantel aufweist) besitzen.
- Die chemische Verträglichkeit der Thermopaar-/Mantelwerkstoffkombinationen untereinander im Einsatztemperaturbereich.
- Die verwendeten Werkstoffe müssen eine ähnliche Materialausdehnung bei höheren Temperaturen aufweisen, um zu vermeiden, dass beispielsweise bei schnellen und hohen Temperaturwechseln die Thermodrähte reißen [8.20].

Tabelle 8.20 Mantelwerkstoffe [8.45] [8.47] [8.46] [8.2] [8.36] [8.1]

Werk-stoff-bezeich-nung	Werk-stoff-Nr. DIN	Schmelz-punkt	Maximale Einsatz-tempe-ratur in Luft	Betriebs-atmo-sphäre	Maximal-tempe-ratur bei Dauer-einsatz	Zug-festigkeit (MPa) bei 93 °C	Zug-festigkeit (MPa) bei 871 °C
AISI 304	1.4301, 1.4306	1404	1049	ORNV	899	469	…
AISI 310	1.4845	1404	1093	ORNV	1147	600	158
AISI 316	1.4401, 1.4404, 1.4571	1371	899	ORNV	927	517	158
AISI 321	1.4541	1399	899	ORNV	871	483	117
Platin		1768	1649	ON	1699	…	k.A.
Pt-10Rh		1848	1704	ON	1703	…	k.A.
Monel (65Ni-33Cu-2Fe)	2.4360	1349	893	…	…	…	…
Chromel (90Ni-10Cr)		1427	1149	ONV	…	620	145
Niob		2468	871	VN	2091	758	
Molybdän		2610	204	VNR		944	207
Chromiertes Molybdän	…		1703	ON	1649	…	…
Siliziertes Molybdän	…		1703	ON	1649	…	…
Tantal		2996	399	V	2778	662	152
Titan		1668	315	VN	1093	…	…

Basierend auf den vorgenannten Anforderungen haben sich im industriellen Gebrauch bereits verschiedenste Mantelwerkstoffe etabliert. [8.17] Dazu zählen neben diversen Stählen (z. B. AISI 304 und 316) auch ausgewählte Superlegierungen wie die Inconel-Werkstoffe 600, 601, 617 und 825, Nimonic 75, Hastelloy B, Hastelloy C, Hastelloy X, Nicrobell B und C und auch Haynes 25. Je nach Einsatzzweck und vorherrschender Atmosphäre können alternativ Werkstoffe wie Platin, Molybdän oder Niob zur Anwendung kommen. Tabelle 8.20 zeigt übersichtsmäßig gebräuchliche Kombinationen von Mantel- und Thermoelementmaterialien mit einigen Eigenschaften.

8.5.3 Wärmedehnung/Wärmespannung ausgewählter Mantelmaterialien in Verbindung mit den Thermopaaren Typ K und Typ N

Wie im vorangegangenen Kapitel bereits erwähnt wurde, kann es durch unterschiedliche Materalausdehnung bei höheren Temperaturen zu unerwünschten Wechselwirkungen zwischen Thermodraht-, Mantel- und Isolationsmaterial kommen, die sich negativ auf die Lebensdauer des Elementes auswirken können. Dies gilt es bei der Auswahl von Draht-und Mantelwerkstoff zu berücksichtigen.

In den Abb. 8.25 und Abb. 8.24 sind die Ausdehnungskoeffizienten verschiedener Mantelmaterialien im Vergleich zu den Thermodrähten der Typen K und N zur Veranschaulichung dargestellt.

Es ist u. a. erkennbar, dass die Längenausdehnungskoeffizienten von Mantelmaterialien aus Edelstahl (1.4841, 1.4571) stärker von denen der Thermodrähte abweichen als die der Inconelmaterialien. Dies erklärt sich durch die Ähnlichkeit der Bestandteile

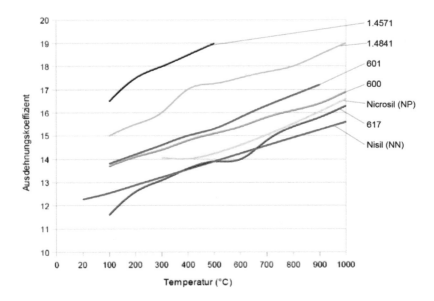

Abb. 8.24 Ausdehnungskoeffizienten verschiedener Mantelmaterialien im Vergleich zu Thermodrähten des Typ N [8.20]

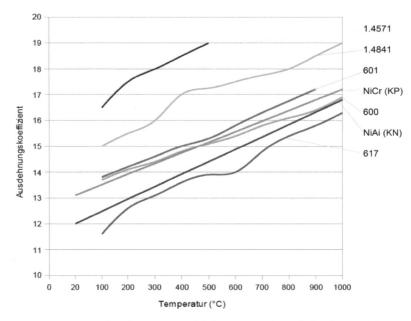

Abb. 8.25 Ausdehnungskoeffizienten verschiedener Mantelmaterialien im Vergleich zu Thermodrähten des Typ K [8.20]

und somit ähnlichen mechanischen Materialeigenschaften in den nickelbasierten Thermoelementen und den Nickelbasis-Superlegierungen mit Nickel als Basisbestandteil. Es
sollte grundsätzlich darauf geachtet werden, dass Thermodrähte und Mantelmaterial ein
ähnliches Ausdehnungsverhalten im Betriebsbereich aufweisen, um Beschädigungen zu
vermeiden.

Abb. 8.26 Thermodrahtriss nach schnellen Temperaturwechseln im Motorabgasstrang
(Prüfbericht TMG 2410/680810)

Abbildung 8.26 zeigt als Beispiel den Ausfall eines Abgastemperaturfühlers der Fa. tmg, bei dem es aufgrund des unterschiedlichen Ausdehnungsverhaltens des Mantelmaterials 1.4841 und der Thermodrähte Typ K bereits nach kürzester Motorlaufzeit mit entsprechend schnellen Temperaturwechseln zum Drahtriss im Mantelthermoelement kam. Der Mantel dehnte sich schneller als die innenliegenden Drähte, so dass sich eine starken Zugspannung aufbaute, die auf die Drähte wirkte und in Verbindung mit den hohen Abgastemperaturen schließlich den Drahtriss auslöste.

Literaturverzeichnis

[8.1]   Autorenteam (2009–2011) Entwicklung, Untersuchung und Optimierung von Thermoelementen hochschmelzender Metalllegierungen und geeigneter Schutzrohrmaterialien für Hochtemperaturprozesse. Forschungsberichte zum Forschungsverbundprojekt der Thüringer Aufbaubank

[8.2]   Autorenteam der Fa SensyMIC (2015) Hochbelastbare Leitungen für die Temperaturmeßtechnik. SensyMIC GmbH, Alzenau, online unter: http://www. sensymic.de/upload/BR_SensyMIC_de_ds_97032.pdf

[8.3]   Bargel HJ, Schulze G, Hilbrans H (2008) Werkstoffkunde, 10. Aufl. Springer, Berlin

[8.4]   Beckmann A (2013) Solidwell – Schutzrohr-Berechnungsprogramm: Software zum internen Einsatz bei der Fa. tmg

[8.5]   Bernhard F (2004) Technische Temperaturmessung: Physikalische und meßtechnische Grundlagen, Sensoren und Meßverfahren, Meßfehler und Kalibrierung; Handbuch für Forschung und Entwicklung, Anwendungenspraxis und Studium. VDI-Buch, Springer, Berlin

[8.6]   BIBUS METALS GmbH (Hrsg) (2002) Hitzebeständige Legierungen im Einsatz: BIBUS – Kundeninformationsschrift 4. Neu-Ulm

[8.7]   Bradley EF (1988) Superalloys: A technical guide. ASM International, Metals Park, Ohio

[8.8]   Bürgel R (2006) Handbuch Hochtemperatur-Werkstofftechnik: Grundlagen, Werkstoffbeanspruchungen, Hochtemperaturlegierungen und -beschichtungen: mit 70 Tabellen, 3. Aufl. Studium und Praxis, Vieweg, Wiesbaden

[8.9]   Burley NA, Powell RL, Burns GW, Scroger MG (1978) The Nicrosil versus Nisil Thermocouple: Properties and thermoelectric reference data, (National Bureau of Standards monograph, Bd. 161). U.S. Gov. Print. Off, Washington

[8.10] Caldwell FR (1962) Thermocouple materials, National Bureau of Standards monograph, Bd. 40. US Gov.Print.Off, Washington, DC

[8.11] Dittrich P (1976) Die mechanische Beanspruchung von Thermometern. In: Lieneweg F (Hrsg) Handbuch der technischen Temperaturmessung, Vieweg, Braunschweig

[8.12] Donachie JM (2006) Selection of Superalloys for Design. In: Kutz M (Hrsg) Mechanical engineers' handbook, Wiley, Hoboken, New York, S. 221–255

[8.13] Ehinger K, et al (2008) Praxis der industriellen Temperaturmessung: Grundlagen und Praxis – Firmenschrift der Fa. ABB Automation, (03/temp-de rev. c 12.2008) Aufl.

[8.14] Fraunhofer-Institut für Fertigungstechnik und Angewandte Materialforschung IFAM (2016) Hochtemperaturoxidationsschutz. IFAM, Dresden, online unter: https://www.ifam.fraunhofer.de/content/dam/ifam/de/documents/dd/Infobl{ä} tter/hochtemperaturoxidationsschutz_fraunhofer_ifam_ dresden.pdf

[8.15] Gerardi S (1990) Niobium. In: Davis JR (Hrsg) ASM handbook Vol2: Properties and Selection, ASM handbook, ASM International, Materials Park, Ohio, S. 565–571

[8.16] GESTIS-Stoffdatenbank (22. Juli 2019) Stoffdatenblatt: Königswasser (Zugriff am 10.03.2018). Deutsche Gesetzliche Unfallversicherung e.V. (DGUV), online unter: https://www.dguv.de/ifa/gestis/gestis-stoffdatenbank/index. jsp

[8.17] SensyMIC GmbH (2015) Produktsortiment. Alzenau

[8.18] Green RB (1990) Platinum and Platinum Alloys. In: Davis JR (Hrsg) ASM handbook Vol2: Properties and Selection, ASM handbook, ASM International, Materials Park, Ohio, S. 707–713

[8.19] Haldenwanger GmbH (1996) Produktkatalog der Haldenwanger GmbH. Waldkraiburg

[8.20] Irrgang B (2011) Werkstoffauswahl zur thermoelektrischen Hochtemperaturmeßtechnik und Charakterisierung thermomechanischer Hochtemperatureigenschaften von hochschmelzenden Metalllegierungen

[8.21] Irrgang K, Michalowsky L (2004) Temperaturmesspraxis mit Widerstandsthermometern und Thermoelementen, 1. Aufl. Vulkan-Verlag GmbH, Essen

[8.22] Isabellenhütte Heusler GmbH (2015) Datenblatt ISATHERM MINUS (Ausgabe 30, April 2015). Ausgabe 30, April 2015, Dillenburg, online unter: www.isabellenhuette.de/fileadmin/Daten/Praezisionslegierungen/Datenblaetter_Thermo/ ISATHERM_MINUS.pdf

[8.23] Isabellenhütte Heusler GmbH (2015) Datenblatt ISATHERM PLUS (Ausgabe 30, April 2015). Dillenburg, online unter: https://www.isabellenhuette.de/praezisionslegierungen/produkte/isathermr-plus/(20.10.2018)

[8.24] Isabellenhütte Heusler GmbH (2019) Datenblatt NICROSIL. Dillenburg, online unter: www.isabellenhuette.de/fileadmin/Daten/Praezisionslegierungen/Datenblaetter_Thermo/NICROSIL.pdf

[8.25] Isabellenhütte Heusler GmbH (2019) Datenblatt NISIL. Dillenburg, online unter: www.isabellenhuette.de/fileadmin/Daten/Praezisionslegierungen/Datenblaetter_ Thermo/NISIL.pdf

[8.26] Johnson W (1990) Molybdenum. In: Davis JR (Hrsg) ASM handbook Vol2: Properties and Selection, ASM handbook, ASM International, Materials Park, Ohio, S. 574–577

[8.27] Johnson W (1990) Tungsten. In: Davis JR (Hrsg) ASM handbook Vol 2: Properties and Selection, ASM handbook, ASM International, Materials Park, Ohio

[8.28] Kieffer R, Jangg G, Ettmayer P (1971) Sondermetalle: Metallurgie/Herstellung/ Anwendung. Springer Vienna, Vienna and s.l., DOI 10.1007/978-3-7091-3387-3

[8.29] Körtvélyessy L (1987) Thermoelement-Praxis, 2. Aufl. Vulkan-Verlag, Essen

[8.30] Lambert, John B, Rausch, J (1990) Refractory metals and alloys. In: Davis JR
        (Hrsg) ASM handbook Vol 2: Properties and Selection, ASM handbook, ASM
        International, Materials Park, Ohio, S. 557–565

[8.31] Lassner E, Schubert WD (1999) Tungsten: Properties, chemistry, technology of
        the element, alloys, and chemical compounds. Kluwer Academic, New York

[8.32] Lieneweg F, Lenze B (Hrsg) (1976) Handbuch der technischen Temperaturmes-
        sung, Bd. 49. Vieweg, Braunschweig, DOI 10.1002/cite.330490629

[8.33] Michalowsky L (2012) Expertise zu neuen Materialien für die Temperaturmes-
        stechnik aus Sicht der Nutzung der Potenziale thermische Eigenschaft, Expertise
        für die Fa. tmg. Martinroda

[8.34] Murdock JW (1959) Power test code thermometer wells Volume 81:403–409,
        DOI https://doi.org/10.1115/1.4008095

[8.35] Nau M (2003) Elektrische Temperaturmessung: Mit Thermoelementen und
        Widerstandsthermometern: Firmenschrift der M.K. JUCHHEIM GmbH & Co,
        [nachdr.] Aufl. messen – regeln – registrieren, Juchheim GmbH, Fulda

[8.36] OMEGA Engineering GmbH (Hrsg) (2018) Firmenkatalog der OMEGA En-
        gineering GmbH

[8.37] Park RM, Carroll RM, Bliss P, Burns GW, Desmaris RR, Hall FB, Herzkovitz
        MB, MacKenzie D, McGuire EF, Reed RP, Sparks LL, Wang TP (Hrsg) (1993)
        ASTM International, West Conshohocken, PA

[8.38] Plansee M (1952–1980) Planseeberichte für Pulvermetallurgie. Reutte

[8.39] Plansee Autorenteam (2009–2011) Firmenschrift der Fa. Plansee: Wolfram.

[8.40] Plansee Autorenteam (2009–2011) Molybdän – Firmenschrift der Fa. Plansee

[8.41] Plansee Autorenteam (2009–2011) Tantal/Niob – Firmenschrift der Fa. Plansee

[8.42] Powell RL (1974) Thermocouple reference tables based on the IPTS-68, National
        Bureau of Standards monograph, Bd. 125. U.S. Gov. Print. Off, Washington, DC

[8.43] Reichardt FA (1963) Measurement of high temperatures under irradiation condi-
        tions. the use of molybdenum-platinum thermocouples 7:122–125, online unter:
        https://www.technology.matthey.com/article/7/4/122–125/

[8.44] Stoloff NS (2001) Wrought and p/m superalloys. In: Davis JR (Hrsg) ASM hand-
        book Vol 1: Properties and selection, ASM handbook, ASM International, Mate-
        rials Park, Ohio, S. 950–980

[8.45] VDM Metals International GmbH (Hrsg) (2018) VDM Alloy 600/600 H Nicrofer
        7216. Werkstoffdatenblatt Nr. 4107. online unter: https://www.vdm-metals.com/
        fileadmin/user_upload/Downloads/Data_Sheets/Datenblatt_VDM_Alloy_600.
        pdff,(11.03.2018)

[8.46] VDM Metals International GmbH (Hrsg) (2018) VDM FM 617 Kennblatt-Num-
        mer: 05458.0608.2014

[8.47] VDM Metals International GmbH (Hrsg) (2018) VDM FM 625 Kennblatt-Num-
        mer: 03453.0611.2014. online unter: https://www.vdm-metals.com/fileadmin/
        user_upload/Downloads/Data_Sheets/VdTUEV_Kennblatt_FM_625_final.pdff,
        (11.03.2018)

[8.48] WHS Sondermetalle GmbH (Hrsg) (2014) Datenblatt Molybdän (Mo, TZM,
        ML).Stand: 01–2014. Grünsfeld, online unter: https://www.whs-sondermetalle.
        de/images/pdf/Rhenium.pdf,(01.06.2019)

[8.49] WHS Sondermetalle GmbH (Hrsg) (2014) Datenblatt Rhenium (Re)Stand: 01–
        2014. Grünsfeld, online unter: https://www.whs-sondermetalle.de/images/pdf/
        Rhenium.pdf,(01.06.2019)

[8.50] Wise EM, Vines RF (1990) Palladium and palladium alloys. In: *Davis JR (Hrsg)
        ASM handbook Vol2: Properties and Selection, ASM handbook, ASM Internati-
        onal, Materials Park, Ohio, S. 714–719

[8.51] Edler F. (u. a.): Pt-40 %Rh Versus Pt-6 %Rh Thermocouples: An emf-Tempera-
        ture Reference Function for the Temperature Range 0 °C to 1769 °C. Internatio-
        nal Journal of Thermophysics (2021), https://www.doi.org/10.1007/s 10765-021-
        02895-w

[8.52] Edler F., Ederer P.: Thermoelektrische Eigenschaften von Pt-40 %Rh/Pt-6 %Rh
        Thermoelementen, tm-technisches messen (2021), https://www.degruyter.com/
        doi/teme2021-0042

[8.53] Machim J., Tucher D., Pearce J.: A Comprehensive Survey of Reported Thermo-
        couple Drift Rates Since 1972, International Journal of Thermophysics (2021),
        https://www.doi.org/10.1007/s 10765-021-02892-z

Kapitel 9
Ausblick und Perspektive

Zusammenfassung
Das abschließende Buchkapitel zeigt die sich der Thermoelektrik vielfältig eröffnenden Perspektiven. Insbesondere die thermoelektrische Messtechnik profitiert von einer Reihe materialtechnischer Entwicklungen.

Die größten Entwicklungsfortschritte in der Thermoelektrik sind insbesondere auf dem Gebiet der halbleitenden Thermoelektriken zu verzeichnen und auch weiterhin zu erwarten. Auf dem hier betrachteten Gebiet der metallischen Thermomaterialien finden sich sichtbare Fortschritte bei den thermoelektrischen Pasten. Der allgegenwärtige Zwang zur Erhöhung des thermischen Wirkungsgrades bzw. zur energetischen Effizienzverbesserung bestehender Industrieprozesse führt zu vielfachen Verbesserungen der Temperaturmessanlagen, insbesondere zur verbesserten thermoelektrischen Temperaturmessung im Hochtemperaturbereich. Sehr hilfreich hierfür ist die Verfügbarkeit von hochkorrosionsfesten Ni-Basiswerkstoffen und stabilen keramischen Schutzschichten, so dass viele Applikationen mit metallgeschützten Thermoelementen (MIMS-Thermoelemente) bis 1300 °C möglich sind. Insgesamt ist der Temperaturbereich 800 °C – 1200 °C eine thermoelektrische Domäne. Daran haben auch die enormen Parameterverbesserungen bei den Hochtemperatur-Pt100 und Thermistoren nicht viel verändert.

Die vielfältigen und einfach zu realisierenden Verformungsmöglichkeiten des Mantelmaterials der Mantelthermoelemente und ihre Hochtemperaturstabilität sowohl beim Thermopaar Typ N als auch bei den Inconel-Mantelwerkstoffen räumen ihnen im zukunftsträchtigen Massenmarkt der automotiven Abgassensorik nunmehr den ersten Platz ein. Der Trend zu immer höheren Einsatztemperaturen im industriellen Ofenbau und einigen Bereichen des Anlagenbaus präferiert auch hier den allumfassenden Einsatz von Thermoelementen. Die Verjüngungs- bzw. Hämmertechnologie ermöglicht sogar MIMS-Thermoelemente in Miniaturformate zu verformen und damit auch Teil der Mikrosystemtechnik zu werden. Das größte Potenzial der Thermoelemente als Sensorelemente in der Mikrosystemtechnik eingesetzt zu werden besteht darin, dass ein Thermoschenkel quasi direkter Teil des Systems ist. Soll z. B. die Temperatur im Miniaturrohr aus NiCr-Stahl gemessen werden, kann das NiCr-Rohr ein Teil des Thermopaares Ni-NiCr sein.

© Springer-Verlag GmbH Deutschland, ein Teil von Springer Nature 2023
K. Irrgang, *Altes und Neues zu thermoelektrischen Effekten und Thermoelementen*,
https://doi.org/10.1007/978-3-662-66419-3_9

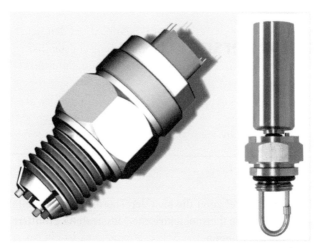

Abb. 9.1 Multipunkt-Sensor mit besonderer Fühlerspitze
(Fotos der Firma tmg)

Der Absatz von Thermoelementen aller Art hat am meisten davon profitiert, dass nicht wie früher separate Vergleichsstellenthermostate erforderlich, sondern moderne Auswerteelektroniken mit integrierter Vergleichsstellenkorrektur verfügbar sind. Die in diesen Geräten, – ob Schaltkreis, Transmitter oder Labormultimeter –, eingebauten Vergleichsstellenelektroniken stellen keinen nennenswerten Kostenfaktor mehr dar.

Die oft bemängelten zulässigen Grenzabweichungen bei Thermoelementen, insbesondere im Vergleich zu Pt100-Fühlern, können durch Chargenselektion im Bedarfsfall vermindert werden. Im Allgemeinen sind jedoch die Grenzabweichungen im oberen Temperaturbereich bei Thermopaaren der Klasse 1 geringer als die der Pt100-Sensoren, die im Hochtemperaturbereich nur in Klasse B verfügbar sind (s. Vergleichstabelle 9.1). Im unteren Temperaturbereich liegen zumindest beim Typ T die Grenzabweichungen der Klasse 1 in der Nähe der Klasse A (Pt100).

Selbstverständlich bleiben widerstandselektrische Sensoren bei Hochleistungsmessungen im unteren Temperaturbereich die Vorzugsvariante. Kommt es jedoch auf eine hohe Mess-Differenzgenauigkeit an, sind geeignet hergestellte thermoelektrische Fühler gleichwertig.

Tabelle 9.1 Vergleich der Grenzabweichungen Pt100-Thermoelemente

Temperatur	Grenzabweichung Pt100	Grenzabweichung	Thermoelement
800 °C	Pt100 Klasse B ±4.3k	Typ N	Klasse 1 ±3.2k
125 °C	Pt100 Klasse A ±0.4k	Typ T	Klasse 1 ±0.5k

Die vielen neuen und verbesserten Werkstoffe sowohl bei den Schutzrohren als auch die technologischen Neuerungen in der Herstellung feinkornstabilisierter Thermodrähte lassen den Thermoelement-Einsatz bei Temperaturmessungen in fast allen neuen Technologien zu.

Interessante Einsatzmöglichkeiten kann man sich von den Thermometallpasten versprechen. Ihre gegenüber den klassischen Metallthermoelementen geringere Empfindlichkeit ist kaum störend. Probleme bereiten in der Praxis dagegen die hohen Anforderungen an die Pastenunterlage. Eine Zwischenlösung hierzu stellen zumindest teilweise die thermoelektrischen Metallfolien dar.

Bei sehr dünnen thermoelektrischen Schichten geht nicht nur die klassische widerstandselektrische Abhängigkeit über in neue Zusammenhänge, (z. B. nach Nordheim bzw. nach Mende und Thummes), sondern auch die thermoelektrischen Zusammenhänge verändern sich in Abhängigkeit von der Schichtdicke. Dies ist ein Ansatz für zukünftige Verbesserungen der thermoelektrischen Kennwerte. Wie durch Messungen bestätigt, zeigen auch Nanowerkstoffe thermoelektrisches Verhalten. Eine industrielle Applikation ist jedoch noch nicht absehbar.

Multipunkt- und Multisensoranordnungen fangen an den Markt zu beeinflussen. Es ist ein großer Vorteil, dass sich dünne Thermoelemente in Schutzrohreinheiten von Multisensoren problemlos unterbringen lassen. Dies gilt besonders für Temperatur-Druck-Fühler (s. Abb. 9.1) und Temperatur-Füllstand-Sensoren. Die genannten positiven Eigenschaften der Thermoelemente und die zu erwartenden relevanten Entwicklungsergebnisse führen auch zukünftig dazu, dass Thermoelemente ein wichtiges bzw. unverzichtbares Temperaturmessmittel bleiben.

Es ist weiterhin zu konstatieren, dass die Thermoelektrik ein wissenschaftlich interessantes und förderfähiges Sachgebiet ist, dessen Erkenntnisse auf vielfältige Weise in neue Technologien bzw. in das große Gebiet der elektrophysikalischen Effekte einfließen werden.

Sachverzeichnis

© Springer-Verlag GmbH Deutschland, ein Teil von Springer Nature 2023
K. Irrgang, *Altes und Neues zu thermoelektrischen Effekten und Thermoelementen*,
https://doi.org/10.1007/978-3-662-66419-3